城乡建设发展系列

· 河南省科技攻关计划项目（编号：202102310218和232102320343）

煤炭高强度开采上覆岩层变形破坏及其渗透性评价研究

师修昌◎著

STUDY ON DEFORMATION-FAILURE OF OVERLYING STRATA INDUCED BY HIGH-INTENSITY COAL MINING AND THEIR PERMEABILITY ASSESSMENT

中国经济出版社
CHINA ECONOMIC PUBLISHING HOUSE
北 京

图书在版编目(CIP)数据

煤炭高强度开采上覆岩层变形破坏及其渗透性评价研究／师修昌著. --北京：中国经济出版社，2023.7

ISBN 978-7-5136-7354-9

Ⅰ. ①煤… Ⅱ. ①师… Ⅲ. ①薄煤层-大采高-回采工作面-岩层移动-研究 Ⅳ. ①TD325

中国国家版本馆 CIP 数据核字(2023)第 111178 号

责任编辑　叶亲忠
责任印制　马小宾
封面设计　华子图文

出版发行　中国经济出版社
印 刷 者　北京富泰印刷有限责任公司
经 销 者　各地新华书店
开　　本　710mm×1000mm　1/16
印　　张　17.25
字　　数　260 千字
版　　次　2023 年 7 月第 1 版
印　　次　2023 年 7 月第 1 次
定　　价　88.00 元
广告经营许可证　京西工商广字第 8179 号

中国经济出版社 **网址** www.economyph.com **社址** 北京市东城区安定门外大街 58 号 **邮编** 100011
本版图书如存在印装质量问题，请与本社销售中心联系调换(联系电话：010-57512564)

前言
PREFACE

我国“煤为主体”的基本国情，决定了煤炭必须承担能源兜底保障的责任，煤炭的主体能源地位在短期内难以改变。煤炭资源在我国分布是西多东少，东部趋于枯竭，开发西部煤炭是保障国家能源安全的重大需求。西部地区(晋陕蒙宁甘)是我国的煤炭主产区，2022 年该地区煤炭产量约占全国煤炭产量的75%，但生态环境脆弱，水资源匮乏，仅占全国的3.9%，年蒸发量是降雨量的 6 倍左右，水资源短缺是西部煤炭规模开发的“瓶颈”。煤炭规模开采又引起地表沉陷、地面塌陷和裂缝等问题，导致矿区地下水位大范围、大幅度疏降。水资源短缺、生态脆弱和煤炭资源开发利用之间存在巨大矛盾。因此，在煤炭大规模开发过程中，如何保护水资源和地表生态，实现煤炭开采与矿区生态安全协调发展，是我国西部煤炭资源开发必须破解的重大科学问题。

西部煤炭开采普遍采用超大工作面、一次采全高等现代化、高强度开采技术，由于矿区煤层埋藏浅、上覆基岩薄，地表为厚风积沙覆盖层，这种高强度、整体式的开采覆岩变形破坏往往易形成冒裂带和裂隙带的“两带”结构，含水层结构破坏严重，造成基岩含水层和第四系松散含水层水体向采空区渗流，造成矿区地下水资源渗漏流失和井下突水溃砂等地质灾害，对矿区水资源系统和地表生态造成了巨大扰动。规模化、高强度开采会破坏工作面围岩地质环境的原有岩石力学和水力学平衡条件，引起岩层损伤和渗透特性改变，是地下水流动及地下水系统发生变化的根本原因。因此，开展煤炭高强度开采过程中上覆岩层变形破坏及其渗透性评价研究，对西部生态脆弱矿区煤炭安全开采及地下水资源保护具有重要意义。

本书以神东矿区大柳塔煤矿为依托，运用煤矿工程地质学、岩石(体)

力学、岩体水力学及采矿工程等理论，采用实验研究、理论分析、物理模拟试验和数值模拟计算等方法开展了煤炭高强度开采上覆岩层变形破坏及其渗透性评价研究，揭示了不同岩性岩石全应力—应变—渗透性规律，并建立了岩体渗透系数与应力应变之间的三维关系和模型。研究了煤炭开采上覆岩层破断及裂隙演化规律和超大工作面应力-位移变化规律及其控制机理，分析了不同煤柱错距的覆岩裂隙场演化规律，揭示了隔离煤柱对覆岩运移和裂隙发育的控制作用。基于渗透系数与应力应变之间的三维关系方程，揭示了煤炭开采顶底板岩层渗透系数场分布及其控制因素。基于采空区冒裂带岩体孔隙率及渗透性分布特征，建立了煤炭开采上覆岩层渗透性评价理论与方法，揭示了煤炭开采上覆岩层渗透性分区、分带特征，对研究区煤炭开采上覆岩层渗透性进行了评价，为煤矿安全开采和地下水资源保护提供了理论依据。研究成果对神东矿区乃至全国其他缺水矿区具有广泛的推广应用前景。本书共 9 章，第 1 章绪论；第 2 章神东矿区煤炭开采地质条件；第 3 章煤层上覆岩石渗透性与其应力—应变耦合关系研究；第 4 章多煤层开采覆岩变形破坏规律物理模拟试验研究；第 5 章浅部隔离煤柱对覆岩运移影响的物理模拟试验研究；第 6 章煤炭开采覆岩应力应变及破坏数值模拟分析；第 7 章煤炭开采工作面围岩渗透性分布规律研究；第 8 章煤炭开采上覆岩层渗透性评价及应用；第 9 章结论与展望。

本书研究工作自始自终得到中国矿业大学(北京)孟召平教授的关心与指导，在此表示衷心的感谢。在本书研究过程中，还得到了神华集团有限责任公司和神东煤炭集团公司领导和工程技术人员的大力支持和帮助，神东煤炭集团公司大柳塔煤矿在资料收集、取样和井下观测等方面都给予了热心的帮助，在此深表谢意。同时，还要感谢书中引用文献作者的支持和帮助。

本书是笔者负责承担的河南省科技攻关计划项目“西部矿区采动覆岩渗透性及地下水流场变化规律研究(编号：202102310218)”和“特厚煤层综放开采覆岩离层水涌突机理及防控关键技术(编号：232102320343)”，参与完成的神华集团科技创新项目“神东矿区现代煤炭开采技术下对地下水资源和生态影响规律研究(编号：SHGF-11-08)”和“大柳塔煤矿绿色开采关键技术与工程示范——课题3：地下水资源保护利用（煤矿分布式地下水库）关键技术研究”等科研课题研究成果的整理和总结。

本书的出版得到了河南省科技攻关计划项目（编号：202102310218和232102320343）的资助，在此表示衷心的感谢。

由于煤炭高强度开采上覆岩层变形破坏及其渗透性评价研究涉及多学科理论与方法，有许多基础理论和工程实践问题仍有待于深入探讨和揭示。因此书中不妥之处，敬请读者批评指正。

师修昌

2023年2月于郑州

目 录
CONTENTS

1 绪论 …… 001

1.1 研究背景及意义 …… 001

1.2 国内外研究现状 …… 003

1.2.1 采动覆岩变形破坏规律研究 …… 003

1.2.2 岩石(体)渗透性及其与应力—应变耦合关系研究 …… 007

1.2.3 采动岩体渗透性变化规律研究 …… 010

1.2.4 采空区孔隙率分布特征研究 …… 013

1.3 本书的研究内容和方法 …… 015

1.3.1 主要研究内容 …… 015

1.3.2 主要研究方法及技术路线 …… 016

1.4 本书的创新性 …… 017

2 神东矿区煤炭开采地质条件 …… 018

2.1 研究区概况 …… 018

2.1.1 地理地貌 …… 018

2.1.2 气候 …… 019

2.1.3 煤炭生产现状 …… 019

2.2 煤岩层地质特征 …… 020

2.2.1 沉积地层特征 …… 020

2.2.2 煤层赋存特征 …… 022

2.2.3 煤层上覆岩层岩性分布规律 …… 023

2.3 煤层上覆岩体类型及其岩石力学性质 …… 031

2.3.1 煤层上覆岩体类型 …… 031

2.3.2 煤层上覆岩石物理力学性质 …… 033

2.4 矿区水文地质条件 …… 034
2.4.1 新生界松散层孔隙潜水 …… 034
2.4.2 中生界碎屑岩类裂隙潜水及承压水 …… 035
2.4.3 烧变岩孔洞裂隙潜水 …… 036
2.5 煤炭高强度开采技术 …… 037
2.6 本章小结 …… 039
3 煤层上覆岩石渗透性与其应力—应变耦合关系研究 …… 040
3.1 概述 …… 040
3.2 岩石全应力应变渗透性试验研究 …… 041
3.2.1 试验原理 …… 041
3.2.2 试样及试样过程 …… 042
3.2.3 试验结果及分析 …… 043
3.3 岩体渗透系数与应力—应变的耦合模型 …… 049
3.3.1 完整岩石基质渗透系数—应力耦合关系 …… 049
3.3.2 裂隙岩体渗透特征 …… 052
3.3.3 裂隙岩体渗透系数与应力应变的三维关系 …… 056
3.4 本章小结 …… 062
4 多煤层开采覆岩变形破坏规律物理模拟试验研究 …… 063
4.1 概述 …… 063
4.2 相似材料模拟试验设计 …… 064
4.2.1 研究目的 …… 064
4.2.2 工程地质模型 …… 065
4.2.3 相似常数确定 …… 068
4.2.4 相似模型材料及制作程序 …… 068
4.3 采动覆岩变形破坏过程分析 …… 071
4.3.1 顶板岩体破断与运动规律 …… 071
4.3.2 顶板岩体移动变形规律 …… 076
4.3.3 顶板岩体应力变化规律 …… 081
4.3.4 采动覆岩裂隙发育及分布形态 …… 083
4.4 上覆采空区下伏煤层开采突水危险性评价 …… 088
4.4.1 有效隔水岩层厚度 …… 088

4.4.2 上覆采空区突水危险性评价分类 …… 089
4.4.3 上覆采空区积水下煤层开采突水危险性评价 …… 090
4.5 神东矿区顶板导水裂隙带高度探测 …… 091
4.5.1 大柳塔煤矿52306工作面覆岩导水裂隙带高度探测 …… 091
4.5.2 乌兰木伦井田导水裂隙带高度探测 …… 097
4.5.3 导水裂隙带高度计算模型及综合分析 …… 099
4.6 本章小结 …… 101
5 浅部隔离煤柱对覆岩运移影响的物理模拟试验研究 …… 103
5.1 概述 …… 103
5.2 砂岩为主型覆岩采动破坏相似材料模拟试验 …… 104
5.2.1 试验设计 …… 104
5.2.2 沿倾向开采覆岩破断规律 …… 107
5.2.3 沿倾向开采覆岩裂隙场演化规律 …… 116
5.2.4 沿倾向开采上覆岩层移动规律 …… 119
5.2.5 隔离煤柱应力变化及稳定性评价 …… 123
5.3 砂—泥岩互层型覆岩采动破坏相似材料模拟试验 …… 126
5.3.1 试验设计 …… 126
5.3.2 沿倾向开采覆岩破断规律 …… 129
5.3.3 沿倾向开采覆岩裂隙场演化规律 …… 144
5.3.4 沿倾向开采上覆岩层移动规律 …… 147
5.3.5 隔离煤柱应力变化及稳定性评价 …… 152
5.4 隔离煤柱合理留设 …… 155
5.4.1 区段煤柱合理留设宽度理论计算 …… 155
5.4.2 上下煤柱合理错距 …… 156
5.5 本章小结 …… 158
6 煤炭开采覆岩应力应变及破坏数值模拟分析 …… 159
6.1 概述 …… 159
6.2 FLAC^{3D}程序简介 …… 160
6.3 超大工作面开采覆岩应力应变及破坏模拟分析 …… 160
6.3.1 数值计算模型建立 …… 160
6.3.2 模拟计算结果分析 …… 162

6.3.3 超大工作面开采顶底板变形破坏控制因素 …… 173
6.4 本章小结 …… 190
7 煤炭开采工作面围岩渗透性分布规律研究 …… 191
7.1 概述 …… 191
7.2 采动围岩渗透性分布的数值模拟分析 …… 192
7.2.1 数值计算模型建立 …… 192
7.2.2 采动围岩应力—渗透性耦合研究 …… 193
7.2.3 采动围岩应变—渗透性耦合研究 …… 197
7.2.4 对比分析 …… 203
7.2.5 控制因素 …… 204
7.3 煤炭开采中顶底板岩层渗透性动态变化 …… 209
7.4 采空区渗透性恢复与地表下沉值的关系 …… 212
7.5 本章小结 …… 215
8 煤炭开采上覆岩层渗透性评价及应用 …… 217
8.1 概述 …… 217
8.2 煤炭开采上覆岩层渗透性评价理论与方法 …… 218
8.2.1 采空区冒裂带岩体渗透性分布规律 …… 218
8.2.2 采空区平均孔隙率和渗透系数计算方法 …… 223
8.2.3 煤炭开采上覆岩层渗透性分区分带特征 …… 224
8.3 煤炭开采上覆岩层渗透性控制机理 …… 226
8.4 大柳塔井田煤炭开采上覆岩层渗透性评价 …… 228
8.4.1 采空区垮落岩体渗透性横向分布 …… 229
8.4.2 采空区冒裂带岩体渗透性纵向分布 …… 232
8.4.3 采空区孔隙率现场实测验证 …… 234
8.4.4 煤矿采空区储水量计算 …… 236
8.5 本章小结 …… 241
9 结论与展望 …… 243
9.1 结论 …… 243
9.2 展望 …… 246
参考文献 …… 247
重要术语索引表 …… 262

1 绪论

1.1 研究背景及意义

我国是一个煤炭资源大国(资源量约为 5.82×10^{12}t)，煤炭产量居世界首位，2022 年全国累计原煤产量达到 44.96×10^{8}t，分别占我国一次能源生产总量的65%左右、一次能源消费总量的 56%。国家能源中长期发展规划纲要(2004—2020 年)中明确提出"坚持以煤炭为主体、电力为中心、油气和新能源全面发展的能源战略"目标[1]。由于我国经济发展高度依赖煤炭，当前及未来较长时期内煤炭仍将作为我国的主体能源格局不会改变。但是我国煤炭资源的总体分布格局是北多南少、西多东少。我国东部地区煤炭资源濒临枯竭，储采比已不足 25 年，开发潜力极为有限，且东部矿区大多开采历史较长，煤层埋藏深度较大，开采条件恶化，深部开采技术瓶颈日益凸显，煤炭产量难以维持，煤炭供应能力将迅速下降。晋陕蒙宁甘地区(简称"西部")分布有晋北、晋东、晋中、黄陇、陕北、神东和宁东 7 个国家大型煤炭基地，是我国目前主要煤炭生产区和调出区，探明煤炭储量占全国的 62.7%，煤炭产量2022 年约占全国煤炭产量的 75%。由于煤炭作为我国主体能源格局相当长时期内难以改变，因此，煤炭资源开发重心向西部转移是保障我国能源安全的必然要求。但是我国西部富煤地区多处于干旱和半干旱地带，水资源仅占全国的 3.9%，生态环境脆弱。在煤炭大规模开发过程中，如何保护水资源和实现矿区地表生态的最小扰动，是我国西部煤炭资源开发面临的重大科学问题[2]。

神东矿区地处我国西北内陆干旱地区，水资源贫乏，是典型的生态脆弱矿区。该地区地下水主要来源于大气降水，大气降水量仅 108~819mm，多年平均降水量 413.5mm。由于地形地貌的原因，降水大部分形成地表径流而流失，渗入岩土层的不足 15%，且区内多年蒸发量高达 2111.2mm，导致严重缺水。20 世纪 90 年代后期，神东矿区开始采用超大工作面、一次采全高等现代采煤技术，由于矿区煤层埋藏浅、上覆基岩薄、地表为厚风积沙覆盖层，这种高强度、整体式的开采覆岩变形破坏往往形成冒裂带和裂隙带的“两带”结构，含水层结构破坏严重，造成基岩含水层和第四系松散含水层水体向采空区渗流，造成矿区地下水资源漏失、井下突水溃砂、地下水位下降和生态环境恶化等一系列矿山环境地质效应，使矿区原本脆弱的生态环境更加难以修复。例如，1993 年 3 月 24 日，当大柳塔矿 1203 工作面推进到距切眼 20.8m 位置时，顶板全厚切落，发生了突水溃砂地质灾害，最大涌水量达 $408m^3/h$。据神东矿区那些年矿井涌水量统计数据显示，区内大柳塔、补连塔、石圪台 3 座矿井平均涌水量都超过 $13000m^3/d$，最大涌水量为 $17712m^3/d$(石圪台)；大柳塔井田内的母河沟泉域在煤炭开发前的平均流量为 $5961m^3/d$，最大平均流量为 $106273m^3/d$，但到 2002 年 2 月，由于煤炭开采对第四系含水层的破坏和疏排，母河沟泉域流量只有 $1680m^3/d$，泉流量衰减 72%。煤炭开采地下水资源保护利用已成为西部生态脆弱区煤炭资源科学开发面临的紧迫问题。

现行的水资源保护性开采技术是根据采动覆岩破坏规律，综合采动覆岩结构、开采工艺和效率、采动裂隙带最大高度等因素，通过开采工艺的改进(如充填开采、开采工艺优化、限制开采高度)，最大限度保护煤层上方隔水层完整性，避免形成导水裂隙，从而堵截地下水向下渗流，实现地下水资源的保护。但是在神东矿区的工程实践表明，“堵截法”为特征的保水开采技术(充填开采、限高开采、房柱式开采等)虽然在技术层面可行，但会大幅降低煤炭开采效率和煤炭资源采出率，难以大规模实施；在地面建设储水设施，面临征地困难、水资源蒸发浪费和水体污染严重等技术难题，也无法实施。为有效保护和利用水资源，必须建立有效的水资源保护理论与方法。据此，神华集团开展了一系列科技创新项目研究和工程实践，突破以往以“堵截”地下水渗漏为主要技术手段的被动保水开采理念，提出了以“导储用”为核心的煤矿地下水库地下水保护利用的新理念[3]。煤矿地下水库是利用煤炭开采形成的采空区垮落岩体空隙，将安全煤柱用人工坝体连接形成水库坝体，同时建设矿井水入库设施和取水设施，对矿井水进行分时分地储存及分质分期利用。这里包含3层意思：①煤矿地下水库位于煤层开采形成的采空空间中，储水空间由采空区垮落岩体间的自由空隙组成；②强调煤矿地下水库具有人为控制坝体安全和调控利用水资源的作用；③强调煤矿地下水库具有分布性，不同开采水平的地下水库可以进行连通。煤矿地下水库涵盖设计、建设和运行三大技术体系，包括水源预测、水库选址、库容设计、坝体构建、安全运行和水质保障六大关键技术。

煤矿地下水库技术为西部煤炭开采地下水保护利用开辟了一条有效的技术途径，同时为保护利用我国每年煤炭开采损失的60亿t矿井水创造了条件。煤矿地下水库技术涉及采矿工程、工程地质、水文地质、水利工程和环境工程等多门学科，是复杂的系统工程，面临许多基础理论问题，包括规模化高强度开采上覆岩层变形破坏规律、工作面围岩渗透性演化、煤炭开采的覆岩应力场、裂隙场和渗流场三场关系以及采空区冒裂带岩体孔隙—渗透性评价等。因此，本书针对西部矿区煤炭开采地下水保护问题，结合神东矿区大柳塔煤矿特定的地质条件和现代化开采技术，研究煤炭高强度开采上覆岩层破断与采动裂隙演化规律及其控制因素，分析煤炭开采过程中工作面围岩渗透性分布规律，提出煤炭开采上覆岩层渗透性评价理论与方法，为我国西部煤炭开采地下水资源保护提供理论依据，同时对突水溃砂地质灾害防治也具有重要理论与实际意义。

1.2 国内外研究现状

1.2.1 采动覆岩变形破坏规律研究

1.2.1.1 采动覆岩破坏理论研究

国内外学者在煤岩层结构及覆岩采动裂隙带演化规律研究方面开展了大量工作。早在15世纪，比利时就已调查发现地下开采能够导致含水层水源流失的问题，当时只是注意到煤矿采动后的岩层与地表移动变形现象，而尚不清楚采动覆岩移动破坏的机理。20世纪50年代欧洲各国特别是苏联和波兰就开展了矿山压力显现及岩层与地表移动研究，建立了适合本国地质特点的岩层移动与地表移动观测站。苏联在顿巴斯矿区建立了层状沉积岩体变形计算方法、覆岩内部移动下沉系数计算方程等；波兰根据实测资料总结得到岩层与地表移动的预测方法——克诺特影响函数、含水层失水条件下地表移动预测方法。同时，德国、澳大利亚等国也进行了大量的岩层与地表移动规律的研究工作，有效指导了“三下”采煤和矿山环境保护。20 世纪 20 年代至 60 年代，国外学者为了解释采场上覆岩层活动与矿压现象，相继提出了“压力拱”假说、“悬臂梁”假说、“铰接岩块”假说和“预成裂隙”假说[4]，虽然应用条件与范围都具有一定的局限性，但对岩层控制理论的发展至关重要。进入 20 世纪 80 年代，随着采矿业的发展，不少学者对采动覆岩变形破坏与采动裂隙演化进行了针对性研究，如 Holla[5]、Booth 等[6]、Richard 等[7]和 Peng 等[8]都发现了煤层长壁工作面开采后覆岩移动破坏具有明显的“三带”特征，对水体下采煤具有指导意义；Peng 等基于大量现场实测数据建立了长壁开采覆岩破坏冒落带和裂隙带高度计算的经验公式；Palchik[9]通过现场测量定位了覆岩采动离层裂隙的层位，研究了采动覆岩内裂隙带的形成机理，并通过对煤型气体逸散变化量进行监测圈定了裂隙带的范围；Majdi 等[10]基于采空区顶板裂隙演化机理，考虑卸压区宽度和采空区宽度是否相等两种情况，提出了 5 种预测覆岩采动卸压区高度的数学模型。

我国自 20 世纪 50 年代以来，以刘天泉、仲惟林、钱鸣高、宋振骐等学者为代表，对煤矿开采覆岩破坏与导水裂隙分布做了大量的实测和理论研究，形成了采场岩层移动破断与采动裂隙分布的“横三区”“竖三带”的总体认识，即沿工作面推进方向覆岩将分别经历煤壁支承影响区、离层区、重新压实区，自下而上岩层移动分为冒落带、裂隙带和整体弯曲下沉带。刘天泉[11-12]通过对我国不同矿区几百个工作面的覆岩破坏高度观测，统计得出了适用于不同开采采矿地质条件下，计算冒落带和导水裂隙带高度的经验公式，并指导了我国煤矿水体下采煤试验。钱鸣高等[13-15]提出了采场上覆岩体结构的“砌体梁”力学模型和岩层控制的关键层理论。宋振骐[16]指出以采场岩层运动为中心的矿山压力控制理论是采矿工程的决策基础，并提出了“老顶传递岩梁”理论。

自 20 世纪 90 年代以来，我国的煤炭科技工作者采用覆岩结构力学模型、物理模拟试验和数值模拟计算等方法进一步研究了煤层开采后上覆岩层的移动变形与破坏规律。康建荣等[17]结合覆岩采动破坏机理提出了煤炭开采顶板初次断裂前、后的力学模型，并分析了采动覆岩断裂破坏的条件。高延法[18]建立了岩移"四带"模型，将上覆岩层依其破坏后的力学结构特征划分为四带，即破裂带、离层带、弯曲带和松散冲积层带。孟召平等[19-21]利用物理模拟试验系统建立了不同沉积岩体结构类型的地质模型(沉积相变模型、断层模型和节理模型)，研究了煤层顶板沉积岩体结构对煤炭开采过程中矿压分布和顶板岩体变形破坏的影响规律。钱鸣高等[22]应用相似模型试验和离散元模拟等方法，研究了覆岩采动裂隙分布规律，发现了煤炭开采过程中覆岩采动裂隙的两阶段演化特征和采空区裂隙"O"形圈分布。许家林等[23]分析了关键层运动对上覆岩层及地表移动变形的控制作用，并提出了关键层破断后岩层下沉位移曲线方程。唐春安等[24]、刘红元等[25]和浦海等[26]运用 RFPA^{2D}软件模拟了煤炭开采过程中采场上覆岩层覆岩的移动、破裂及冒落过程，得到了覆岩采动移动破坏规律和老顶垂直应力沿走向的动态分布规律。

国内许多学者还对覆岩采动裂隙演化进行了多方面的研究。谢和平等[27]运用分形几何理论揭示了采动覆岩裂隙分布的自相似规律，研究了采动岩体裂隙网络随工作面推进长度增加的演化规律。张玉军等[28]利用钻孔彩色电视系统探测了高强度开采覆岩破坏高度，并对监测到的裂隙发育进行数字化分析，得出了覆岩采动裂隙的分布及演化规律。林海飞等[29]结合物理模拟试验研究了采动覆岩裂隙空间演化过程及其分布形态，提出了采动裂隙带动态演化的简化模型。许家林等[30]深入研究了覆岩主关键层位置对导水裂隙带高度的影响，发现当主关键层与开采煤层距离较近并小于 7~10 倍采高时，不能按规程中的方法确定顶板导水裂隙带高度。

根据我国 20 世纪煤炭常规开采条件下覆岩破坏规律，2000 年国家煤炭工业局颁布的《建筑物、水体、铁路及主要井巷煤柱留设及压煤开采规程》(简称《规程》)推荐了计算导水裂隙带高度的经验公式，为预计地表移动变形规律及导水裂隙带高度提供了法规性的依据[31]。

1.2.1.2 西部矿区煤炭开采覆岩破坏研究

自 20 世纪 90 年代以来，随着我国神府东胜煤田的开发，国内学者对浅埋煤层开采进行了大量研究工作。西安科技大学是最早深入神府矿区进行矿压和顶板岩层运动观测的科研院校之一。侯忠杰等[32]于 1990 年首先实测分析了大柳塔煤矿 C202 工作面矿压，结果显示工作面来压强烈，平均增载系数为

3.16，台阶下沉量达300~600mm，工作面顶底板移近量平均达178mm。石平五、侯忠杰[33]通过大量现场观测和模拟试验，分析了浅埋工作面矿压显现和顶板破断运动规律，并探讨了基岩厚度、采高等因素对顶板破断的影响。黄庆享[34]根据大量矿压实测数据，总结出了西部浅埋矿区顶板破断规律与普通采场的不同，提出了以埋深、基载比和关键层为主要指标的浅埋煤层概念。

许多学者针对浅埋煤层开采覆岩破坏提出了大量顶板结构模型。黄庆享等[35]提出了浅埋煤层老顶初次来压的“非对称三铰拱”结构及老顶周期来压的“短砌体梁”和“台阶岩梁”结构模型；李凤仪[36]构建了浅埋煤层顶板关键层破断后基岩断裂体的“承压砌块”模型；侯忠杰等[37-40]将关键层理论应用于浅埋煤层，并提出了覆岩全厚整体台阶切落的判别方程；许家林等[41]以神东矿区浅埋煤层开采为工程背景，将浅埋煤层覆岩关键层结构分为“单一关键层结构”和“多层关键层结构”，并提出了浅埋煤层覆岩关键层结构类型的判别方法。

煤岩层结构及采动裂隙是地下水渗流的基本条件，揭示采动裂隙演化规律对认识渗流通道形成机制具有指导意义。王双明等[42]基于陕北榆神府矿区煤岩层结构，结合物理模拟实验和开采实践，研究了煤层上覆隔水岩组不同厚度与采高比的覆岩垮落特征和采动裂隙贯通情况；黄庆享等[43]通过固液耦合相似模拟研究与分析，提出“裂隙均化”和“裂隙弥合”的控制理念，认为采动地表下行裂隙和岩层垮落上行裂隙在隔水层的贯通性是形成导水通道的必要条件；张杰等[44]采用相似材料模拟试验，研究了神府矿区不同基岩厚度下工作面覆岩破坏和导水裂隙带发育情况，指出基岩厚度是影响裂隙贯通的重要因素，越厚的基岩在垮落过程中裂隙越容易闭合；范钢伟等[45]采用相似材料模拟试验和数值模拟的方法，分析了浅埋煤层长壁开采覆岩移动与裂隙在水平方向和垂直方向的扩展与分布的动态演变特征；缪协兴等[46]对神东矿区采动覆岩导水裂隙通道进行了现场探测，得到了不同采高和基岩厚度条件下导水裂隙带的演化规律；薛东杰等[47]研究了大柳塔矿浅埋深薄基岩煤层组开采覆岩裂隙演化规律，提出了覆岩土切落模型及岩层板簧效应，揭示了薄基岩台阶式切落破坏的形成机理；范立民等[48]通过遥感解译结合实地调查，对榆神府矿区浅埋煤层高强度开采区地裂缝发育特征进行了研究，发现榆神府矿区塌陷区面积共9447km^2，地面沉陷区95处，地裂缝1802条，并将研究区地面塌陷划分为地裂缝、塌陷坑、塌陷槽、塌陷盆地4种类型。

孟召平[49]采用理论分析、数值模拟与物理模拟试验、现场试验与工程探测等方法，对神东矿区开采顶板岩层变形破坏及采动裂隙的发育规律及分析方法进行了研究。通过对神东矿区乌兰木伦矿和补连塔矿 1^{-2}煤层开采导水裂隙带高度研究，分析了神东矿区煤炭规模开采条件下形成的冒落带和裂隙带，即“两带”结构特征及控制机理；发现冒落裂隙带明显偏高，并受煤岩层结构所控制，周期来压步距大，采场矿压不因采深变浅而减小，反而出现异常强烈的矿压显现。这说明在神东煤田及其他具有类似煤岩层结构特征的我国西部矿区，在浅埋深、薄基岩、厚上覆松散沙层的条件下，在煤炭开采过程中顶板岩体变形破坏及采动裂隙演化具有特殊性。

虽然国内对采动覆岩破坏理论进行了大量卓有成效的研究，但主要是针对东部矿区，然而现有的传统“三带”理论和矿压理论等已不适合西部矿区特定的开采地质条件。随着我国煤炭资源开发由东部向西部转移，虽已开始针对西部矿区煤层采动变形破坏规律和矿压显现规律研究，但在煤岩层结构及采动裂隙演化规律研究方面，有关作用机理还不清楚，分析预测方法还不完善，现有导水裂隙带经验公式不能适应煤炭现代规模开采条件。因此，需要对西部矿区煤炭规模开采上覆岩层破断及裂隙演化规律和冒裂带高度模型进行深入研究。

1.2.2 岩石(体)渗透性及其与应力—应变耦合关系研究

1.2.2.1 岩石(体)渗透性研究

岩体的渗透性是指在一定的水力梯度或压力作用下，岩体能被水透过的性质，是反映岩体水力学特征的重要参数，在煤炭开采中是评价矿井突水危险性的一项重要指标。岩体渗透性强弱常用渗透系数或渗透率来衡量，其可通过室内渗透实验、裂隙测量法、现场原位压水试验及模型预测等多种方法获得。Snow 根据一组裂隙面产状及几何关系推导了渗透张量的计算公式。程国明等[50]基于某坝址区平硐裂隙几何参数实测结果，建立了裂隙岩体渗透系数张量计算方法，开发了渗透系数张量计算软件，并运用该软件计算出了裂隙岩体的渗透性。黄震等[51]对煤矿深部巷道底板岩体进行了高压压水原位现场实测，得到了大量深部岩体的渗透性数据。宋琨等[52]以岩石质量指标

(RQD)、岩体完整性指标(RID)、裂隙宽度指标(AD)、岩石渗透性指标(LPD)为建模指标，建立了裂隙岩体渗透系数估算模型。Lee 和 Farmer[53]基于裂隙开度、结构面粗糙度系数(JRC)和裂隙面抗压强度(JSC)之间的经验关系，提出了一个有效评价裂隙岩体孔隙率和渗透性的计算模型。Kayabasi 等[54]基于岩石质量指标(RQD)、结构面间距、结构面表面特征等级(SCR)以及 453 例压水试验结果，利用非线性回归分析方法和自适应模糊推理系统分别评价了岩体渗透性，研究成果对岩体工程渗透性评价具有一定的指导意义。Terzaghi 和 Peck[55]根据结构面间距提出了岩体渗透性分类(见表 1-1)。

表 1-1　裂隙岩体渗透系数值

岩体描述	渗透性等级	渗透系数值 $K(m \cdot s^{-1})$
裂隙结构面间距非常密集	极强渗透	$10^{-2} \sim 1$
裂隙结构面间距中等	中等渗透	$10^{-5} \sim 10^{-2}$
裂隙结构面间距宽大	弱渗透	$10^{-9} \sim 10^{-5}$
无裂隙结构面，整体结构	不渗透	$<10^{-9}$

针对裂隙岩体渗透的特点，国内外学者提出多种岩体渗流模型，如单裂隙模型、等效连续介质模型、离散裂隙网络模型、双重介质模型等。等效连续介质模型是将裂隙内的水流平均到岩体中去，将裂隙渗流看作等价的连续介质，用渗透系数张量去描述岩体的渗透性能；仵彦卿[56]对此进行了研究。离散裂隙网络模型一般采用蒙特卡罗模拟出符合实际的裂隙网络系统，假定各线单元流向共同节点的流量等于零，依此建立渗流方程式，结合初始条件和边界条件就构成了离散裂隙网络渗流数学模型；Wittke 最早提出了该模型，后由 Louis、Wilson 和王恩志等做了进一步的发展[57]。双重介质模型是由 Barenblatt 首次提出来的，把岩体看作由孔隙和裂隙组成的双重介质空隙结构，孔隙介质和裂隙介质均匀分布在渗流区域内，从而形成连续介质系统[58]。

1.2.2.2　岩体渗透性与应力—应变耦合关系研究

20 世纪 50 年代国外学者才开始对裂隙岩体的水力性质以及其中流体的流动进行定量评价，并力图解释裂隙岩体渗透性与应力—应变的相互作用机理。1959 年法国马尔帕塞坝失事的主诱因之一，是建坝后应力水平的变化造成坝基下岩体的渗透系数增加了将近 100 倍，基岩在渗透压力作用下破坏导致大坝溃决[59]。Kelsall 等[60]研究发现地下硐室开挖引起围岩应力重新分布，导致硐壁附近围岩渗透系数变化达几个数量级；其他国外学者相继在地下核电站、废料贮存库和石油开采等岩体工程建设中实测到岩石的渗透系数可变化 1~2 个数量级。这些岩体渗流引发的工程问题极大地促进了岩体渗透性与应力耦合关系研究的深入发展，众多学者取得了一系列卓有成效的成果。

Snow[61]通过野外与室内实验研究发现裂隙水流量随裂隙正应力的增加而显著降低，并提出了渗透系数与应力及裂隙参数的经验公式；Jones[62]提出了碳酸盐岩石裂隙渗透系数与裂隙正应力之间的经验方程；法国学者 Louis[63]根据一些钻孔压水试验数据总结出了岩体渗透系数与法向应力呈负指数关系的经验公式；Gale[64]对花岗岩、玄武岩和大理岩三种裂隙岩体的水力性质做了试验研究，得到了导水系数和应力的负指数关系公式；Widad、Ghabezloo 等[65-66]研究了不同岩石类型、不同空隙类型条件下岩石孔隙度、渗透率与有效应力的关系；Kranzz 等[67]研究得到了 Barre 花岗岩的裂隙渗透系数和应力呈幂函数的定量关系式；Elsworth 等[68-69]在假设岩体裂缝很软的条件下得出了变形引起的裂隙岩体渗透性与垂直于裂缝组应变的关系；Bai 等[70]考虑了岩体中裂缝与岩石的弹性变形后发现了裂隙岩体渗透系数与应变的关系；Iwai[71]通过大量室内实验，发现水力学中立方定律的有效性取决于施加到裂隙面正应力的大小。此外，Bawden、Witherspoon、Barton 等[72-74]也都发现了裂隙岩体渗透系数与应力的关系。Ki-Bok Min 等[75]考虑了裂隙非线性法向变形和剪胀，运用离散元方法 UDEC 研究了裂隙岩体应力—渗透性关系，并基于数值模拟方法和结果，提出了应力—渗透性经验方程。数值模拟结果表明，当应力比（水平应力与垂直应力的比值）较小不足以导致裂隙产生剪胀时，裂隙岩体渗透性随着应力的增加而减小；而当应力比足够大导致裂隙产生剪胀时，裂隙岩体渗透性随着应力的增加而增大。由于裂隙法向应力—位移关系，低应力水平下裂隙岩体渗透性变化比在高应力水平下更显著。

20 世纪 80 年代后，随着我国一系列重大岩体工程的发展，国内学者开始对岩石（体）渗透率—应力耦合机制进行研究。岩体总是赋存于地应力场和渗流场的地质力学环境中，岩体渗透性变化、渗流规律与岩体应力是相互作用的[76]。陶振宇等[77]对岩体渗透特性与应力进行耦合分析以研究水库诱发地震。张有天[78]结合工程设计的需要对应力影响下的裂隙岩体渗流进行了理论研究及数值计算。仵彦卿[79]考虑岩体中应力作用的方向性，提出了岩体承受不同方向的应力作用时裂隙岩体的渗透系数与应力关系式、渗透系数与裂隙变形关系式，并提出了岩体等效连续介质应力场与渗流场之间的耦合模型。段康廉等[80]、赵阳升等[81]进行了各种煤体的渗透系数实验，得出了煤样的渗透率是体积应力与流体压力的指数函数规律。周创兵等[82]、殷黎明等[83]研究了地应力对岩体渗透特性的影响，得出渗透系数随着地应力值的增大呈负指数递减的结论。张玉卓、张金才[84]通过对裂隙岩体试块进行了不同围压和加载条件下的渗流试验研究，分析了裂隙岩体渗流与应力的耦合机理，得出了不同应力条件下裂隙岩体渗流量与应力成四次方的关系。伊尚先等[85]研究了不同尺度下岩层渗透性与地应力的关系，得到了宏观地质中尺度下地应力场控制渗流场的宏观机理以及微观地质小尺度下地应力对介质微观渗透特征的影响规律。常宗旭等[86]理论分析了三维应力对裂隙渗流规律影响机制，建立了在三维应力作用下单一裂隙岩体渗透系数的计算模型，其正确性得到了实验数据验证。陶煜等[87]将单裂隙平行板渗流理论和模拟电路知识相结合，提出了等效渗流阻的概念，并建立了裂隙岩体渗流—应力耦合的等效渗流阻模型。

综上所述，尽管国内外很多学者对应力与渗透性的关系进行了大量的实验与理论研究，但大部分研究结果仅仅给出了一维或二维的应力—渗透关联方程，应用效果受到限制。实际上，地壳岩体位于天然的三向地应力状态下，因而有必要加强三向应力对裂隙岩体渗透性影响的深入研究，建立三向应力条件下三维裂隙岩体应力—渗透之间的相关关系和模型，使对工作面围岩渗透性评价更趋合理和可靠。

1.2.3 采动岩体渗透性变化规律研究

1.2.3.1 国外研究现状

国外关于煤炭开采过程中渗透性变化规律的研究较早，主要是从理论分析和现场试验方面开展的。20 世纪 90 年代，宾夕法尼亚州立大学的许多学者在采后岩层渗透系数领域发表了大量学术论文，如 Liu 等[88]借助于三维耦合有限元流体力学模型，评价了长壁开采工作面周围渗透系数增大和上覆岩层饱和度减小的三维影响特征；Bai 和 Elsworth[89]基于采动岩层应变与渗透系数的关系，采用有限元软件计算了工作面开采前后上覆岩层渗透系数的变化；Kim 等[90]提出了一个广义多维有限元模型，用以模拟饱和度多变的裂隙介质中岩层变形和地下水流动完全耦合情况，并提出一个以物理学为依据建立的本构模型，用以解释裂隙介质的孔隙度和渗透系数与应变的相关性。

Walker[91]采用有限元方法，研究了美国阿巴拉契亚煤田长壁工作面采动条件下的上覆岩层变形破坏和地下水位变化的关系：水位在岩层拉伸区呈下降趋势，在岩层压缩区则呈上升趋势。Forster 和 Enever[92]根据煤矿采空区上覆岩层移动变形特征、渗透性和水压力变化，为回采盘区构建了一个水文地质模型，如图 1-1 所示。Zhang 等[93]针对煤层开采后岩体的破坏及渗流问题进行了系统研究，建立了煤炭开采过程中渗透性与应力之间的关系和模型。Esterhuizen 和 Karacan[94]利用有限差分程序开发了一个地质力学模型，基于岩石渗透性与应力之间的耦合关系来预测长壁工作面周围渗透性变化。Gale[95]采用离散元软件模拟了工作面周围岩体破裂、垮落、应力重分布以及由此引发的岩体渗透性变化，指出采动覆岩离层位置水平方向渗透性显著增加。Guo 等[96]利用 COSFLOW 软件模拟了采动岩层渗透性变化，并预测了覆岩裂隙带中地下水流动和瓦斯涌出量。

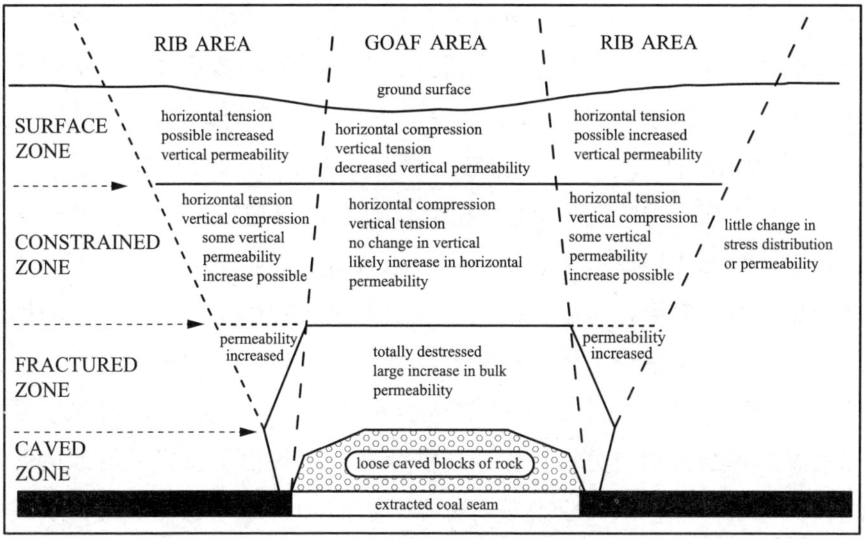

图 1-1 盘区水文地质模型[92]

很大学者利用钻孔压水试验法对采空区上覆岩层渗透系数进行了现场测试。例如，1979 年 Neate 和 Whittaker[97] 对英国北海下 Lynemouth Colliery 煤矿的一个长壁开采工作面覆岩渗透性进行了现场测试，研究了回采工作面推进至测试钻孔过程中开采煤层上方不同高度岩层渗透性变化，发现采动影响下岩层渗透性增加了约 3 个数量级。Karacan 和 Goodman[98] 根据井下渗透性监测结果，研究了采动覆岩渗透性变化，并探讨了开采深度、监测孔位置和开采速率对渗透系数变化的影响。Schatzel 等[99] 对煤矿区长壁开采上覆岩层内地下水流动特性进行了长期监测，报道了上覆岩层渗透性增加了成百上千倍，渗透性甚至在开采 7 个月后仍继续变化。Adhikary[100] 等在澳大利亚一个煤矿下进行了井下压水试验，以评价采动岩层渗透性变化，结果表明巷道和工作面开挖引起围岩渗透性显著增加，巷帮顶板岩层渗透性增加了 50 倍以上，而采空区顶板岩层渗透性增加了 1000 倍以上。

1.2.3.2 国内研究现状

采动岩层渗流突变是突水致灾的根源。国内很多专家学者在矿井突水机理及其防控研究中相继进行了采动岩体渗透性变化研究，取得了一系列卓有成效的研究成果。主要归纳为三种方法：模拟研究（物理模拟与数值模拟）、室内实验研究和现场测试方法。

姚多喜等[101] 应用 $FLAC^{3D}$ 流固耦合分析模块，采用变渗透系数法对工作面底板采动渗流应变机制进行了研究，发现围岩渗透系数发生了较大的变化，采空区直接顶最大达到原始渗透系数的 1293 倍。马立强等[102] 运用 $FLAC^{3D}$ 数值软件的应力—渗流耦合模块分析了采动岩体裂隙渗流的动态发展过程。朱斌等[103] 从裂隙—孔隙双重介质模型理论出发，模拟了开滦赵各庄矿深部薄层煤岩体裂隙—孔隙双渗流的演化过程。张杰[104] 通过固液两相相似材料模拟实验，研究了煤炭开采过程中渗流场与应力场耦合作用关系，得到了采动岩体渗透性及其在渗流场作用下的破坏规律。杨天鸿等[105] 应用 RFPA 软件渗流—应力耦合模型研究了煤层开采过程中覆岩破坏动态过程及采动应力场和渗流场演化过程，提出了覆岩采动渗透性演化过程受煤炭开采导致的应力重新分布、覆岩损伤破坏程度及覆岩结构破断分布影响的规律。

李世平、彭苏萍、王金安和姜振泉等[106-109] 进行了不同岩性岩石全应力—应变过程中的渗透性试验，得出了岩石应力、应变与渗透率的关系，为研究煤炭回采过程中岩体渗流特征提供了理论依据。缪协兴等[110]针对煤矿采动破碎岩体高渗透、非 Darcy 流等特性，利用渗流试验装置进行渗透性测试，建立了能够描述采动岩体渗流非线性和随机性特征的渗流理论。王文学等[111]针对应力恢复对采动裂隙岩体渗透性作用进行了室内试验研究，发现裂隙岩体的应力恢复会造成断裂带裂隙开度、渗透性的减小。卜万奎[112]采用破碎岩石压实渗透仪研究了断层内破碎岩石的渗透性，发现断层内破碎岩石的渗透系数比同性的一般岩石要大 1~3 个数量级，破碎砂岩、破碎灰岩的渗透性比破碎泥岩渗透性大得多。

张金才等[113-114]针对煤层开采后的岩体破坏及渗流问题进行了系统的试验与研究。肖洪天等[115]应用现场注水试验方法，研究了分层开采对煤层底板岩体渗透性的影响规律，结果表明分层开采对煤层底板岩体的渗透性影响比较复杂，与上下分层开采的时间间隔和上覆岩体的岩性等多种因素有关。王皓等[116]以孟加拉国 Barapukuria 煤矿首采区为试验区，采用井下钻孔分段压水原位测试方法，研究了工作面回采前后覆岩渗透性变化规律及垂向分带特征，结果表明工作面回采前后覆岩渗透性变化显著，自覆岩导水裂缝带顶部至底部，采后覆岩渗透性可细分为弱渗透带、中渗透带和强渗透带。

综上所述，这些研究为煤炭开采过程中采动岩体渗透性研究奠定了基础并提供了条件。但是，由于采动岩体渗透性测试资料的缺乏以及煤系地层中岩石变形破坏过程的渗透性变化规律研究较少，目前对煤层开采后围岩渗透性变化及其分布规律的研究还很有限，煤炭开采过程中渗透性及其控制因素影响规律有待深入研究。

1.2.4 采空区孔隙率分布特征研究

煤炭开采上覆岩层变形破坏，不仅导致岩体中产生新裂隙，而且致使岩体中原有的裂隙扩展，这样会造成岩体孔隙率发生变化，其结果导致岩体渗透性变化。因此，掌握采空区孔隙率分布特征是评价采动岩体渗透性分布的关键。

破碎岩体的孔隙率与其碎胀系数存在函数关系，研究破碎岩体碎胀系数是计算孔隙率的基础。Palchik[117]利用垂直钻孔探测了浅埋采空区中风化、强风化及深埋坚硬覆岩的冒落带高度，理论计算及观测结果表明，强风化岩层的碎胀系数为1.06~1.165，冒采比为6.07~15.6，中风化岩层的碎胀系数为1.09~1.24，冒采比为4.1~11.25，坚硬覆岩的碎胀系数可达强风化岩石的1.38倍，而其冒采比仅为强风化岩石的0.26倍，得出了岩石的强度越大，碎胀系数越大，冒落带高度越小的结论。邓喀中等[118]利用相似模拟试验研究了工作面推进中覆岩破断、离层裂缝发育及采动岩体碎胀规律，指出距离开采煤层越近，采动岩体碎胀系数越大，且随着远离煤层碎胀系数逐渐减小，并逐渐趋于定值。缪协兴等[119]实验研究了兖州矿区岩(煤)样的碎胀系数与压实特性，得出了岩石(煤)的碎胀系数与块度的函数关系。马占国等[120-121]和苏承东等[122]研究了采空区煤层顶板破碎岩石压实过程中碎胀系数、孔隙率及渗透性的变化规律，发现压实应力和破碎岩石块径越大，碎胀系数及孔隙率的减小幅度越大。李树刚等[123-124]根据采空区垮落岩体碎胀特性差异，将采空区划分为压实稳定区、载荷影响区及自然堆积区，并得到了不同区内冒落岩体碎胀系数的计算模型；通过相似材料模型试验对煤层开采过程中覆岩离层裂隙分布进行了研究，得出了覆岩关键层破断前后离层裂隙的当量面积和采空区内不同裂隙发育区的平均空隙率。

在采空区孔隙率分布模型方面，国内外不少学者注意到采动对煤岩层孔隙率的影响，从不同角度出发做了大量有价值的工作。Karl-Heinz Wolf等[125]基于采空区上覆岩层破断现场观测和数值模拟结果，根据冒落岩石的压实程度将采空区近似分区，并通过理论推导得出了采空区不连续的孔隙率和渗透率分布模型。梁运涛等[126]根据采场上覆岩层的断裂和沉降理论，建立了采空区冒落岩石孔隙率和渗透率的非均匀连续分布模型，得到了采空区走向和倾向方向二维空间内孔隙率连续分布模型。夏小刚等[127]采用Menger海绵分形模型得出了采空区冒落带岩石的孔隙分布模型，建立了冒落岩石残余碎胀系数与初始碎胀系数的关系，推导出了煤炭开采中冒落岩体充满采空区时的冒落带最终高度的计算模型。汪北方等[128]根据采空区冒落岩体空隙分形维数的测定资料数据，引入Menger海绵分形模型建立了采空区垮落岩体空隙分布模型，利用分形数学理论推导采空区垮落岩体空隙率及残余碎胀系数公式，并以神南矿区某矿 32301 面为工程背景，开展采空区垮落岩体空隙储水分形计算及现场应用。王少锋等[129]在构建采场上覆岩层下沉位移和平面伸张量数学模型的基础上，分别推导出了采空区离层带和垮落带三维空隙场分布模型。宋颜金等[130]利用弹性薄板理论和砌体梁力学模型得出了采空区上覆岩层下沉位移曲线拟合方程，并推导出了基于覆岩相对下沉量的孔隙率分布规律。

这些研究成果对采空区孔隙率进行了定性定量描述，但是大都为离散分区模型和静态化模型，没有考虑上覆岩层压实作用对采空区孔隙率变化的影响。目前仍有许多理论和实际问题没有得到解决，如考虑压实效应的采空区孔隙率分布及其与顶板岩性的关系都有待根据煤炭开采实际进行深入研究。

1.3 本书的研究内容和方法

1.3.1 主要研究内容

基于目前国内外研究现状及其存在问题和研究区煤炭开采实际，本书主要对以下内容进行研究：

(1)煤层上覆岩石渗透性与应力—应变耦合关系研究。利用岩石三轴压缩渗透试验，分析煤层上覆不同岩性岩石全应力—应变—渗透性规律，揭示煤炭开采过程中岩石渗透系数与应力—应变之间的相关关系和作用机理；应用孔隙弹性力学理论，建立三向应力条件下裂隙岩体渗透系数与应力—应变的三维耦合模型及关系式。

(2)煤炭开采上覆岩层变形破坏及其控制因素研究。采用物理模拟试验和数值模拟计算等方法研究不同顶板岩性组合结构下煤炭开采上覆岩层破断及裂隙演化规律，揭示超大工作面开采应力—位移变化规律及其控制因素影响规律；基于大量现场实测和物理模拟试验数据，建立西部煤炭规模开采条件下的导水裂隙带高度计算模型；分析不同煤柱错距的覆岩裂隙场演化规律，揭示隔离煤柱对覆岩运移和裂隙发育的控制作用。

(3)煤炭开采过程中工作面围岩渗透性分布规律研究。利用有限差分方法耦合渗透性与应力—应变的三维关系式，分析回采工作面围岩应力场、应变场、破坏场及渗透系数场分布，得出工作面围岩渗透性变化规律；分析开采因素和地质因素对采动岩层渗透性的影响规律；研究煤炭开采中顶底板渗透性动态变化过程，并探讨采空区垮落岩体渗透性恢复与地表下沉值的关系。

(4)煤炭开采上覆岩层渗透性分布评价及应用研究。基于孔隙率与碎胀系数的关系和覆岩下沉规律，推导采空区孔隙率及渗透系数分布计算模型，得出采空区冒裂带岩体孔隙率及渗透性分布特征，建立煤炭开采上覆岩层渗透性评价理论与方法，揭示煤炭开采上覆岩层渗透性分区、分带特征，并对研究区煤炭开采上覆岩层渗透性进行评价。以此为基础提出煤矿采空区储水量计算模型，计算大柳塔井田 2^{-2}煤层采空区储水量。

1.3.2 主要研究方法及技术路线

本书综合运用煤矿工程地质学、岩石(体)力学、岩体水力学和采矿工程等多学科知识，在系统收集研究区地质勘探资料、水文地质资料和矿山开采资料的基础上，通过实验研究、理论分析、物理模拟试验和数值模拟计算等综合研究方法，分析了不同岩性岩石全应力—应变—渗透性规律，并建立了裂隙岩体渗透系数与应力应变之间的耦合模型及三维关系式。研究了煤炭开采上覆岩层破断及裂隙演化规律和超大工作面应力—位移变化规律及其控制机理，建立了西部煤炭规模开采条件下的导水裂隙带高度计算模型；分析了不同煤柱错距的覆岩裂隙场演化规律，揭示了隔离煤柱对覆岩运移和裂隙发育的控制作用；阐明了煤炭开采顶底板岩层渗透系数场分布及其控制因素影响规律。基于采空区冒裂带岩体孔隙率及渗透性分布特征，建立了煤炭开采上覆岩层渗透性评价理论与方法，揭示了煤炭开采上覆岩层渗透性分区、分带特征，对研究区煤炭开采上覆岩层渗透性进行了评价。提出了煤矿地下水库库容计算模型，计算出了大柳塔煤矿 2^{-2}煤层地下水库不同储水水位时的库容。根据上述主要研究内容及其方法，本书采用的具体技术路线如图 1-2 所示。

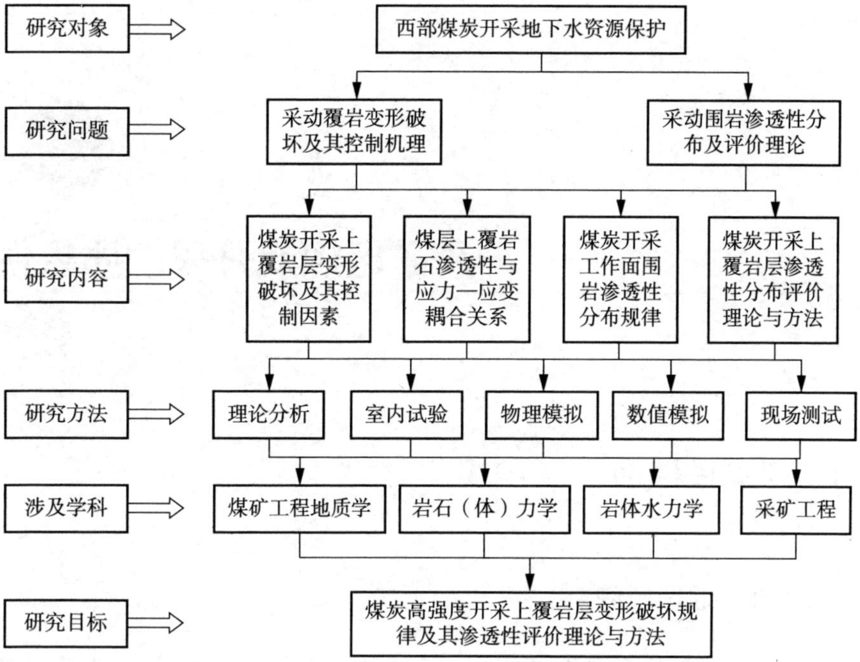

图 1-2　研究技术路线

1.4　本书的创新性

(1)分析了煤层上覆岩石全应力—应变过程中渗透性规律，研究了岩石渗透系数与应力—应变之间的相关关系和作用机理，建立了三向应力条件下裂隙岩体渗透系数与应力—应变的三维耦合模型及关系式，揭示了采动应力—裂隙—渗流演变机理。

(2)研究了煤炭开采上覆岩层破断及裂隙演化规律，建立了神东矿区煤炭规模开采条件下的导水裂隙带高度计算模型，揭示了超大工作面开采围岩应力—位移变化规律及其控制因素，研究了不同煤柱错距的覆岩裂隙场演化规律，揭示了隔离煤柱对覆岩运移和裂隙发育的控制作用。

(3)提出了煤炭开采过程中工作面围岩渗透系数场评价理论与方法，揭示了开采因素和地质因素对采动岩层渗透性的控制机理。

(4)基于采空区冒裂带岩体孔隙率及渗透性分布特征，形成了煤炭开采上覆岩层渗透性评价理论与方法，揭示了煤炭开采上覆岩层渗透性分区、分带特征，对研究区煤炭开采上覆岩层渗透性进行了评价。

2 神东矿区煤炭开采地质条件

2.1 研究区概况

2.1.1 地理地貌

神东煤田位于陕西省北部、晋陕蒙三省交界地带，形成于1.4亿年前的侏罗纪。煤田总面积3.12万km^2，探明储量2236亿t，远景储量为10000亿t，是我国现已探明储量最大煤田，也是世界七大煤田之一。神东煤田是当前我国西部煤炭资源开发重点区域，包括神东矿区、榆神矿区、榆横矿区、彬长矿区、宁东矿区等，其中神东矿区是我国乃至世界煤炭开采中规模最大、效率最高的井工矿区，已率先建设成为我国第一个亿吨煤炭生产基地。

神东矿区位于榆林市神木县北部，府谷县西部，内蒙古自治区鄂尔多斯的伊金霍洛旗及东胜的南部和准噶尔的西南部，其地理坐标为东经109°51′~110°46′、北纬38°52′~39°41′。矿区南北长约为38~90km，东西宽约为35~55km，面积约为3500km^2，地质储量为354亿t。

神东矿区位于我国以干旱著称的第五大沙漠毛乌素沙漠南缘与黄土高原北缘的过渡地带。神东矿区海拔高度在1000~1300m，平均1200m，总体上看南北区域低、西北区域高。神东矿区北部为东胜梁，是东—西走向的脊线，为鄂尔多斯高原东部的南北分水岭。矿区地貌单元由西部的风积沙区和东部的黄土沟壑区组成。矿区西部风积沙区多为固定半固定沙丘，地形起伏相对较小，相对高差为30~80m；矿区东部黄土沟壑区内沟壑纵横，切割强烈，水土流失严重，形成塬、梁、峁和沟壑组合的黄土高原地貌景观。

2.1.2 气候

神东矿区属典型的大陆性季风气候，生态环境极度脆弱。区内不少地方气候干燥，年降雨量平均为 194.7 ~ 531.6mm，年蒸发量为 2297.4 ~ 2838.7mm，蒸发量是降雨量的 5 倍左右。降水多集中于 7、8、9 三个月，占全年降水量的 70%左右，降雨强度大时，东部地区易造成山洪，西部地区易造成内涝；其他月份降水很少，干旱严重。区内地表水系不发育，主要有乌兰木伦河(窟野河)贯穿全区，植被稀少。冬长夏短，四季分明，受地理环境影响，气象要素变幅大，年均温度 7.3℃。东部地区年平均气温 5.5℃，西部地区年平均气温 5.2℃，年日照 3100~3200h。无霜期较短，东部一般为 135d，西部一般为 116d。全年多盛行西风及北偏西风，年平均风速 3.6m/s，最大风速可达 22m/s。综上所述，神东矿区气候的主要特征是干旱、少雨、多风，是造成矿区生态环境脆弱的主要原因。

2.1.3 煤炭生产现状

神东矿区是以神东煤炭集团为开发主体，拥有生产矿井 18 座，包括位于陕西省的大柳塔矿、榆家梁矿、哈拉沟矿、石圪矿、锦界矿和三道沟矿，位于内蒙古自治区的补连塔矿、上湾矿、乌兰木伦矿、布尔台矿、柳塔矿、寸草塔矿、寸草塔二矿、万利一矿、黄玉川矿及神山矿，位于山西省的保德矿和上榆泉矿。其中，大柳塔矿、补连塔矿和布尔台矿都达到了 2000 万 t/a 以上，锦界矿、榆家梁矿和保德矿达到 1500 万 t/a 以上，上湾矿、石圪矿、哈拉沟矿、万利一矿、三道沟矿和黄玉川矿达到 1000 万 t/a 以上。

神东矿区由于开采煤层赋存较好，特别适合大规模机械化开采。经过近 20 年的探索与实践，突破传统的长壁式综采工艺与配套装备局限性，创新形成了安全、高效、高回收率的煤炭现代开采工艺，即以国际一流的采煤机、国产大采高液压支架和超长距离运输系统等为支撑的超大工作面(工作面长度超过 300m，最大推进距离超过 6000m)开采。目前，已经形成了千万吨矿井群生产格局，产能达到 2 亿 t。

2.2 煤岩层地质特征

2.2.1 沉积地层特征

矿区大部为第四系松散沉积物所覆盖，仅在乌兰木伦河、勃牛川河沿岸及其各大支沟中有基岩出露。据钻探揭露及地质填图资料，井田地层由老到新有：三叠系上统永坪组(T_3y)；侏罗系下统富县组(J_1f)；侏罗系中下统延安组($J_{1-2}y$)；侏罗系中统直罗组(J_2z)；第四系下更新统三门组(Q_1s)；第四系中更新统离石组(Q_2l)；第四系上更新统萨拉乌苏组(Q_3s)及第四系全新统(Q_4)。现分述如下：

2.2.1.1 三叠系上统永坪组(T_3y)

为煤系沉积基底，井田内地表无出露。岩性为灰绿色巨厚层状细、中粒长石石英砂岩，夹灰绿黑色泥岩、砂质泥岩。砂岩含较多的黑云母、绿泥石矿物，分选性中等，磨圆度次圆次棱角状，泥质胶结，大型板斜层理及槽状、楔状斜层理发育，泥岩中常有枕状、球状菱铁矿结核。勘探钻孔未揭穿该地层，据矿区资料该地层厚度为80~200m。

2.2.1.2 侏罗系下统富县组(J_1f)

井田内大部地段缺失，仅在中部有零星沉积，地表无出露，沉积区内一般厚度为8.00~23.0m，与下伏永坪组呈假整合接触。岩性主要为灰白色细、中粒砂岩，局部含粉砂岩。砂岩之上有2~5m左右的灰黑色泥岩，含植物化石，局部夹炭质泥岩及薄煤。

2.2.1.3 侏罗系中下统延安组($J_{1-2}y$)

假整合于永坪组或连续沉积于富县组之上，为含煤地层。广泛地出露于乌兰木伦河沿岸及各支沟。其上部因遭直罗期河流的冲刷和新生代剥蚀，有不同程度的缺失。据揭露该组的钻孔资料统计，残留厚度96.62~243.50m，平均195.24m。地层在柠条梁偏西地段沉积较厚，向东西两侧变薄，在勃牛川最薄。岩性以灰白、浅灰色中粒长石砂岩、岩屑长石砂岩及钙质砂岩为主，次为深灰色粉砂岩、砂质泥岩、泥岩及煤层，少量炭质泥岩、透镜状泥灰岩及膨润土矿层。

煤系沉积特征表现为：砂岩以细、中粒居多，少量粗粒或含砾砂岩，且多集中在煤系上下部位，细碎屑岩以粉砂岩占优势，泥岩多局限于几个层位，煤系中部砂岩相对较少，泥质岩较丰。

2.2.1.4 侏罗系中统直罗组(J_2z)

本组因受后期剥蚀，区内仅残存底部地层，厚度 0~46.75m，平均 18.37m。上部以灰绿、蓝灰色泥岩、粉砂质泥岩、粉砂岩为主，夹细粒长石砂岩，呈团块状，含紫斑泥岩及菱铁矿结核。下部为灰白色，局部灰绿色中粗粒长石砂岩，夹绿色泥岩，具大型板状交错层理或块状层理，含植物茎秆化石、镜煤包裹体及黄铁矿结核，底部偶见含砾砂岩，砾径 2~50mm，与下伏煤系地层呈假整合接触。

2.2.1.5 第四系(Q)

第四系下更新统三门组(Q_1s)：主要分布于柠条梁一带，出露于双沟，不整合覆于基岩之上。岩性为砂砾石，夹多层砂质黏土。砂砾石层的上部以粗砂为主，含少量石英质细砾，分选性中等，磨圆度次圆状，粗砂成分以石英为主，少量长石和白云母片，中下部以砾卵石为主，粒径一般 10~250mm，砾卵石之间为松散状粗砂填隙物，砾卵石成分复杂，主要为石英、火成岩、片麻岩、燧石等。砂质黏土呈浅红色，富含钙质结核。本组厚度 0~45.70m，平均 11.77m。

第四系中更新统离石组(Q_2l)：基本全区分布，中部柠条梁最厚，出露于黄土梁峁丘陵区及沟谷两侧。底部为砂砾石层，分选差，砾石多呈圆状，粒径 2~10mm，厚度 3~5m。上部以风积黄土为主，其间夹 2~4 层浅红色古土壤层，富含钙质结核，柱状节理发育，厚度 0~75.30m，平均 18.85m。

第四系上更新统萨拉乌苏组(Q_3s)：主要分布于母河沟、哈拉沟一带。下部以浅黄色、土黄色粉砂、细砂为主，具单斜层理及水平层理，顶部含薄层泥炭(局部地方)。以灰褐色黏土质中细砂、细砂为主。该组疏松透水性较强，厚度变化受古地形的制约。

第四系全新统(Q_4)：①冲洪积层(Q_4^{al}、Q_4^{pl})，主要分布于乌兰木伦河、勃牛川河谷及其较大支沟中。洪积层为杂色砾卵石，砾径一般 2~50mm，最大者达150mm以上，分选极差，磨圆度较好，多呈次圆及圆状。卵砾石之间充填物为中细砂、粉砂及黏土质，厚度0~12.45m。冲积层下部为中细砂和砂砾石，上部为浅黄色中细砂、粉砂质黏土、黏土质粉砂。厚度1~10.0m。②风积层(Q_4^{eol})，广布于井田表层，由浅黄色细砂、粉砂组成，分选性较好，厚度0~15.0m。

2.2.2 煤层赋存特征

西部生态脆弱区主要为侏罗系陆相含煤岩系，煤层埋藏浅、厚度大，煤层顶板一般为砂岩。神东矿区主要煤层赋存侏罗系延安组，分为5段，各含一个煤组，自上而下分别编为1~5煤组(图2-1)。

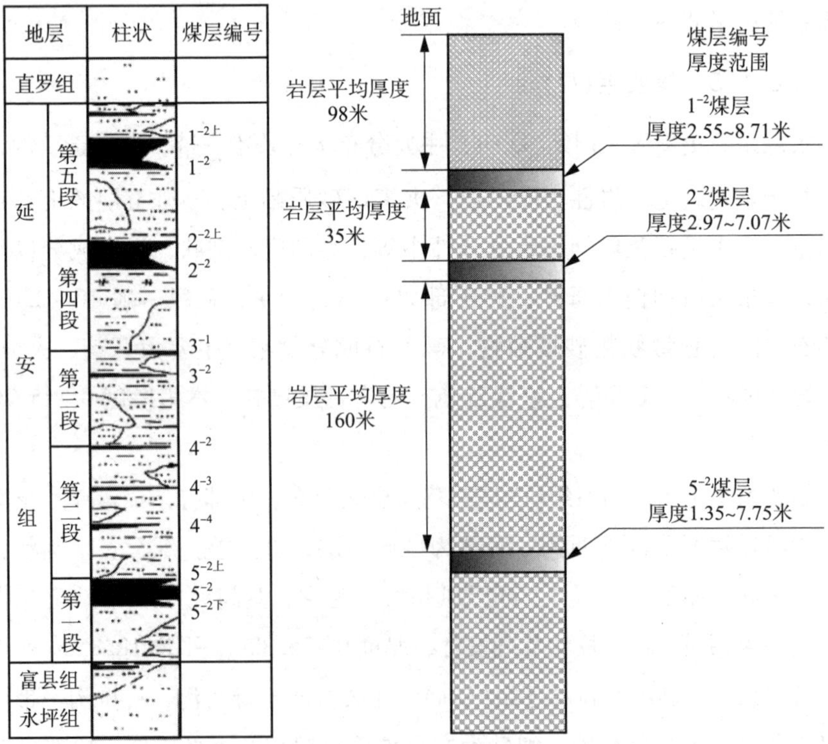

图2-1 神东矿区主要煤层赋存特征

煤层赋存具有如下特征(如大柳塔井田)：

(1)主采煤层赋存于延安组第一段(5号煤)、第四段(2号煤)及第五段(1号煤)，中部第二、三段含煤性差，各煤层的厚度变化均有一定的规律性，煤层层间距及结构均较稳定。

(2)神东矿区大柳塔煤矿 1^{-2}煤层煤厚为 2.55~8.71m，平均 6.45m，埋深约为 100m；其下部 2^{-2}煤层距 1^{-2}煤层平均厚度仅为 35m；5^{-2}煤层位于地下 300m 左右，其煤厚在 7.0m 以上，最厚达 7.75m，采用 7m 采高的工作面。

(3)可采煤层总厚度较大的地段位于井田西部哈拉沟—双沟之间，大致相当于 1^{-2}煤层复合区位置，厚度一般在 15m 以上，最厚为 21.65m(J80)，大部地段总厚度为 10~15m。由于东、西两侧上部煤层自燃及遭受剥蚀，使相应地段(2^{-2}煤层的无煤区)可采煤层总厚减至 10m 以下，最小为 1.21m(J25)，全区平均厚度为 12.31m。

2.2.3 煤层上覆岩层岩性分布规律

以大柳塔井田为例，研究区内 2^{-2}煤层底板标高等值线、钻孔和剖面线位置如图 2-2(a)所示，其中 A-A′、B-B′地质剖面分别见图 2-2(b)、图 2-2(c)。

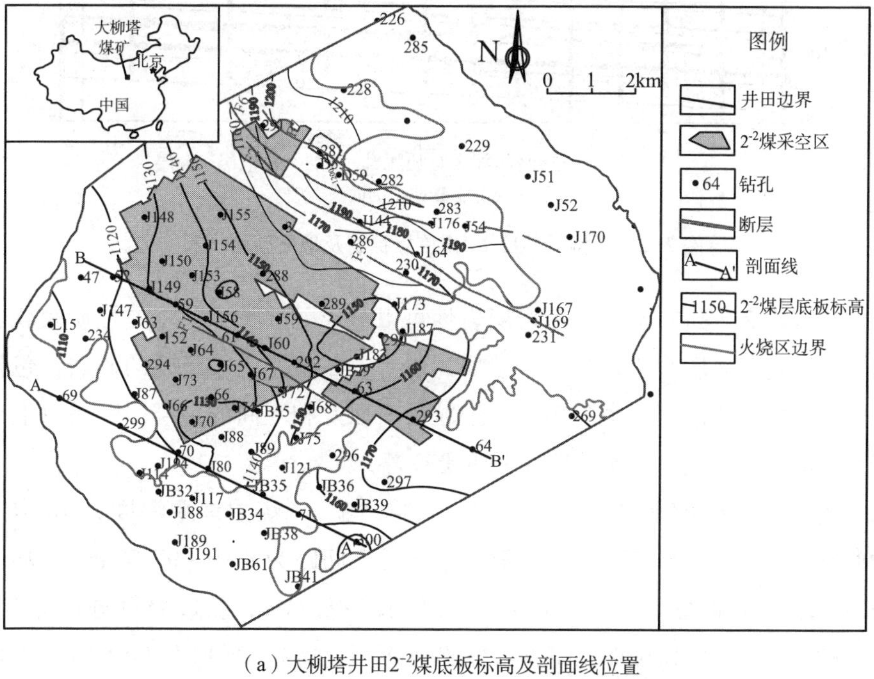

(a) 大柳塔井田 2^{-2}煤底板标高及剖面线位置

图 2-2 大柳塔井田 2^{-2}煤底板标高及地质剖面

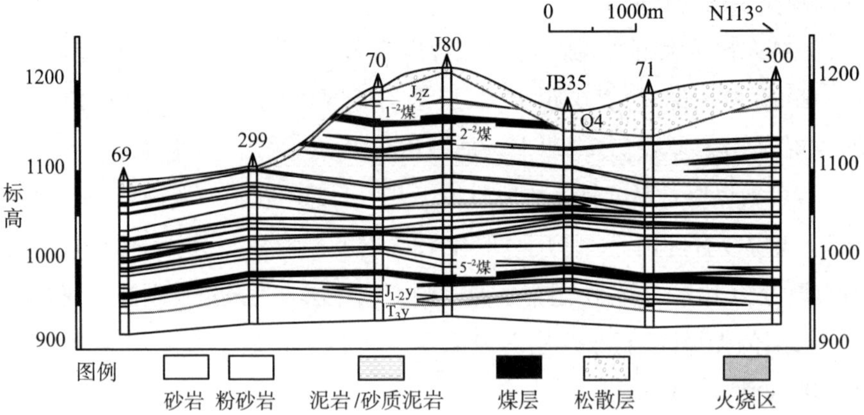

（b）A–A'地质剖面

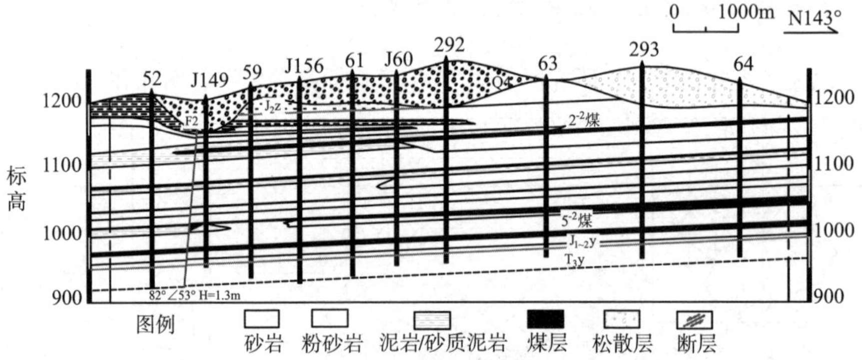

（c）B–B'地质剖面

图 2–2　大柳塔井田 2^{-2} 煤底板标高及地质剖面(续)

矿区内 2^{-2} 煤和 5^{-2} 煤上覆岩层岩性可以分成三种类型：一是性质较软弱的泥岩，包括炭质泥岩、泥岩、砂质泥岩等；二是性质较坚硬的砂岩，包括含砾粗砂岩、粗砂岩、中粒砂岩、细粒砂岩以及相互间的夹层；三是以上二者之间的过渡岩性，如粉砂岩和泥质粉砂岩。

统计结果表明(如表 2-1 所示)，大柳塔矿 2^{-2} 煤层埋藏深度为 18. 16～128. 53m，平均为 75. 53m；其至第四系地层之间距为 8. 02～97. 37m，平均为 52. 22m；砂岩百分比为 0～98. 78%，平均占 48. 31%；粉砂岩百分比为 0～95. 28%，平均占 28. 90%；泥岩百分比为 0～62. 41%，平均占 17. 59%。大柳塔矿 5^{-2} 煤层埋藏深度为 5. 71～288. 93m，平均为 201. 92m；至 2^{-2} 煤层之间距为 121. 99～161. 41m，平均为 144. 80m；层间岩层中砂岩百分比为 21. 53%～71. 19%，平均占 45. 48%；粉砂岩百分比为 3. 66%～58. 18%，平均占

36.68%；泥岩百分比为0~55.04%，平均占15.99%。与补连塔矿和乌兰木伦矿1^{-2}煤层上覆岩性对比，本区沉积处于补连塔矿和乌兰木伦矿之间，总体来看，研究区2^{-2}煤层和5^{-2}煤层覆岩中以中硬的砂岩和粉砂岩为主；而软弱岩层泥岩、砂质泥岩则相对较少。从沉积岩性来看，本区2^{-2}煤层和5^{-2}煤层覆岩属于中硬类型，整体层状的覆岩结构比较稳定。

表2-1 煤层上覆岩层岩性百分率统计表

层段	砾岩/%	砂岩/%	粉砂岩/%	泥岩/%	层间距/m	煤层埋深/m
大柳塔矿 2^{-2}煤层至 第四系	—	0~98.78 48.31	0~95.28 28.90	0~62.41 17.59	8.02~97.37 52.22	18.16~128.53 75.53
大柳塔矿 5^{-2}煤层至 2^{-2}煤层	—	21.53~71.19 45.48	3.66~58.18 36.68	0~55.04 15.99	121.99~161.41 144.80	5.71~288.93 201.92
乌兰木伦矿 1^{-2}煤层至 第四系	—	21.58~98.50 60.33	0~48.05 19.47	0~63.48 19.82	47.62~163.38 108.92	103.48~177.78 131.62
补连塔矿 1^{-2}煤层至 第四系	0~32.55 12.05	11.44~65.47 33.78	0~65.78 25.99	0~66.52 27.47	63.15~247.49 159.85	99.35~260.26 179.45

2.2.3.1 2^{-2}煤层覆岩岩性分布

2^{-2}煤层覆岩岩性分布如图2-3至图2-7所示。由图可以看出：研究区2^{-2}煤层埋深整体特征为中部深、最大埋深为128.53m，四周相对较浅，东部整体要比西部埋藏深度浅，如图2-3所示。

2^{-2}煤层至第四系之间层间距，与煤层埋深基本一致，最大层间距为97.37m。整体反映出中部和西南部层间距增大，研究区西部和东北部层间距减小(见图2-4)。

2^{-2}煤层上覆岩层中泥岩、粉砂岩和砂岩的厚度百分比变化均较大，但表现的规律不完全相同。根据钻孔资料揭示，研究区北部和西南部泥岩厚度百分比含量相对较高，而研究区的南部、整个东部相对较低；粉砂岩和砂岩与泥岩分布相反，如图2-5至图2-7所示。

根据钻孔资料显示，2^{-2}煤层直接顶板岩性为砂岩和泥岩。研究区东南部2^{-2}煤层直接顶板岩性为砂岩分布，其他大部分区域煤层直接顶板岩性均为泥岩。

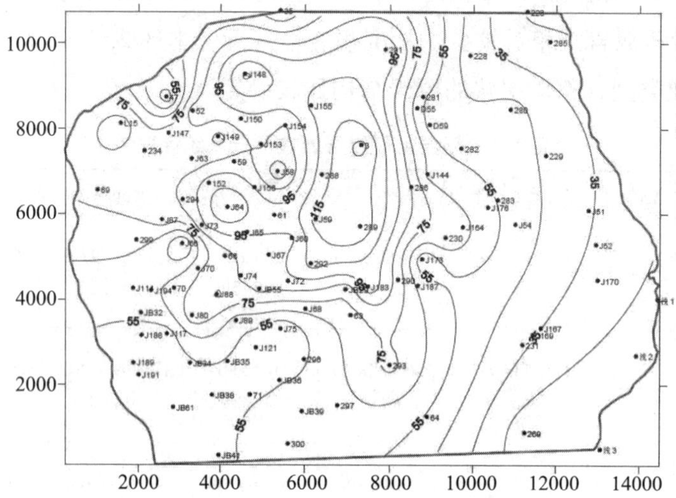

图 2-3　2^{-2}煤层埋藏深度等值线

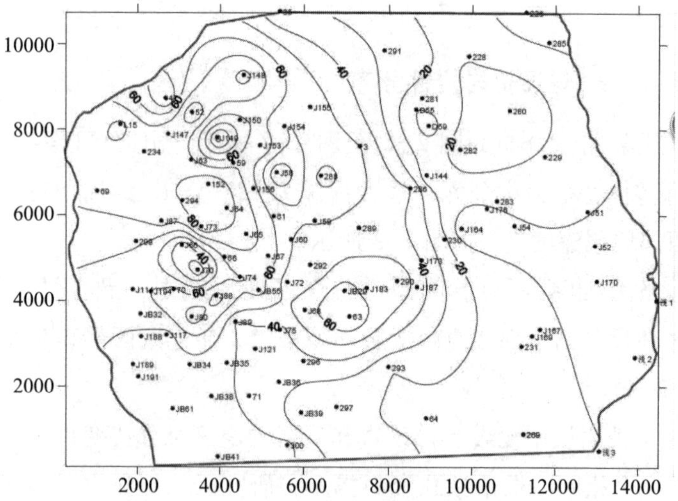

图 2-4　2^{-2}煤层至第四系之间层间距等值线

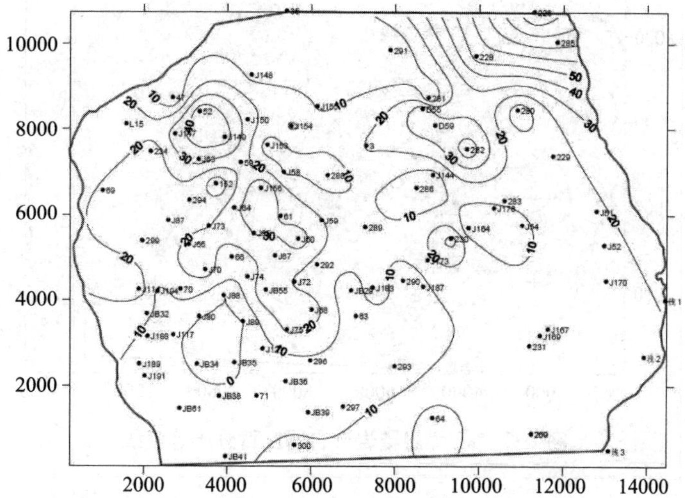

图 2-5　2^{-2}煤层覆岩泥岩厚度百分比等值线

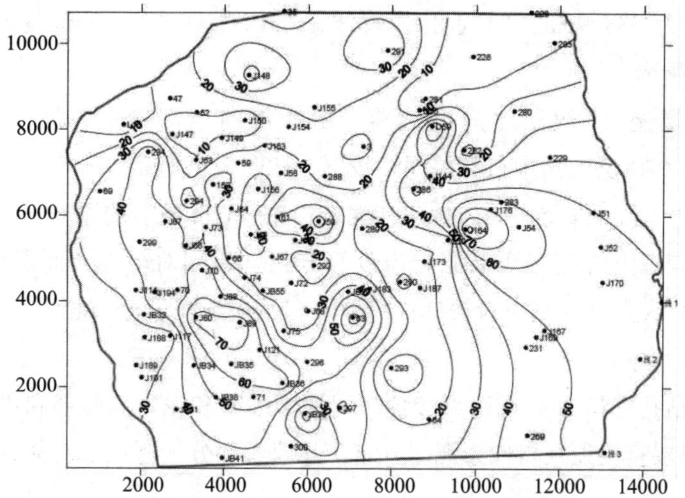

图 2-6　2^{-2}煤层覆岩粉砂岩厚度百分比等值线

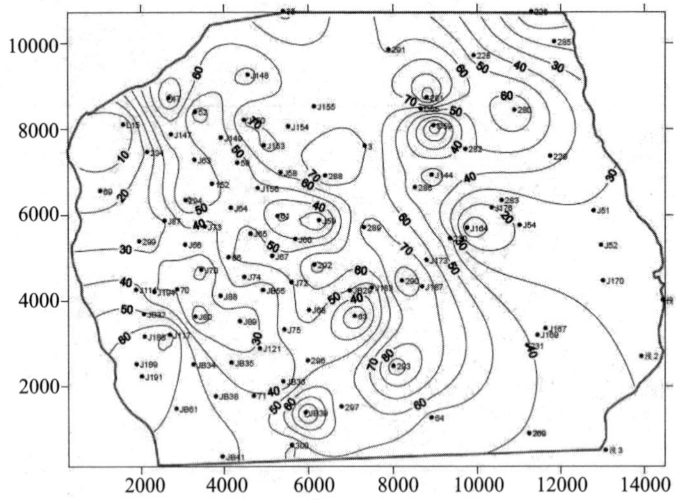

图 2-7　2^{-2}煤层覆岩砂岩厚度百分比等值线

2.2.3.2　5^{-2}煤层覆岩岩性分布

5^{-2}煤层至2^{-2}煤层之间岩性分布如图 2-8 至图 2-12 所示。由图可以看出：研究区5^{-2}煤层埋深与2^{-2}煤层埋藏深度规律一致，整体特征为中部深、最大埋深为 288.93m，四周相对较浅，东部整体要比西部埋藏深度浅，如图 2-8 所示。

5^{-2}煤层至2^{-2}煤层之间层间距，由西部向东部增厚，最大层间距为 161.41m。整体反映出中东部层间距较厚，如图 2-9 所示。

5^{-2}煤层至2^{-2}煤层之间岩性包括泥岩、粉砂岩和砂岩的厚度百分比存在一定变化，表现为研究区西部泥岩厚度百分比含量相对较高，而研究区东部、南部和北部大部分区域相对较低；粉砂岩和砂岩与泥岩分布相反，如图 2-10 至图 2-12 所示。

根据钻孔资料，5^{-2}煤层直接顶板岩性为砂岩和泥岩。西部和中南部局部区域5^{-2}煤层直接顶板岩性为泥岩分布，其他大部分区域煤层直接顶板岩性均为砂岩。

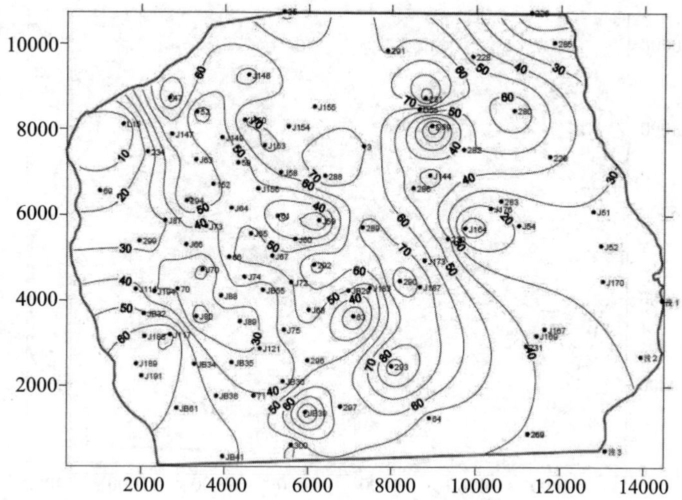

图 2-8　5^{-2}煤层埋藏深度等值线

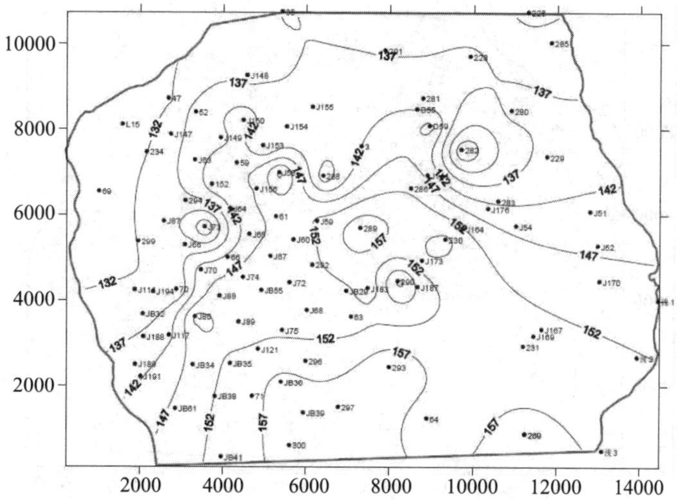

图 2-9　5^{-2}煤层至2^{-2}煤层之间层间距等值线

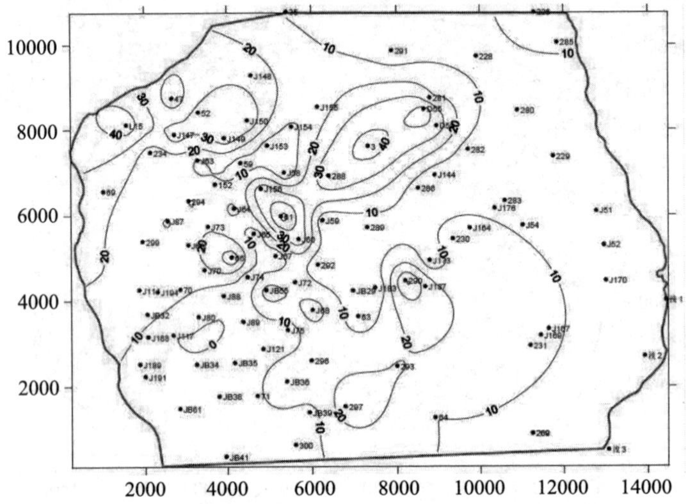

图 2-10　5^{-2}煤层至 2^{-2}煤层之间泥岩厚度百分比等值线

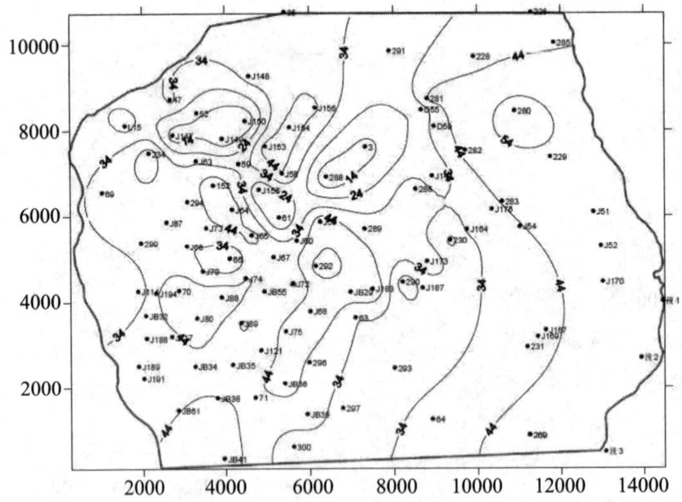

图 2-11　5^{-2}煤层至 2^{-2}煤层之间粉砂岩厚度百分比等值线

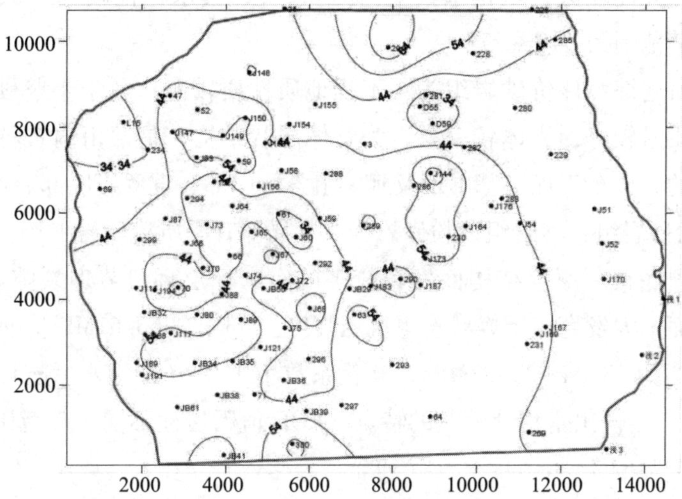

图 2-12　5^{-2}煤层至2^{-2}煤层之间砂岩厚度百分比等值线

2.3　煤层上覆岩体类型及其岩石力学性质

2.3.1　煤层上覆岩体类型

2.3.1.1　按地层年代、岩性成因及工程地质特征划分

研究区煤层上覆岩体可划分为两类，即以第四系松散沉积物为主的Ⅰ类和以侏罗系地层为主的Ⅱ类。

Ⅰ类岩体按成因类型可划分为三个亚类。第一亚类为冲、洪积细砂及砂质粉土，分选较好，呈稍密状态。第二亚类为风积粉细砂，分选极好，呈稍密状态。第三亚类岩性为湖积粉细砂、亚砂土，呈稍密、中密状态。

Ⅱ类岩体主要为侏罗系地层，地表露头少，仅见于大的河谷两侧及分水岭地段，按岩性分为砂岩组、粉砂岩组、泥岩组。

(1)砂岩组：本岩组含有细砂岩、中砂岩和粗砂岩，以中—细粒砂岩为主，局部为粗粒砂岩，多形成煤层的老顶或老底。一般为泥质胶结，局部为钙质胶结。原生结构面一般有水平层理、块状层理、槽状层理、大型板状交错层理，单层厚度大；构造结构面发育一般。干燥状态下岩块抗压强度为6.8~121.3MPa，饱水后强度为8.24~86.4MPa，砂岩组力学强度因岩石内部结构不同差异性较大，软化系数平均为 0.525，其水稳性较好。RQD 值因岩性不同，其范围为 64%~77%。

据上所述综合评价砂岩组为：工程地质性质较差，属于半坚硬—坚硬岩类，岩石质量较好，岩体较完整，为整体层状结构，是井田内各种岩组中稳定性最好的，分布于煤层基本顶及延安组各段中部、直罗组底部。

(2)粉砂岩组：本岩组以粉砂岩为主，局部有泥质粉砂岩夹层，多出现于煤层直接顶底板。原生结构面发育较多的有水平层理、节理裂隙和滑面等，构造结构面不太发育。干燥状态下抗压强度为 43.22~66.61MPa，饱水状态抗压强度平均为 23.04~33.82MPa，软化系数小于 0.5(即饱水后抗压强度降低 50%以上)，表现出水稳性较差的特点。RQD 值因岩性不同，其范围为 55%~67%，平均为 62%。

据上所述综合评价粉砂岩组为：工程地质性质较差，属于半坚硬岩类，岩石质量属中等，岩体以层状结构为主。

(3)泥岩组：本组由泥岩、砂质泥岩或砂质泥岩互层组成，其中黏塑性岩层的比例在 70%以上，多出现于煤层直接顶底板。干燥状态下抗压强度为 20.68~97.9MPa，饱水状态抗压强度平均为 12.3~43.6MPa，呈现明显塑性变形，软化系数小于 0.5，水稳性较差。采动过程中易冒落，但对裂隙带的发育有较强的抑制作用。RQD 值因岩性不同，其范围为 44%~57%。

据上所述综合评价泥岩组为：工程地质性质很差，属于软弱岩类，岩体较破碎，为块状结构，是井田内稳定性最差的岩组。

2.3.1.2 按煤层上覆岩层空间分布及其共生特点划分

研究区煤层工程地质岩组可分为 5 种组合类型：砂土基型、砂基型、土基型、基岩型和烧变岩型[131-132]。

砂土基型：煤层上覆岩层包括砂层(第四系萨拉乌苏组)、土层(新近系三趾马红土和离石黄土)和侏罗系基岩。此种结构在神东矿区地层中发育较广，工程地质条件对保水采煤十分有利。

砂基型：煤层上覆岩层由砂层和基岩组成，无土层隔水层发育。在此种结构下采煤时，矿井涌水量大，存在突水溃砂灾害，保水开采难度大。

土基型：煤层上覆岩层由土层和基岩组成，局部为片砂覆盖区，地表地貌为黄土沟壑区。

基岩型：未见新生界发育，基岩直接出露地表，煤层上覆岩层全部为侏罗系基岩。

烧变岩型：陕北侏罗系煤田特有的煤层上覆岩层结构类型，沿乌兰木河及窟野河等呈条带状展布。烧变岩具有大量的空洞裂隙，在某些部位具储水构造，其富水性强，对煤层开采存在一定威胁。

2.3.2　煤层上覆岩石物理力学性质

岩石的基本物理力学性质是岩体最基本、最重要的性质之一。煤层上覆岩石力学性质是在静力和动力荷载作用下所呈现出来的性质，主要包括岩石的天然容重及变形与强度特性。这些岩石物理力学参数可以在实验室或现场通过仪器设备测定获得，通常受加载速率、试验机的刚度和岩石试件的形状与尺寸影响。刚性试验机是最常用的试验平台，可以进行单轴抗压强度、抗拉强度、剪切强度和三轴压缩强度试验，能够准确获得岩石强度、变形特征及岩石发生破裂发展过程。

神东煤田内河流沼泽相煤层顶板多为粉、细砂岩，湖沼相煤层顶板多为泥质岩，三角洲平原沼泽相煤层顶板则泥、砂参半，泥质岩略占优势。对神东各煤矿钻孔资料分析，神东矿区各煤层直接顶为砂质泥岩、粉砂岩、细粒砂岩和粗粒砂岩，部分地段煤层顶板为泥岩，部分煤层的伪顶为泥岩及炭质泥岩，部分煤层间有夹层存在，老顶为粉、细、中粒砂岩，直接底为砂质泥岩、炭质泥岩等。对大柳塔、上湾、补连塔和布尔台等煤矿工作面覆岩所取岩芯的力学强度测试结果进行统计，得到了神东矿区煤系地层岩石力学参数统计表(见表2-2)。

表2-2　神东矿区煤系地层岩石物理力学参数

岩性	容重/($kN \cdot m^{-3}$)	抗压强度/MPa	抗拉强度/MPa	弹性模量/GPa	黏聚力/MPa	内摩擦角/°	泊松比
泥岩	22.0~25.7 24.2(39)	6.2~77.0 43.2(20)	0.63~8.03 2.53(15)	3.6~27.4 10.1(10)	2.9~11.0 5.6(12)	23.1~45.1 29.5(12)	0.11~0.32 0.15(10)
砂质泥岩	23.6~36.9 24.6(50)	20.7~97.9 51.9(46)	0.98~7.25 3.18(38)	4.0~27.6 10.3(35)	2.2~17.3 6.8(42)	23.4~45.3 38.0(42)	0.09~0.44 0.17(35)
粉砂岩	22.9~25.6 24.5(74)	21.9~136.2 66.6(62)	0.89~7.4 3.37(56)	2.7~49.7 13.2(52)	2.8~19.6 7.1(55)	28.9~44.9 38.3(55)	0.05~0.36 0.18(52)
细粒砂岩	22.3~26.1 24.1(67)	23.5~121.3 63.9(69)	0.8~10.75 3.66(65)	3.3~59.8 13.2(56)	1.3~18.9 6.5(60)	19.8~47.7 38.5(60)	0.08~0.32 0.20(63)

续表

岩性	容重/($kN\cdot m^{-3}$)	抗压强度/MPa	抗拉强度/MPa	弹性模量/GPa	黏聚力/MPa	内摩擦角/°	泊松比
中粒砂岩	21.1~25.0 23.4(35)	6.8~106.7 48.0(33)	0.98~6.53 2.72(29)	3.0~40.7 11.4(34)	2.6~30.4 5.8(34)	22.9~45.4 39.3(34)	0.14~0.38 0.24(33)
粗粒砂岩	22.4~24.4 23.4(5)	25.5~54.7 43.2(4)	1.95~4.29 3.13(5)	4.3~25.3 13.9(4)	3.7~5.1 4.4(2)	39.3~44.7 42.0(2)	0.19~0.28 0.23(4)
1^{-2}煤	12.1~14.3 13.2(10)	4.1~27.2 14.8(9)	1.33(1)	2.3(1)	—	—	0.20(1)
2^{-2}煤	12.3~14.1 13.1(2)	6.1~23.5 14.5(10)	0.60~0.86 0.71(40)	0.11~1.7 1.52(4)	1.8~3.0 2.6(4)	31.7~45.2 39.9(4)	0.12~0.55 0.33(4)
5^{-2}煤	12.4~13.5 13.0(2)	9.4~31.1 19.5(6)	0.50~1.15 0.76(6)	0.65~17.5 4.9(5)	1.2~3.7 2.7(4)	42.5~47.1 44.2(4)	0.20~0.35 0.27(5)

注：表中数据上行为极值范围，下行为平均值，括号内为样本个数，仅一个值时为平均值。

从表2-2可以看出，神东矿区各煤层顶板岩层岩石的抗压强度大多在15~40MPa，抗拉强度为0.70~5.65MPa，岩层的岩性为中硬岩层及偏软岩层，没有坚硬顶板。因为是同一煤田，煤层成煤时期相同，岩层沉积环境相同，造成了各煤层顶板覆岩岩层虽然岩性、岩层厚度有所不同，但其基本力学性能相近。根据各煤矿部分钻孔资料分析，顶板力学强度基本为中硬岩层。

2.4 矿区水文地质条件

神东矿区主要含水层包括新生界松散层孔隙潜水、中生界碎屑岩类裂隙潜水及承压水、烧变岩孔洞裂隙潜水。

2.4.1 新生界松散层孔隙潜水

2.4.1.1 第四系河谷冲积层(Q_4^{al})潜水

较大河谷断续分布内迭和上迭类型阶地及漫滩。堆积物主要为泥砂、中粗砂、砾卵石。厚度一般4~12m，最厚22.08m。水位埋深1~10m。含水层岩性为中粗砂及卵砾石层，钻孔涌水量19.09~125.80m^3/d，单位涌水量0.027(E98)~0.244L/s·m(S4)，渗透系数0.439~5.49m/d，富水性中等到弱。水质为HCO_3-Ca型或Ca.Na型，矿化度0.25~0.35g/L。

2.4.1.2 第四系上更新统萨拉乌苏组(Q_3s)潜水

该组为冲积湖形成，主要分布于石圪台至大柳塔及柠条塔南区。呈条带状，片状分布于古洼地和沟系中，厚一般10~30m，最厚可达100m以上(60号孔)。一般冲沟上游较厚，梁峁区薄。岩性为粉细砂、中粗砂，局部底部含砾石，结构疏松，降水极易入渗。水位埋深0~30m，含水层厚10~20m，最厚40m。矿区中出露的大泉直接或间接源于该含水层，较大泉流量大于864m³/d，最大泉流量达3726m³/d。钻孔单位涌水量为0.1~2.11L/s·m，渗透系数0.02~30m/d，一般5~10m/d。为弱至中等富水性，局部为强富水性。水质为HCO_3-Ca型或Ca.Mg型，矿化度0.16~0.30g/L。

2.4.1.3 第四系中更新统离石黄土(Q_2l)隔水层

离石黄土不整合于三门组之上，出露于黄土梁峁区，全区分布较广。岩性以粉质黏土为主，含钙质结核，具孔隙，干燥呈块状。厚度0~109.13m(6号孔)。因其结构较致密，透水性差，为区域良好隔水层。

2.4.1.4 第四系下更新统三门组砂砾层(Q_1s)潜水

全组厚0~45.70m。上部局部为浅红色土，厚度0~35.48m(J浅6号孔)。含水层为下部的砂砾石层，主要分布在大柳塔井田。

2.4.2 中生界碎屑岩类裂隙潜水及承压水

2.4.2.1 侏罗系中统直罗组(J_2z)裂隙潜水—承压水

分布于矿区西部，厚度45.17~137.54m，其他区残留底部地层，岩石易风化，裂隙较发育。含水层为灰白色、灰绿色中粗粒长石砂岩，厚10~30m，该层出露的泉水流量一般0.1~0.3L/s·m，渗透系数0.0367~0.111m/d，富水性弱。水质为HCO_3-Ca型或Ca.Mg型，矿化度0.21~0.37g/L。

2.4.2.2 侏罗系中下统延安组($J_{1-2}y$)裂隙承压水

岩性以浅灰白色中至粗粒砂岩为主，次为细砂岩、粉砂岩和泥岩。砂岩呈透镜状，岩石完整，泥质或钙质胶结，裂隙不发育。大量钻孔抽水试验证明，单位涌水量为0.00001~0.0011L/s·m，渗透系数0.000141~0.072m/d，富水性极弱。浅埋煤层顶板含水层水柱高度一般16.65~31.39m，煤层埋藏较深区水柱高度可达 69.56~127.88m。在沟谷地带承压水头高出孔口形成自流。

延安组裂隙承压水水质由上而下逐渐变差，浅部为 HCO_3-Ca 型或 Ca. Na 型，至深部变为 Cl-Na 型，矿化度由 0.2g/L 增加到 14.50g/L。

2.4.2.3 三叠系永坪组(T_3y)裂隙承压水

岩性为灰绿色中粗粒砂岩，巨厚层状，岩石完整，裂隙不发育，为煤系基底。据 S33 号孔水文孔资料，含水层厚 39.05m，降深 2.64m，涌水量 2.033m^3/d，单位涌水量 0.0089L/s·m，渗透系数 0.012m/d，富水性极弱。水质为 Cl-Ca 型，矿化度 41.47g/L，为咸水。

2.4.3 烧变岩孔洞裂隙潜水

矿区内有大面积分布的煤层自燃区，区内有烧变程度及厚度不等的烧变岩，孔洞裂隙十分发育，强发育段位于下部，厚 3~10m。当烧变岩底板具备倾斜或凹形储水构造，且有松散层潜水补给时，形成富水区，并有大泉出露，泉流量 784.80~5788.80m^3/d。一般是松散层潜水补给范围及烧变岩储水面积越大，烧变岩地下水储存量越大，泉流量越大。所以，富水性局部为强—极强。大多数弱或透水不含水。其水质优良，为 HCO_3-Ca 型，矿化度小于 0.25g/L，为区内具有供水意义的含水层之一。

按地下水的赋存条件和水力特征，将矿区地下水分为第四系孔隙水、基岩裂隙水和地表土壤水，如图 2-13 所示。研究区地表土壤水广泛分布，厚度一般为 0~15m，其作用是影响地表生态；第四系孔隙水分布于整个区域，含水层厚度及富水性差别较大，厚度一般为 10~30m，其作用是控制地下水位；煤系地层中广泛分布着大量的基岩裂隙水，含水层富水性弱，但呈多层分布，总体厚度可达 80~200m，约占鄂尔多斯盆地可采地下水资源总量的 76%，是矿井水的长期来源。煤炭开采过程中覆岩采动裂隙和地表裂缝演化特征决定了三类地下水的变化规律。

隔水层主要为第四系中更新统离石黄土(Q_2l)隔水层和侏罗系中下统延安组($J_{1-2}y$)隔水层。其中，第四系中更新统离石黄土隔水层分布较广，但厚度变化较大，厚 0~96.50m，井田中部赋存较厚；岩性上部为亚砂土和亚黏土，下部为黏土和亚黏土，含钙质结核，结构致密，为良好隔水层。侏罗系中下统延安组隔水层厚 99.53~243.50m，平均厚 195.24m；含水层岩性主要为中细砂岩，局部为粗粒砂岩和泥质胶结，裂隙主要为层面裂隙和垂向裂隙；泥岩、粉砂岩细腻致密，为煤系相对隔水层。

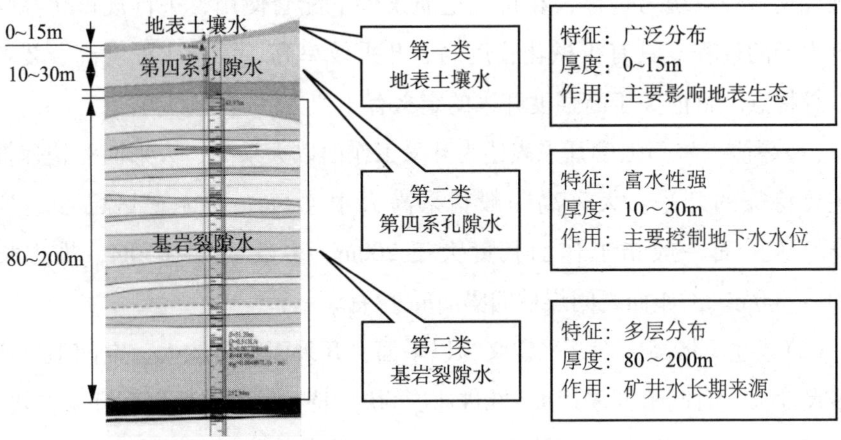

图 2-13　三类地下水及相互关系

目前，该矿区主采 5^{-2}煤层，采用 7m 一次采全高，其上覆岩层裂隙带高度要大于其距 2^{-2}煤层的岩层厚度，一旦开采就会形成导水裂缝通道，2 号煤层工作面积水就会通过导水通道进入工作面，表明以“堵截”为主要技术手段的保水技术在神东矿区无法有效实施。为保障采煤工作面的安全高效生产，必须实施针对性的保水措施，即采取“导储用”为特征的保水开采技术。在掌握开采对水资源运移影响规律的基础上，将含水层的地下水疏导至采空区进行储存，并建设相应的水处理和抽采利用工程，建立煤矿地下水库，对矿井水进行高效利用，达到疏导后矿井水不外排的目的，实现保水开采。

2.5　煤炭高强度开采技术

神东矿区煤炭资源赋存条件好：含煤岩系构造相对简单、煤田面积大、煤层赋存状态比较稳定、中厚—厚煤层为主、含煤地层倾角较缓。总体上煤炭开采条件优越，特别适合现代大规模开发。近年来，随着我国采掘装备与技术的提高，最大限度地提高了资源回采率、安全保障率和生产效率等矿井生产主要指标。以长壁式综采工艺为核心的大采高综采技术、放顶煤综采技术和短壁开采技术等快速发展，以及形成一批具有影响力的高产、高效、高回收率的千万吨矿井，推动了神东矿区煤炭资源的现代化、高强度开采。

煤炭现代化、高强度开采是指通过集各种先进采煤装备和先进采煤工艺及现代化管理系统为一体，在特定地质条件下配套使用，进行规模化高强度连续生产的过程，具有机械化程度高、开采效率高、智能化程度高、装备能力强等特点。目前关于高强度开采的定义有3种：

(1)缪协兴将高强度开采表述为开采工作面以大采高、大采面和快速推进为主要特征的开采。大采高一般指采高大于4.5m，神东矿区已经达到了8.8m。大采面一般指工作面长度大于200m，多数300~450m，推进长度2000~7500m。工作面之间煤柱间隔20m左右。

(2)范立民将高强度开采定义为以平面上开采面积占比大、空间上工作面开采尺寸大、时间上开采速度(推进速度)快为特点的开采区域和开采方式。

(3)郭文兵基于绿色开采理论，进一步将高强度开采精确定义为：厚煤层($M \geq 3.5m$)综合机械化一次采全高(放顶煤或大采高支架)、工作面尺寸较大($L \geq 200m$)、推进速度较快($v \geq 5m/d$)、工作面单产较大(一般500万~1000万t/a以上，最小300万t/a)、工作面深厚比较小($H/M<100$)、覆岩与地表破坏严重的高产高效采煤方法。认为西部矿区煤炭高强度开采地质采矿主要特征如下：①地质采矿条件简单；②开采厚度大，深厚比小；③工作面尺寸大；④工作面技术装备水平高，一般采用大采高综采或综放，并向智能工作面方向发展；⑤工作面推进速度快；⑥工作面单产大，效率高。

超大工作面开采工艺是煤炭现代化、高强度开采技术中最具有代表性的，是神东矿区立足于煤炭现代开采技术和煤炭资源赋存条件，按照煤炭资源开采集中化形式形成的资源与环境协调开发技术，有效解决了煤炭资源高强度开发过程中同步提升资源回收率和水资源及地表生态保护问题。超大工作面长度一般在300m以上，推进距离在3000m以上，单层采高为4~7m，与传统工作面相比，具有一次开采面积大、工作面搬家次数少、推进速度快(一般13m/d以上)和开采效率高等优点(见图2-14)。

高强度开采形成的巨大采空区引起了严重的上覆岩层破坏、地面塌陷、地裂缝发育、泉水干涸、地下水位下降等采动损害问题。以大柳塔煤矿煤炭高强度开采实例及环境影响进行说明，大柳塔井田1996年投产以来，1^{-2}、2^{-2}煤层已经开采完，其中1^{-2}煤层由于分布范围小，采煤工作面规格不一，采高一般3~4.5m，其下部叠加的2^{-2}煤层开采区，采高一般大于4.5m，采煤工作面长度

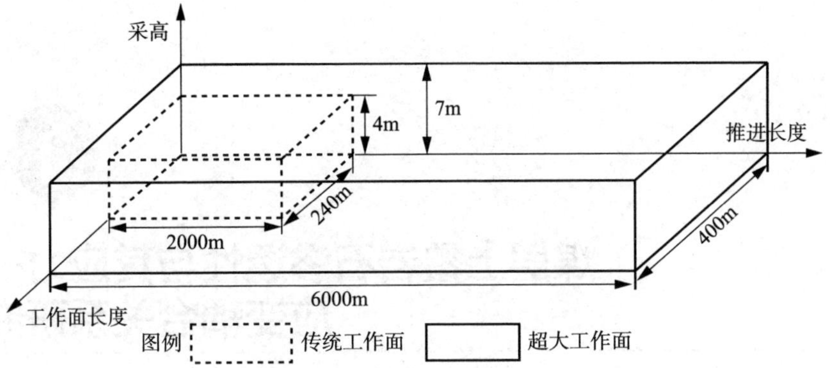

图 2-14　超大工作面开采工艺示意

230~400m，推进长度达 3000~6700m，平面开采面积达到井田面积的 75%左右，属于高强度开采区。由于开采强度高，区内原有的双沟、五当沟、王渠(泉)等沟流均已经干涸，地面裂缝发育，黄土沟壑区深、大地裂缝非常明显，对植被生长影响大。目前，西部大型、特大型煤矿均属于高强度开采区。

2.6　本章小结

(1)神东矿区主要为侏罗系陆相含煤岩系，煤层埋藏浅、厚度大；煤层赋存于侏罗系中下统延安组($J_{1-2}y$)，划分为 5 个煤组，其上覆地层有侏罗系中统直罗组(J_2z)、侏罗系中统安定组(J_2a)和第四系全新统(Q_4)，沉积岩性为陆相河湖沉积体系，主要为砂岩、泥岩、砂质泥岩和粉砂岩以及风积沙等，研究区主要可采煤层为 2^{-2}煤和 5^{-2}煤。

(2)按照煤层上覆岩层的组成成分，将神东矿区侏罗系地层划分为砂岩组、粉砂岩组和泥岩组。大柳塔矿井 2^{-2}煤层和 5^{-2}煤层覆岩中以中硬的砂岩和粉砂岩为主；而软弱岩层泥岩、砂质泥岩则相对较少。从沉积岩性来看，研究区 2^{-2}煤层和 5^{-2}煤层覆岩属于中硬类型，整体层状的覆岩结构比较稳定。

(3)神东矿区煤炭资源赋存条件好，含煤岩系构造相对简单、煤田面积大、煤层赋存状态比较稳定、中厚—厚煤层为主、含煤地层倾角较缓，特别适合现代化、高强度开发。高强度开采技术特征为：地质采矿条件简单，工作面尺寸大，工作面技术装备水平高，工作面推进速度快，工作面单产大、效率高，开采厚度大、深厚比小。上覆岩层破坏严重，地表移动变形剧烈。

3 煤层上覆岩石渗透性与其应力—应变耦合关系研究

3.1 概述

在长壁垮落采煤过程中，开采空间周围岩体原有的应力平衡状态受到破坏，引起围岩应力重新分布，使围岩产生移动、变形和破坏，这些采动应力—应变行为导致工作面围岩形成非常不均匀的、各向异性的渗透系数场。在评估长壁开采对地下水流动的影响时，这种与应力—应变相关的渗透系数场具有十分重要的意义。许多研究结果表明，采动引起的应力—应变变化可使渗透系数增大几个数量级。

目前有关采动围岩应力—应变及其对水力特性效应影响的论文较少，并且已有的论文大多是二维条件下的研究成果，忽略了回采工作面周围岩体实际上是呈复杂的三维变化。因此，研究三维的应力—应变与渗透性之间的耦合关系是准确评价采后渗透系数场的关键。

本章基于神东矿区典型矿井煤层顶底板岩层主要岩石类型，采用电液伺服岩石力学试验系统，系统分析了侏罗系煤层上覆岩石全应力应变过程中的渗透性规律，揭示了煤炭开采过程中渗透性与应力应变之间的关系和作用机理；论述了裂隙岩体与多孔介质岩体的渗透特征，得出了不同岩体介质状态及裂隙组合条件下的渗透系数方程。在此基础上，应用孔隙弹性力学理论研究了三向应力条件下三组正交裂隙岩体渗透—应力耦合模型及其相关关系，为研究采动岩体渗透特性奠定了理论基础。

3.2 岩石全应力应变渗透性试验研究

3.2.1 试验原理

为了了解煤炭开采过程中覆岩与底板应力—应变—渗透规律，本次试验研究采用山东大学自行研制的三轴岩石力学试验系统对神东矿区侏罗系延安组煤层顶底板岩石样品进行了全应力—应变过程中渗透试验研究。试验系统由围压、轴压和孔隙水压三套独立的加载部分组成，围压、轴压加载部分具有压力、位移和变形三种控制方式，孔隙水压加载部分具有压力和流量两种控制方式(如图 3-1 所示)。

图 3-1 岩石力学试验系统

为了便于测试和计算岩石的渗透系数，做以下三点假定：①岩石内部原有微裂隙及孔隙分布比较均匀，可看作孔隙介质；②水渗透过程中是不可压缩的；③水沿岩石中的孔隙流动服从 Darcy 定律[133]。根据上述方案和稳态渗流法，在轴向应力加载全过程中，在试样的一端向其内部注水，另一端保持为大气压。其中，注水量保持恒定流量 Q。根据 Darcy 定律，试样的渗透系数

K 计算式为：

$$K=\frac{QL}{A(h_1-h_2)} \tag{3-1}$$

式(3-1)中，Q 为试件中的流量(cm^3/s)；L 为试样长度(cm)；A 为试样横截面积(cm^2)；h_1-h_2 为试件两端的水头差(cm)。

岩石渗流试验过程如图 3-2 所示。从施加的围压等级看，可以防止试件内的水由于较大的孔隙压力而溢出，保证水流在岩样中通过。

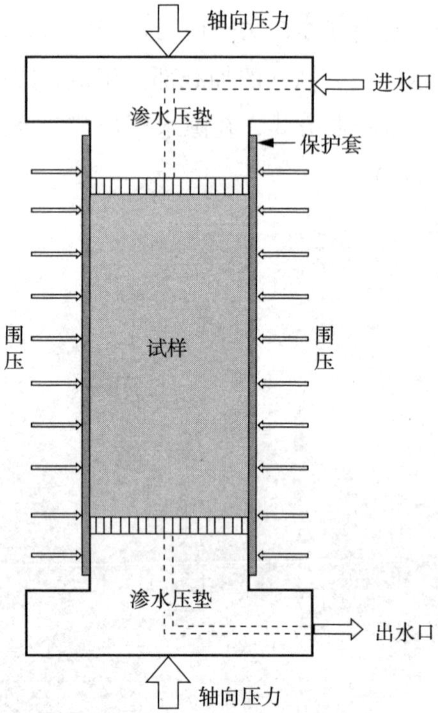

图 3-2　岩石渗透试验原理示意

3.2.2　试样及试样过程

根据神东矿区煤层埋藏深度和水平应力分布，所有试验渗透压差均为 1.5MPa，围压为 3MPa，试样为煤层上覆岩层岩石，主要有粗砂岩、中砂岩、细砂岩、粉砂岩、砂质泥岩、泥岩。随着轴向应力加载，在岩石试样破坏过程中选择 8~11 个轴向应力点进行测试，记录每一级轴向应力下的轴向应变及渗透系数值，并绘出岩石全应力应变过程中的应力—应变及渗透系数—应变关系曲线。试样在变形及破坏过程中，控制 8~10 个测试点进行测试。试验过程如下：

(1)试件通过钻取岩芯、切割、打磨而成，试样为圆柱形。在进行渗透试验之前，先将岩样抽真空，并用蒸馏水让试件充分饱和，以确保岩样中的渗流为单相渗流。试件不饱和或饱和程度不够完全，会造成渗流过程不畅。将试样、压头和透水板擦拭干净。

(2)沿压头、透水板和透水板的圆柱面自上而下螺旋状缠绕一层塑料绝缘胶布。

(3)用聚四氟乙烯热缩塑料套住岩样、透水板和上下压头，用电动吹风机均匀烘烤塑料套，使塑料套和试件很好地贴合，保证流体介质不会从防护套和试件间隙渗漏。

(4)试验时特别注意岩样的密封，还有轴向载荷不能为零，故预设的第一个应变值不能为零。围压要大于孔隙压力，如果孔隙压力高于围压，则密封岩样的塑料绝缘带与热缩塑料套会被撑破使试验无法进行。

(5)试验时，先施加围压，再施加渗透压力，最后施加轴向压力。在试验过程中，通过进水装置给试样顶部施加渗透压力。在垂直加载过程中，岩石的微裂隙和孔隙不断发生变化，与此同时进入试样中的水量也不断改变。通过孔隙水伺服装置给试样施加恒定的水压力。

3.2.3 试验结果及分析

3.2.3.1 试验结果

本次渗透试验共设计 6 组岩样，文中列出了各组岩样变形破坏过程中的全应力—应变—渗透性演化曲线，如图 3-3 所示。

3.2.3.2 岩石全应力—应变—渗透规律

从图 3-3 可知，煤层上覆不同岩性岩石应力—应变和渗透系数—应变曲线的变化趋势基本相同。煤层上覆岩石全应力—应变曲线大体上都经历了微裂隙压密—弹性变形—塑性变形—应变软化四个阶段：①在微裂隙压密阶段，原生裂隙孔隙被压密，为非线性变形；②在弹性变形阶段，应力—应变曲线呈线性，岩石中的裂隙、孔隙被进一步压密；③在塑性变形阶段，裂纹扩展

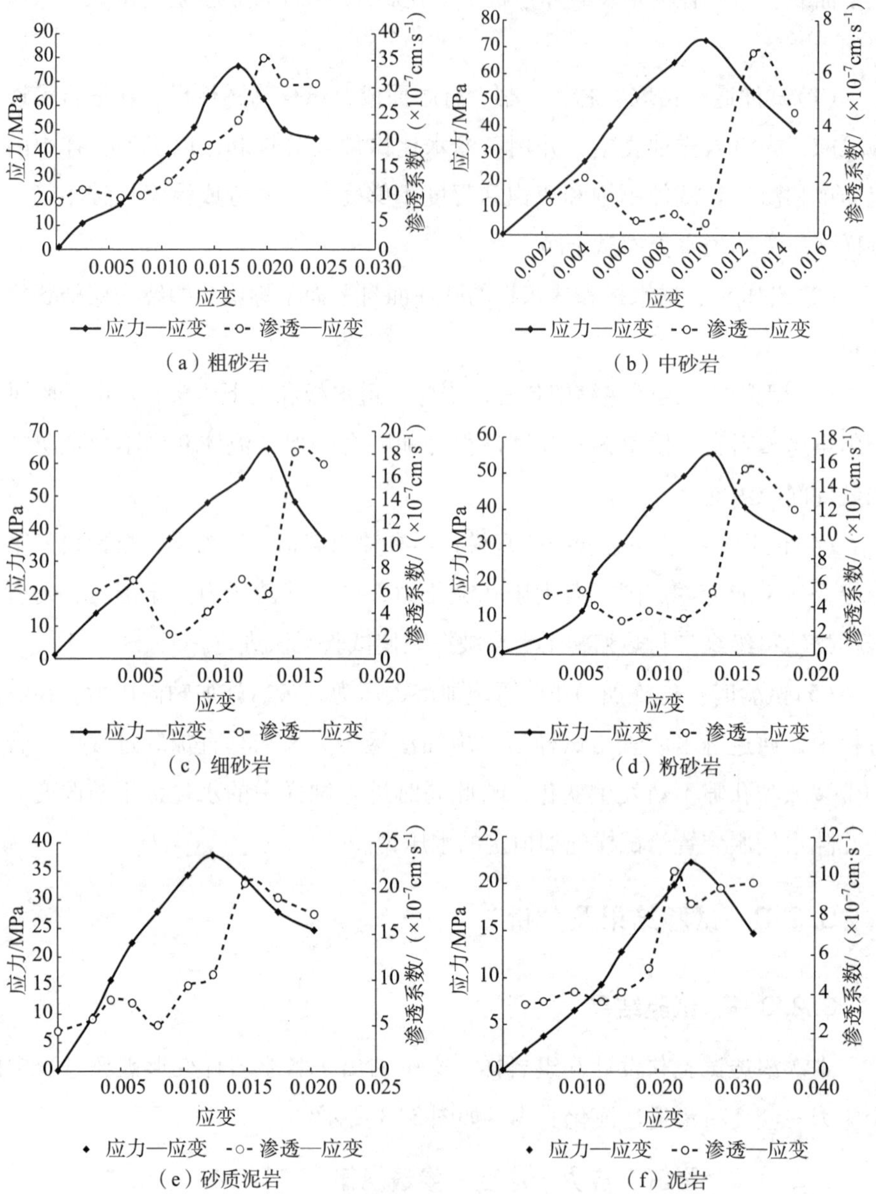

图 3-3　不同岩性岩石全应力—应变—渗透关系曲线图

注：试验围压 3MPa，压差 ΔP = 1.5MPa。

并产生大量新的裂隙，同时伴随着体积扩容；④在应变软化阶段，岩石内部裂隙相互贯通，应力随着应变值的增加，迅速减小，直至达到一个残余强度值。综上所述，岩石从峰值强度降低到残余强度的这一过程即为岩石由完整发展到破碎的过程。

在全应力—应变过程中，煤层上覆不同岩性岩石的渗透系数值可以看作体积应变的函数。在微裂隙压密和弹性变形阶段，岩石的裂隙及孔隙逐渐地被压密闭合，岩石的体积应变减小，岩石的渗透系数也相应减小。在塑性变形阶段，岩石中产生大量裂隙，渗透系数随着体积应变增加迅速变大。在应变软化阶段，当应力增大至岩石峰值强度时，形成贯穿裂隙，岩石渗透系数随着体积应变的增加继续变大，直至达到渗透系数最大值。不同岩性岩石渗透系数最大值存在一定差异性。上述实验结果与 Li[134] 和 Heiland[135] 等学者的研究结果是一致的。

三轴压缩渗透实验结果表明，岩石全应力—应变—渗透性主要有以下五个规律：

(1)峰值应力后岩石的渗透系数值通常大于峰值应力前，渗透系数一般在峰后应变软化阶段达到最高值，而在弹性变形阶段出现最低值。

(2)通常在应力—应变曲线峰后，岩石渗透系数值会发生跳跃式增长的现象。

(3)岩石的渗透系数值受控于其应力水平。在弹性变形阶段轴向应力较小时，岩石渗透系数略微减小；随着轴向应力的增加进入塑性变形阶段后，岩石渗透系数开始逐渐增加；当轴向应力达到极限强度后，贯通裂隙形成，渗透系数产生突增，随后岩石的渗透系数值基本不再变化，形成稳定渗流。

(4)全应力应变过程中渗透系数最大值 K_{max} 与岩石破坏并不同步，其滞后于岩石极限强度值，主要出现于应变软化阶段，这表明渗透系数最大值在岩石破坏后的继续变形发展阶段才会到来。

(5)在相同的有效围压和渗透压差试验条件下，煤层上覆岩石的平均最大渗透系数有明显差别，由大到小的排列顺序为：中、粗砂岩>细砂岩>粉砂岩>砂质泥岩>泥岩。因而在矿井突水防治中砂质泥岩和泥岩是比较好的隔水岩层。

3.2.3.3 侏罗系与石炭—二叠系煤系岩石渗透性对比

西部生态脆弱区主要为侏罗系陆相含煤岩系，具有胶结程度低、力学强度低和孔隙度大等特点，其渗透性与石炭—二叠系煤系岩石有较大差异。笔者收集了国内相关学者所做的相同或相近条件下的全应力应变渗透性试验结果[136-138]，如表 3-1 所示。侏罗系煤系岩石的最低与最高渗透系数明显高于石炭系，如侏罗系细砂岩的最低和最高渗透系数可达石炭系细砂岩的两个数量级倍数，侏罗系泥岩的最高渗透系数约为石炭系泥岩的 62~85 倍。

侏罗系煤系岩石渗透系数高的原因在于，侏罗系煤系岩石成岩作用程度较低，在上覆沉积物和水体静压力作用下，沉积物压实程度和胶结程度偏低，体积压缩较小，颗粒接触不紧密，孔隙、裂隙发育，最终导致渗透系数明显高于成岩作用程度较高的岩石。

上述规律与彭苏萍等[137]学者的研究成果一致，不同时代的成岩作用程度不同的砂岩储层孔隙率与渗透系数在围压的作用下变化趋势存在明显差异，表现为，在相同围压变化的情况下，成岩作用程度较强的石炭系砂岩储层的孔隙度与渗透系数减小的速度和程度明显地低于成岩作用程度较弱的三叠系砂岩储层。

表 3-1　侏罗系与石炭系煤系岩石渗透系数对比

岩样编号	岩性	最低渗透系数/（$\times10^{-8}$cm·s^{-1}）	最高渗透系数/（$\times10^{-8}$cm·s^{-1}）	成岩时期	备注
1	粗砂岩	100	350	侏罗系	本书试验
2	中砂岩	12	68	侏罗系	本书试验
3	细砂岩	60	180	侏罗系	本书试验
4	粉砂岩	50	160	侏罗系	本书试验
5	砂质泥岩	47	200	侏罗系	本书试验
6	泥岩	36	98	侏罗系	本书试验
7	粗砂岩	0.5	3.5	石炭系	文献[138]
8	中砂岩	0.1	3.0	石炭系	文献[138]
9	细砂岩	0.05	1.05	石炭系	文献[138]
10	中砂岩	0.2	4.1	石炭系	文献[136]
11	细砂岩	0.094	6.57	石炭系	文献[108]
12	砂质泥岩	0.095	3.6	石炭系	文献[108]
13	泥岩	0.044	1.16	石炭系	文献[108]
14	泥岩	0.091	1.57	石炭系	文献[107]

3.2.3.4 渗透性与轴向应力—应变的关系

根据岩石全应力—应变—渗透试验，将岩石变形—破坏过程划分为6个阶段(见图3-4)，即原生微裂隙压密阶段(OA)、弹性变形阶段(AB)、裂隙稳定破裂阶段(BC)、裂隙不稳定破裂阶段(CD)、应变软化阶段(DE)和残余强度阶段(EF)。岩石变形—破坏过程中裂隙的萌生、扩展以及连通是导致渗透性变化的根本原因。

(1)微裂隙及孔隙压密阶段(OA段)：在轴向应力作用下，存在于岩石内的原生微裂隙及孔隙被压密，岩石处于压缩变形状态。应力—应变曲线表现出“上凹”形，应变随应力的增加其增量逐渐减小，原生裂隙压密速率先快后慢。岩石的渗透系数随着轴向应力的增加略微减小，或基本上不变。

(2)弹性变形阶段(AB段)：这一阶段的应力—应变曲线基本呈直线，即随着轴向应力增加，岩石内裂隙及孔隙被进一步压密，轴向变形呈线性关系变大。渗透系数继续减小，但减小的幅度较OA段有所减小，并在B点出现最小渗透系数。

(3)裂隙稳定破裂阶段(BC段)：这一阶段的应力—应变曲线过渡为“下凹”形，岩石超过弹性极限后，体积应变随着应力的增加逐渐增大，这表明岩石的体积由压缩转为膨胀，即进入塑性变形阶段。岩石内部开始出现微破裂，且裂隙密度随着轴向应力的增加而变大；岩石渗透系数将变大，但变化幅度不会很大。

(4)裂隙不稳定破裂阶段(CD段)：这一阶段应力—应变曲线继续呈“下凹”形，但其斜率较BC段减小，裂隙迅速增加和不断破裂，岩石体积应变随应力的增加迅速变大，岩石试验局部有拉裂或剪裂面，岩石体积膨胀加速。在岩石达到极限强度D点时，导致岩石结构破坏，此时岩石的渗透性将产生突变。

(5)应变软化阶段(DE段)：在岩石达到极限强度后，岩石内的裂隙急速增加直至形成贯通结构面，岩石内部结构完全遭到破坏，应力随应变的增加而降低，岩石承载力降低，表现出应变软化特征。破裂岩石的渗透系数由峰值开始下降，最大渗透系数一般发生在岩石的应变软化阶段。

(6)残余强度阶段(EF段)：应力随应变的增加而减小至某一稳定值，表面破裂的岩石仍有一定的承载力。此阶段岩石渗透系数逐渐降低直至形成稳定渗流。

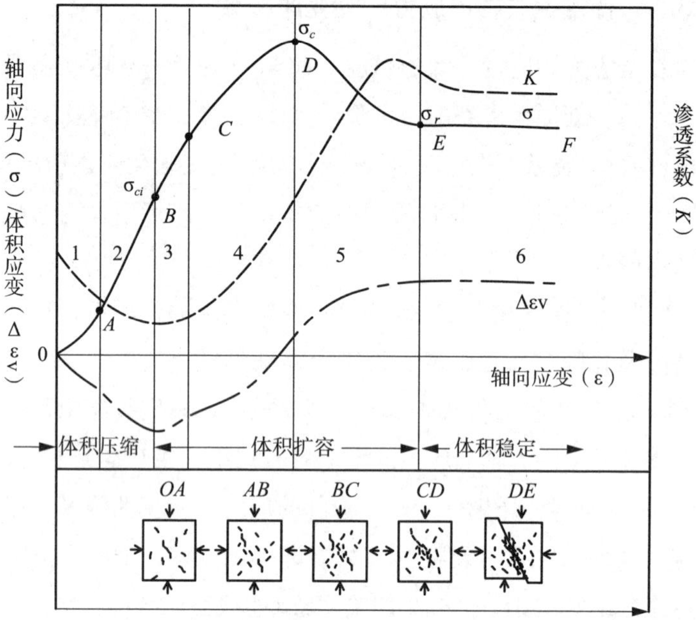

图 3-4　岩石全应力—应变—渗透过程曲线变化

3.2.3.5　渗透性与体积应变的关系

典型全应力—应变—渗透过程曲线见图 3-4。从该图可以看出渗透系数—应变曲线和应力—应变曲线的变化趋势并不一致，渗透系数的变化滞后于应力的变化。但是，渗透系数与体积应变有密切的关联性，渗透系数在体积应变转折前后发生较为明显的变化，体积应变转折前即压密阶段，渗透系数总体随体积压缩逐渐减小并趋于稳定。体积应变转折后即扩容阶段，渗透系数总体随体积扩容而显著增大，渗透系数变化对体积扩容有更强的敏感性。这表明岩石的渗透系数在全应力—应变过程中与体积应变存在某种函数关系。王伟等[139]在某一围压和渗压作用下，发现花岗岩在压密和扩容阶段渗透系数与体积应变之间的关系分别满足指数型和对数型关系式，较好地反映出岩石在变形破坏过程中的渗透系数随体积应变的演化规律。根据体积应变状态，岩石渗透系数在变形破坏过程中可以划分为三个阶段：

(1)体积压缩阶段：从荷载作用初期至裂隙萌生压力 σ_{ci}(弹性极限)，岩石中原生微裂隙和孔隙闭合，产生体积压缩，渗透性逐渐减小，并在最大压缩体积应变处出现渗透系数最低点。

(2)体积扩容阶段：从裂隙萌生压力 σ_{ci} 至残余强度 σ_r，岩石中微裂隙迅速增加并不断扩展，形成局部拉裂或剪裂面，产生宏观体积膨胀，渗透系数迅速增加，并在应变软化阶段处出现渗透系数峰值点。

(3)体积稳定阶段：在残余强度 σ_r 以后，新生裂隙和贯通性的破坏面在摩擦过程中出现闭合的趋向，渗透系数有所降低，但到一定程度后，岩石体积应变不再变化，渗透系数趋于稳定。

3.3　岩体渗透系数与应力—应变的耦合模型

3.3.1　完整岩石基质渗透系数—应力耦合关系

Hubbert[140]于 1940 年通过试验研究提出了与岩石颗粒平均尺寸 d 有关的完整岩石基质渗透系数的表达式：

$$K=Nd^2\left(\frac{\rho g}{\mu}\right) \tag{3-2}$$

式(3-2)中，K 为渗透系数；N 为与岩石颗粒形状和充填物性质有关的无量纲数；d 为岩石颗粒平均尺寸；ρ 为水的密度；g 为重力加速度；μ 为水的动力黏滞系数。

为了将渗透系数表示为应力的函数，Gangi[141]于 1978 年基于 Hertz 接触理论得到了岩石渗透系数与应力的关系式：

$$K=K_0\left\{1-\frac{1}{2}\left(\frac{\Delta\sigma_c+\Delta\sigma_i}{E_0}\right)^{2/3}\right\}^4 \tag{3-3}$$

式(3-3)中，σ_c 为围压，$\sigma_c=\sigma_e+\alpha p$，$\sigma_e$ 为有效应力，α 为压力系数，p 为孔隙压力；σ_i 为等效胶结压力；E_0 为颗粒的有效模量。

从式(3-3)可以看出，渗透系数与有效应力呈反比例关系。另外，Gale[142]和 Barton[143]等学者也都进行了渗透系数与应力耦合的试验研究，得到了相同的结论。

Bai 和 Elsworth[89]提出一种新模型评价了完整孔隙岩石的渗透系数与应力之间的关系，此评价方法与 Gangi 的方法有如下区别：①渗透系数是由岩石平均粒径变化引起的，而不是岩石孔隙尺寸；②采用立方体颗粒堆积模型代替三角形颗粒堆积模型；③考虑了孔隙压力，有效应力为孔隙压力和围压耦合构成。

从式(3-2)可知，渗透系数与平均粒径的平方成正比关系，从而可以将二者的关系简化为：

$$K \propto R^2 \tag{3-4}$$

式(3-4)中，R 为颗粒半径。

假设多孔介质中颗粒堆积形状为简单的立方体颗粒堆积结构，如图 3-5 所示。根据 Blake-kozeny 层流理论，式(3-2)中 Nd^2 可以表示为：

$$Nd^2 = \frac{1}{2}\left\{\frac{(2R^3)}{4\pi R^2}\right\}^2 = \frac{2R^2}{\pi^2} \tag{3-5}$$

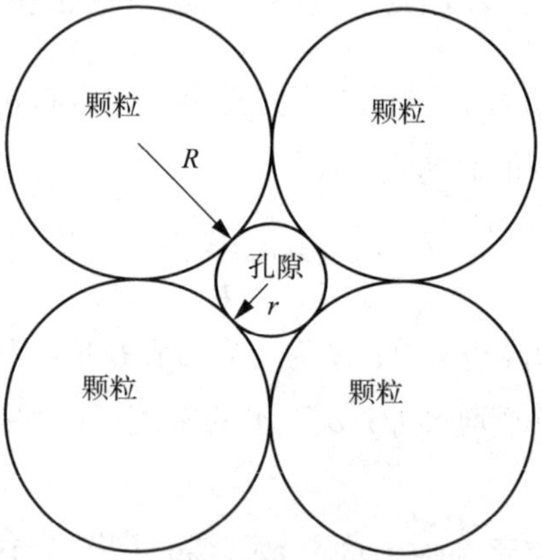

图 3-5　岩石颗粒立方体堆积模型[89]

颗粒堆积在松散状态下，式(3-2)可以表示为：

$$K = \frac{2R^2}{\pi^2}\left(\frac{\rho g}{\mu}\right) \tag{3-6}$$

若初始渗透系数 K_0 为已知定值，则颗粒半径 R_0 可通过式(3-6)求解得出：

$$R_0 = \pi\sqrt{\frac{K_0\mu}{2\rho g}} \tag{3-7}$$

在均匀受压条件下，立方体堆积模型中颗粒尺寸的变化可以通过分析球体之间的弹性接触来确定。假设多孔介质中颗粒受有效压应力 σ_e 作用，由于压应力均匀分布于边界，且没有剪应力，因此仅研究球面接触就能够解决上述问题(见图 3-6)。

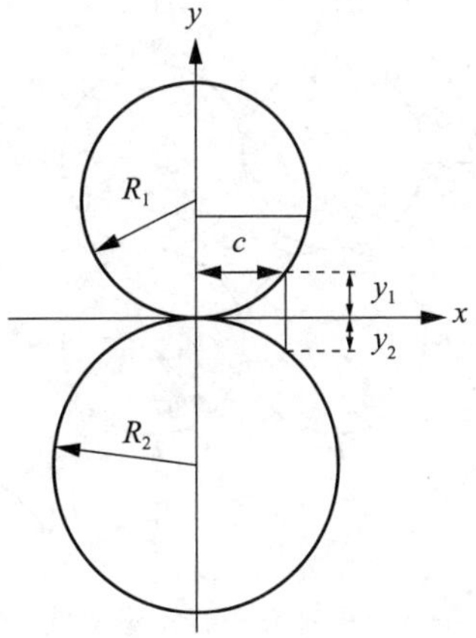

图 3-6 岩石颗粒球面接触结构

应用 Timoshenko 提出的理论，则颗粒半径的变化量可以表示为：

$$\Delta R=R_0\left\{1-\frac{1}{2}\left[\frac{9(1-\nu^2)}{2}\left(\frac{\pi\Delta\sigma}{E}\right)^2\right]^{1/3}\right\} \tag{3-8}$$

式中：ν 为泊松比。如果考虑初始状态，则将式(3-7)代入式(3-8)可得：

$$\Delta R=\pi\sqrt{\frac{K_0\mu}{2\rho g}}\left\{1-\frac{1}{2}\left[\frac{9(1-\nu^2)}{2}\left(\frac{\pi\Delta\sigma}{E}\right)^2\right]^{1/3}\right\} \tag{3-9}$$

根据式(3-6)和式(3-9)，则渗透系数变化量可以表示为：

$$\Delta K=\frac{2}{\pi^2}(\Delta R^2)\left(\frac{\rho q}{\mu}\right)=K_0\left\{1\pm\frac{1}{2}\left[\frac{9(1-\nu^2)}{2}\left(\frac{\pi\Delta\sigma}{E}\right)^2\right]^{1/3}\right\} \tag{3-10}$$

式(3-10)中，压应力前面为“+”，张应力前面为“-”。

上述公式均是在单向应力条件下求得的。当岩体处于三向应力状态时，岩石颗粒尺寸的变化同样会导致渗透系数的变化。如图 3-7 所示，由于压应力增量 $\Delta\sigma_x$、$\Delta\sigma_y$、$\Delta\sigma_z$ 的作用，可得多孔介质岩体渗透系数的变化量[144]：

$$K=K_0\left\{1-\frac{1}{2}\left[\frac{9\pi^2(1-\nu^2)}{2E^2}\right]^{1/3}\left(\pm\Delta\sigma_x^{\frac{2}{3}}\pm\Delta\sigma_y^{\frac{2}{3}}\pm\Delta\sigma_z^{\frac{2}{3}}\right)\right\}^2 \tag{3-11}$$

式(3-11)中，压应力前面为“+”，张应力前面为“-”。

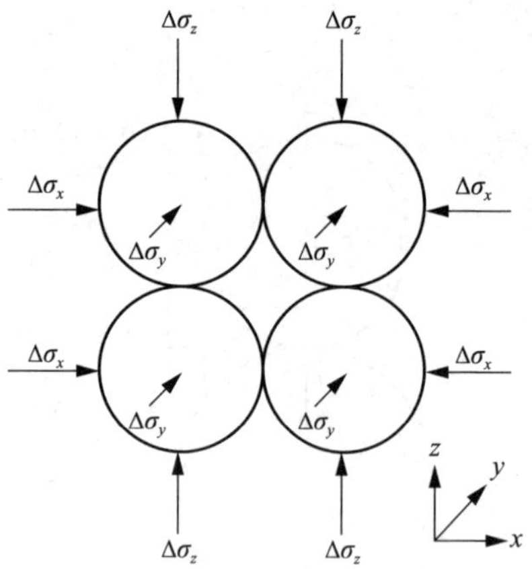

图 3-7　三向应力条件下多孔介质岩体渗透性—应力耦合模型[144]

3.3.2　裂隙岩体渗透特征

3.3.2.1　单一裂隙的渗透特征

单裂隙水流的立方定律是岩体水力学中最基本的定理，是研究采动裂隙岩体渗透特性的前提和基础[145]。假设岩体中存在单一裂隙，将此裂隙简化为平行板之间的裂隙，裂隙开度为 b，隙面光滑且无限延伸，裂隙长度远远大于隙宽，裂隙壁无水流交换，即 $V_y=0$，见图 3-8。

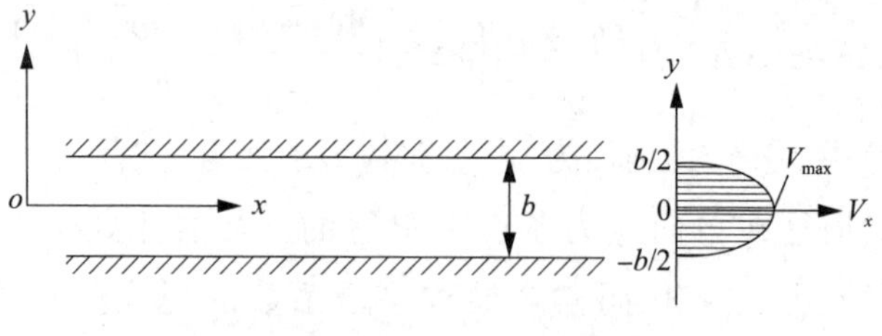

图 3-8　单裂隙水流的平行板模型[145]

根据上述假定，可得单裂隙水流的泛定方程为：

$$\mu\frac{\partial^2 u}{\partial y^2}-\frac{\partial P}{\partial x}=0 \tag{3-12}$$

裂隙水流的边界条件为：

$$V_x/_{y=\frac{b}{2}}=0,\ V_x/_{y=-\frac{b}{2}}=0 \tag{3-13}$$

用解析法求解上述方程可得单裂隙水流沿 x 方向流动时的流速分布函数为：

$$V_x=\frac{1}{8\mu}\frac{\partial P}{\partial x}(4y^2-b^2) \tag{3-14}$$

水流压力梯度方程为：

$$J_p=-\frac{\partial P}{\partial x}=-\rho g\frac{\partial(H-Z)}{\partial x}=\rho gJ_f \tag{3-15}$$

将式(3-15)代入式(3-14)可得：

$$V_x=\frac{\rho g}{8\mu}J_f(b^2-4y^2) \tag{3-16}$$

式(3-16)中，ρ 为水的密度；g 为重力加速度；μ 为水的动力黏滞系数；J_f 为水力坡度。

当 $y=0$ 时，沿单裂隙中轴线的最大流速为：

$$(V_x)_{\max}=\frac{\rho gb^2}{8\mu}J_f \tag{3-17}$$

因而可以得到通过裂隙断面的单宽流量为：

$$Q=\frac{\rho g}{4\mu}J_f\int_0^{b/2}(b^2-4y^2)\mathrm{d}y=\frac{\rho gb^3}{12\mu}J_f \tag{3-18}$$

式(3-18)即为单裂隙水流的立方定律，从中可以看出裂隙断面上的单宽流量与裂隙开度的立方成正比关系。从以上的研究结果可以得出单一裂隙水流的平均速度为：

$$Q=\frac{\rho gb^2}{12\mu}J_f=K_fJ_f \tag{3-19}$$

因此，单一裂隙顺裂隙面走向的渗透系数为：

$$K_f=\frac{\rho gb^2}{12\mu} \tag{3-20}$$

3.3.2.2 一组平行裂隙的渗透特征

若岩体中只有一组平行裂隙发育，忽略其他裂隙的渗透系数，将本组裂隙内的水流平均到岩体中去，则可得到岩体沿裂隙走向的等效渗透系数[146]：

$$K=\frac{b}{s}K_f+K_m \tag{3-21}$$

式(3-21)中，s 为裂隙平均间距；K_m 为岩块的渗透系数，其与$\frac{b}{s}K_f$ 项相比很小，可以忽略不计。

假定裂隙岩体为拟连续介质，水在整个岩体中的流动规律服从 Darcy 定律，即：

$$V=\frac{b}{s}K_f J_f \tag{3-22}$$

从以上的研究结果可以得出，对于仅存在一组平行裂隙的岩体，其渗透系数为：

$$K=\frac{\rho g b^3}{12\mu s} \tag{3-23}$$

实际上裂隙岩体粗糙不平，并带有充填物阻塞，可将上式进行修正为：

$$K=\frac{\rho g b^3 \beta}{12\mu s C} \tag{3-24}$$

式(3-24)中，β 为裂隙内连通面积与总面积之比，定义为连通系数；C 为裂隙面相对粗糙度修正系数，$C=1+8.8(e/2b)^{1.5}$，e 为裂隙凸起高度。

3.3.2.3 波浪线状裂隙的渗透特征

由于天然岩体中裂隙既不光滑，也不平行，通常为波浪线形状，裂隙岩体水力学中的立方定律在实际应用中受到严重局限。研究发现，通过考虑裂隙弯曲度、校正因子或采用有效裂隙开度时，立方定律才会变得重新有效。Ge[147]采用裂隙的法向开度 b_n 代替垂向开度，并定义 b_n 为垂直于平均流动路径的裂隙开度。对于平行板裂隙，裂隙上下表面之间的法向开度和垂向开度是相等的；但对于弯曲状裂隙来说，二者有明显的区别。例如，对于正弦曲线几何形状的裂隙(见图 3-9)，其法向开度 b_n 介于 b_{max}和 b_{min}之间；正弦曲线上任意一点的法向开度 b_n 可以表示为此位置垂直线间距离 b 和平均流动路径的坡度($\mathrm{d}y/\mathrm{d}x$)的函数，即

$$b_n=b\cos\left[\tan^{-1}\left(\frac{\mathrm{d}y}{\mathrm{d}x}\right)\right] \tag{3-25}$$

式(3-25)中，平均流动路径定义为裂隙顶面和底面之间的中线。

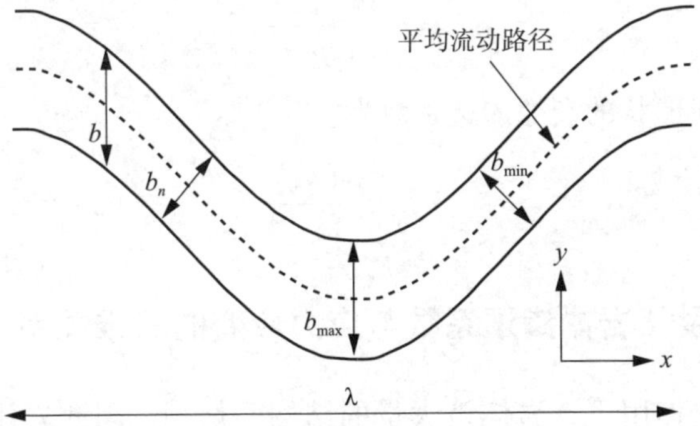

图 3-9 天然裂隙正弦几何形状示意[148]

从数学角度来讲，如果沿裂隙延伸方向的开度不是常量，立方定律就不能精确得出渗透系数。但是，当法向变化平均到裂隙的延伸方向时，可以确定裂隙平均法向开度$\overline{b_n}$，并且能够应用于立方定律。整个裂隙流动区域可以被划分为很多个小区段，每个区段都有一个法向开度值。因此，平均法向开度$\overline{b_n}$可由式(3-26)确定：

$$\overline{b_n} = \left[L / \sum_{i=1}^{k} \left(\frac{L_i}{b_{ni}} \right) \right]^{\frac{1}{3}} \tag{3-26}$$

式(3-26)中，L 为裂隙的总长度；L_i 为区段长度；b_{ni} 为第 i 个区段的法向开度。

除了重新定义裂隙之外，考虑流动路径的平均弯曲度 τ，也能对压力梯度的表达式进行改进。裂隙弯曲度被定义为 $\mathrm{d}f/\mathrm{d}x$，是实际路径长度与视路径长度的比值，其方程式为[149]：

$$\tau = \frac{1}{L}\int_0^L [1 + f^2(x)]^{1/2}\mathrm{d}x \tag{3-27}$$

式(3-27)中，L 为裂隙的长度；$f(x)$ 为裂隙面的函数形式。

对于同相的正弦曲线几何形状，$f(x) = A\sin 2\pi x/\lambda$，则其平均弯曲度可由式(3-28)表示：

$$\tau = \frac{1}{\lambda}\int_0^{\lambda} \left[1 + \left(\frac{2\pi A}{\lambda} \right)^2 \cos^2 \frac{2\pi A}{\lambda} \right]^{1/2} \mathrm{d}x \tag{3-28}$$

式(3-28)中，A 为正弦曲线振幅；λ 为正弦波长。

将式(3-26)及式(3-28)代入式(3-18)，立方定律可以改进为：

$$Q=\frac{\rho g\ \overline{b_n}^3 J_f}{12\mu\ \tau} \tag{3-29}$$

因而波浪线形状的裂隙渗透系数为：

$$K_f=\frac{\rho g\ \overline{b_n}^3}{12\mu} \tag{3-30}$$

3.3.3 裂隙岩体渗透系数与应力应变的三维关系

在地质构造作用下，岩体被大量的结构面切割，因此岩体由裂隙及一系列被裂隙分割的岩块组成。地质调查发现，沉积岩作为层状岩体往往被几组平行的裂隙切割，因此，可以将岩体裂隙假设为平行、等间距、等隙宽的裂隙组。由于完整岩块的渗透系数很小，因此常常忽略岩块的渗流作用，认为流体仅在裂隙中流动。根据这些假设，Louis 得到了一组平行裂隙的渗透系数为[150]：

$$K_0=\frac{\rho g b^3}{12\mu s} \tag{3-31}$$

式(3-31)中，K_0 为裂隙组原始渗透系数；b 为裂隙开度；s 为裂隙平均间距；ρ 为流体的密度；μ 为流体的动力黏滞系数。

当裂隙的开度发生变化时，渗透系数也随之改变。变化后的渗透系数 K 可表示为：

$$K=K_0(1-\Delta\mu_f/b)^3 \tag{3-32}$$

式(3-32)中，$\Delta\mu_f$ 为裂隙开度变化量(压缩位移为正)。

当裂隙岩体被两组相互垂直的裂隙组切割而形成裂隙网络时，通常可以概化为两组正交的裂隙系统，裂隙开度变化导致渗透系数发生变化[151]：

$$K_z=\frac{K_{z0}}{2}\left[\left(1-\frac{\Delta b_x}{b_x}\right)^3+\left(1-\frac{\Delta b_y}{b_y}\right)^3\right] \tag{3-33}$$

式(3-33)中，Δb_x、Δb_y 为岩体内 x 和 y 方向裂隙开度增量；b_x、b_y 为 x 和 y 方向原始裂隙开度；K_{z0}、K_z 分别为 b_x、b_y 变化前后沿 z 方向的渗透系数。

3.3.3.1 裂隙岩体渗透系数与应力三维相关关系

裂隙岩体一般是多组不同方向的节理裂隙切割而形成的裂隙网络，地下水是沿着连通的裂隙流动的。假设裂隙岩体由三组平行裂隙正交组成，则可用一个等效连续介质模型表示(见图 3-10)，水流主要沿这三组裂隙流动。地壳岩体位于天然的三向地应力状态下，其水力特性受控于三维应力变化。下面应用孔隙弹性力学理论建立三向应力条件下三组正交裂隙岩体渗透—应力耦合模型并推导其相关关系。

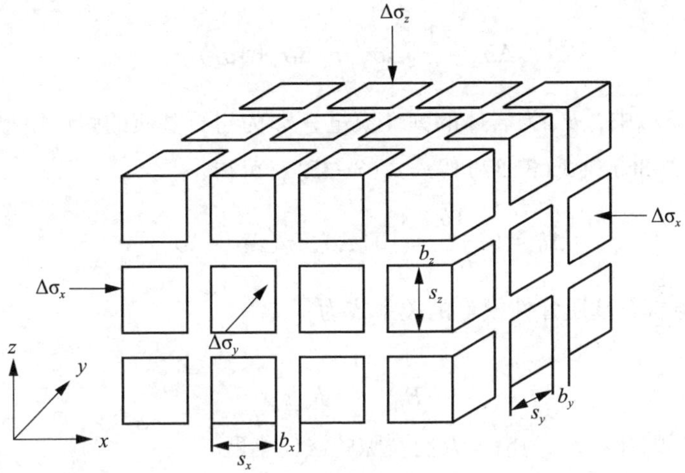

图 3-10　三向应力条件下三组正交裂隙岩体渗透—应力耦合模型

岩石基质和裂隙组呈三维系统，认为变形仅发生在垂直于裂隙组方向，这里提到的裂隙组是指裂隙方位(走向和倾向)相同，其间距与开度均一的一组裂隙。考虑到岩体位于某一裂隙组内两个相邻裂隙中心线之间，垂直于裂隙组方向上的岩体总位移是岩石基质位移与裂隙位移之和。在此以沿 x 方向为例进行渗透—应力耦合方程推导，y 和 z 方向公式推导与 x 方向相同。

沿 x 方向岩体的总位移等于裂隙位移与岩石基质位移之和，则裂隙的位移为:

$$\Delta b_x=\Delta\mu_{tx}-\Delta b_{rx} \tag{3-34}$$

式(3-34)中，$\Delta\mu_{tx}$、Δb_x、Δb_{rx} 分别为沿 x 方向岩体的总位移、裂隙位移和岩石基质位移。

根据位移与应变的关系，式(3-34)表示成应变的形式为:

$$\Delta b_x=(s_x+b_x)\Delta\varepsilon_{tx}-s_x\Delta\varepsilon_{rx} \tag{3-35}$$

式(3-35)中，s_x、b_x 分别为沿 x 方向裂隙间距与裂隙开度；$\Delta\varepsilon_{tx}$、$\Delta\varepsilon_{rx}$ 分别为沿 x 方向岩体与岩石基质的应变增量。

假设裂隙岩体的三向应力增量处于局部平衡状态，则岩石基质、裂隙及整个岩体的三向应力增量是相同的。根据胡克定律，沿 x 方向岩体与岩石基质的应变增量分别可以表示为：

$$\Delta\varepsilon_{tx}=\frac{1}{E_m}[\Delta\sigma_x-\nu(\Delta\sigma_y+\Delta\sigma_z)] \tag{3-36}$$

$$\Delta\varepsilon_{rx}=\frac{1}{E_r}[\Delta\sigma_x-\nu(\Delta\sigma_y+\Delta\sigma_z)] \tag{3-37}$$

式(3-37)中，E_m 为岩体的弹性模量；E_r 为岩石基质的弹性模量。

将式(3-36)和式(3-37)代入式(3-35)，可得：

$$\Delta b_x=(\frac{s_x+b_x}{E_m}-\frac{s_x}{E_r})[\Delta\sigma_x-\nu(\Delta\sigma_y+\Delta\sigma_z)] \tag{3-38}$$

岩体与岩石基质弹性模量的关系式为：

$$\frac{1}{E_m}=\frac{1}{E_r}+\frac{1}{K_{nx}s_x} \tag{3-39}$$

式(3-39)中，K_{nx}为沿 x 方向裂隙的法向刚度。

将式(3-39)代入式(3-38)，即得出岩体三向应力状态改变后沿 x 方向裂隙的位移：

$$\Delta b_x=(\frac{b_x}{E_r}+\frac{b_x}{K_{nx}s_x}+\frac{1}{K_{nx}})[\Delta\sigma_x-\nu(\Delta\sigma_y+\Delta\sigma_z)] \tag{3-40}$$

同理，可得出沿 y 方向裂隙的位移为：

$$\Delta b_y=(\frac{b_y}{E_r}+\frac{b_y}{K_{ny}s_y}+\frac{1}{K_{ny}})[\Delta\sigma_x-\nu(\Delta\sigma_y+\Delta\sigma_z)] \tag{3-41}$$

式(3-41)中，s_y、b_y 分别为沿 y 方向裂隙间距与裂隙开度；K_{ny}为沿 y 方向裂隙的法向刚度。

将式(3-10)及式(3-11)代入式(3-33)，可得到沿 z 方向的渗透系数为：

$$K_z=\frac{K_{z0}}{2}\{[1-(\frac{1}{K_{nx}b_x}+\frac{1}{K_{nx}s_x}+\frac{1}{E_r})(\Delta\sigma_x-\nu(\Delta\sigma_y+\Delta\sigma_z))]^3$$
$$+[1-(\frac{1}{K_{ny}b_y}+\frac{1}{K_{ny}s_y}+\frac{1}{E_r})(\Delta\sigma_y-\nu(\Delta\sigma_x+\Delta\sigma_z))]^3\} \tag{3-42}$$

式(3-42)中，K_{z0}和 K_z 分别为岩体应力变化前、后沿 z 方向的渗透系数。

对于三组平行正交裂隙岩体，其某一方向的渗透系数—应力方程写成一般形式为：

$$K_k=\frac{K_{k0}}{2}\{[1-(\frac{1}{K_{ni}b_i}+\frac{1}{K_{ni}s_i}+\frac{1}{E_r})(\Delta\sigma_i-\nu(\Delta\sigma_j+\Delta\sigma_k))]^3$$

$$+[1-(\frac{1}{K_{nj}b_j}+\frac{1}{K_{nj}s_j}+\frac{1}{E_r})(\Delta\sigma_j-\nu(\Delta\sigma_i+\Delta\sigma_k))]^3\} \tag{3-43}$$

式(3-43)中，K_{k0}和K_k分别为岩体应力变化前、后沿k方向的渗透系数；s_i、b_i为沿i方向裂隙间距与裂隙开度；K_{ni}为沿i方向裂隙的法向刚度；$i=x$，y，z，$j=y$，z，x，$k=z$，x，y。

为了检验模型的正确性及可靠性，假设三组正交裂隙岩体中仅存在应力增量$\Delta\sigma_x$，则式(3-42)可以简化为：

$$K_z=\frac{K_{z0}}{2}\{[1-(\frac{1}{K_{nx}b_x}+\frac{1}{K_{nx}s_x}+\frac{1}{E_r})\Delta\sigma_x]^3+[1-(\frac{1}{K_{ny}b_y}+\frac{1}{K_{ny}s_y}+\frac{1}{E_r})(-\nu\Delta\sigma_x)]^3\} \tag{3-44}$$

由式(3-44)可知，当$E_r=10^4$MPa，$K_{nx}=K_{ny}=5\times10^3$MPa/m，$s_x=s_y=$ 1.0m，$b_x=b_y=1.0$mm时，渗透系数比(K_z/K_{z0})—应力增量($\Delta\sigma$)关系图如图3-11所示。从该图可以看出，随着压应力的增加，裂隙岩体的渗透系数比显著减小；而随着拉应力的增加，渗透系数比大幅度增加。这与裂隙岩体渗流试验结果相吻合[84,152]。

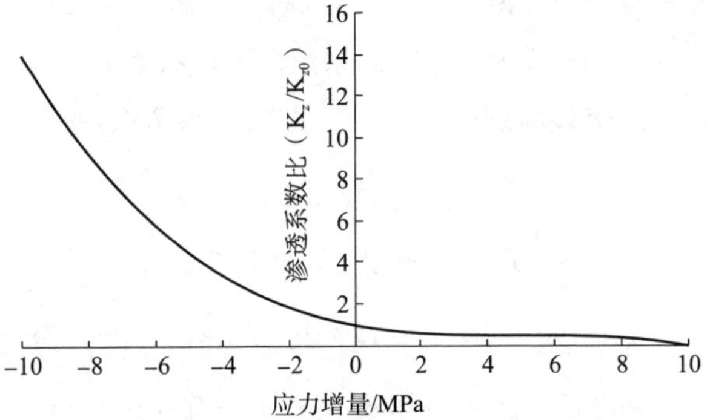

图3-11 裂隙岩体渗透系数比与应力增量关系(压应力为正)

3.3.3.2 裂隙岩体渗透系数与应变三维相关关系

在裂隙岩体渗透系数与应力三维耦合关系推导过程的基础上，建立渗透系数与应变之间的三维相关关系。将式(3-36)与式(3-37)联立，可得沿x方向岩体与岩石基质的应变存在如下关系：

$$\Delta\varepsilon_{rx}=\frac{E_m}{E_r}\Delta\varepsilon_{tx} \tag{3-45}$$

将式(3-45)代入式(3-35)得到岩体应变与裂隙开度增量的关系式：

$$\Delta b_x=[b_x+s_x(1-\frac{E_m}{E_r})]\Delta\varepsilon_{tx} \tag{3-46}$$

将式(3-46)代入式(3-32)可得到裂隙岩体沿 z 方向渗透系数与应变的关系式：

$$K_z=K_{z0}\left\{1-[1+(\frac{b_x}{s_x})^{-1}(1-\frac{E_m}{E_r})]\Delta\varepsilon_{tx}\right\}^3 \tag{3-47}$$

渗透系数随所施加应变的变化而变化的二维关系可以扩展到三维流动。对于三维正交的裂隙介质，其某一方向的渗透系数随另外两个正交方向开采诱发应变值而变化，将式(3-46)代入式(3-33)得到裂隙岩体沿 z 方向渗透关系式：

$$K_z=\frac{1}{2}K_{z0}[(1-\beta_x\Delta\varepsilon_x)^3+(1-\beta_y\Delta\varepsilon_y)^3] \tag{3-48}$$

式(3-48)中，$\Delta\varepsilon_x$、$\Delta\varepsilon_y$ 为开采诱发岩体沿 x 和 y 方向产生的应变；β_i 可表示为 $\beta_i=1+[(b_i/s_i)^{-n}(1-R_m)]$，$R_m=E_m/E_r$，为模量折减系数(岩体弹性模量与岩石基质弹性模量的比值)；b_i/s_i 可以看作裂隙岩体在 i 方向的等效裂隙率(裂隙密度)，$i=x$，y；n 为大于零的系数，这里取值1。

对于三组平行正交裂隙岩体，其某一方向的渗透系数—应变方程写成一般形式为：

$$K_k=\frac{1}{2}K_{k0}[(1-\beta_i\Delta\varepsilon_i)^3+(1-\beta_j\Delta\varepsilon_j)^3] \tag{3-49}$$

式(3-49)中，K_{k0} 和 K_k 分别为岩体产生应变前、后沿 k 方向的渗透系数；$\beta_i=1+[(b_i/s_i)^{-1}(1-R_m)]$，$\beta_y=1+[(b_y/s_y)^{-1}(1-R_m)]$，$i=x$，$y$，$z$，$j=y$，$z$，$x$，$k=z$，$x$，$y$。

R_m 控制着岩石基质和裂隙之间的岩体法向应变 ε_m 分配，从理论上说，模量折减系数 R_m 的取值范围为 $0\leqslant R_m\leqslant 1$。当 $R_m=1$ 时，β 为0，岩体法向应变在裂隙和岩石基质之间均匀分配，岩体渗透系数变化最小；当 $R_m=0$ 时，β 达到最大值，应变完全作用于裂隙系统，这导致岩体渗透系数变化最大。

由式(3-47)可知，当裂隙岩体中仅存在应变增量 $\Delta\varepsilon_x$，$s_x=1.0\text{m}$，$b_x=$

0.001m 时，不同 R_m 条件下渗透系数比—应变增量关系图如图 3-12 所示。从该图可以看出，随着压应变的增加，渗透系数比显著减小；而随着拉应变的增加，渗透系数比大幅度增加，这与试验结果相吻合[84]。R_m 值从 1 降低为 0，渗透系数可增大 5 个数量级，可见 R_m 取值对岩体渗透性评价影响很大。

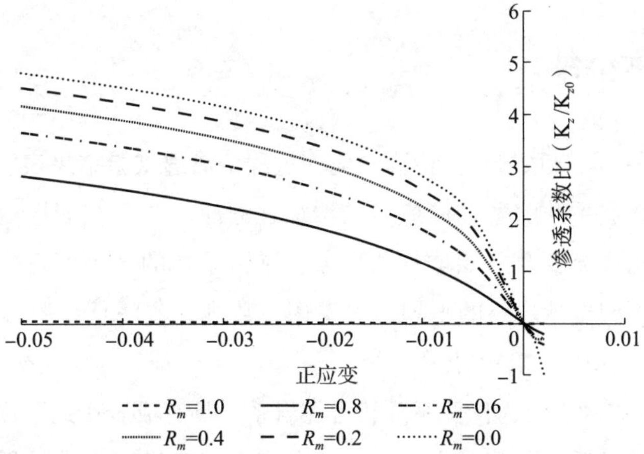

图 3-12　不同 R_m 条件下渗透系数比与应变增量关系（压应变为正）

根据各种岩体分类体系，例如地质力学分类和岩体完整性（RQD）分类，R_m 应用较强的评估方法主要有三种：岩石质量指标 RQD、岩体完整性指数 K_v 和单位体积节理数 J_v。R_m 与三者的经验公式分别为：[153-155]

$$R_m = 2.31RQD - 1.32 \tag{3-50}$$

$$R_m = K_v = v_{pm}^2 / v_{pr}^2 \tag{3-51}$$

$$R_m = 1.34 - 0.07623J_v \tag{3-52}$$

式（3-51）和式（3-52）中，v_{pm}^2 为岩体弹性纵波速度，v_{pr}^2 为岩石弹性纵波速度；对于 $J_v \leqslant 4.5$ 的岩体，其模量折减系数 $R_m = 1$。

以往研究提出了基于裂隙参数（裂隙间距及开度）和岩体评级的 R_m 计算公式，但由于岩体裂隙参数和相关试验的测量数据很有限，给出的 R_m 都是拟合参数，导致渗透系数的计算存在一定的偏差。因此，在缺少现场实际测量数据的条件下，数值模拟计算中为了准确评价不同岩性岩石的 R_m，通常将 R_m 定义为岩石塑性应变的函数[156]：

$$R_m = \frac{\beta_p}{1 + \alpha_p \varepsilon_p} \tag{3-53}$$

式(3-53)中，α_p 和 β_p 为计算模型输入参数，本书数值计算中参数取值为 $\alpha_p=150$，$\beta_p=1$；ε_p 为岩石塑性应变，其计算公式为 $\varepsilon_p=\left[\frac{2}{3}\varepsilon_{ij}^p\varepsilon_{ij}^p\right]^{\frac{1}{2}}$，$\varepsilon_{ij}^p$ 为塑性偏应变率，$i=1$，2，3，$j=1$，2，3。

3.4 本章小结

(1)神东矿区煤系岩石全应力—应变过程中渗透试验结果表明，在弹性变形阶段岩石渗透系数随着轴向应力的增加逐渐减小；而在塑性变形阶段岩石的渗透系数出现突变及急骤增加的现象；渗透系数的最高值点位于峰后应变软化阶段。不同岩性岩石的平均最大渗透系数排列顺序是：泥岩<砂质泥岩<粉砂岩<细砂岩<中、粗砂岩。

(2)神东矿区主要为侏罗系陆相含煤岩系，具有成岩作用强度低、胶结程度低、力学强度低和孔隙度大等特点，全应力应变过程中的最低和最高渗透系数明显高于成岩作用较强的石炭—二叠系同类型煤系岩石。

(3)论述了单一裂隙、多组裂隙、波浪线状裂隙及多孔介质岩体的渗透特征，得出了不同岩体介质状态及裂隙组合条件下的渗透系数方程；应用孔隙弹性力学理论，建立了三向应力条件下裂隙岩体渗透系数—应力三维耦合模型，推导出了渗透系数—应力与渗透系数—应变三维关系式。

4 多煤层开采覆岩变形破坏规律物理模拟试验研究

4.1 概述

神东矿区煤炭资源丰富、可采煤层多、地质条件简单，近年来得到了大规模的开发，目前已陆续进入下部第2层，甚至第3层主采煤层的开采。与单一煤层开采相比，多煤层开采所导致的覆岩破坏与地表下沉更为复杂。对于神东矿区下组煤开采，重复采动覆岩破坏与裂隙发育规律影响因素可归纳为地质因素和开采因素两方面。在地质因素方面，主要包括覆岩厚度及结构特征、中间岩层厚度及岩性、煤层倾角和厚度等。在开采因素方面，神东矿区煤炭现代开采与传统开采技术相比具有一次开采面积大、一次采高大及推进速度快等特点。这些因素的影响，使得下组煤开采条件更加复杂，工作面覆岩变形破坏也因此表现出不同的特征。

针对多煤层开采覆岩移动破坏规律，国内外不少学者已开展了大量的探索和研究，取得了卓有成效的成果。黄汉富等[157]发现多煤层开采造成的重复采动会造成原有煤层覆岩裂隙的再发育，这使得顶板裂隙波及的范围增大。李友伟等[158]建立了多煤层重复采动概化模型，分析了重复采动裂隙演化过程，并根据重复采动的影响程度提出了相应的采动裂缝带发育高度计算方法。李杨等[159]指出下组煤开采时中间岩层的性质与厚度对覆岩移动破坏至关重要，中间岩层硬岩的厚度越大，则覆岩移动剧烈程度越低。黄庆享等[160]采用物理模拟、数值计算和现场实测相结合的方法研究了浅埋煤层群覆岩与地表裂隙发育规律，发现重复采动后覆岩上行裂隙和表土层下行裂隙增大，且受上下煤柱位置的影响。于斌[161]建立了多煤层破断顶板群结构演化模型，推演出了不同煤层开采时破断顶板群发育扩展高度。Ghabraie 等[162]认为多煤层长壁开采引起的沉降剖面通常不同于单煤层开采，概化了 6 种多煤层开采工作面布置形式，分析了单煤层和多煤层沉降参数之间的显著差异，提出了一种多煤层开采沉陷预测方法。这些研究丰富了多煤层开采的理论与方法，对多煤层安全高效开采起到了积极的推动作用。当前神东矿区 1^{-2}煤和 2^{-2}煤已经开采完毕，主采 5^{-2}煤。随着 5^{-2}煤开采范围的延伸，2^{-2}煤地下水库与 5^{-2}煤存在压茬关系。2^{-2}煤与 5^{-2}煤层间距为 150~160m，若 5^{-2}煤开采时导水裂隙带发育(高度和侧向边界)到 2^{-2}煤地下水库，直接影响地下水库安全运行和 5^{-2}煤安全开采；若 5^{-2}煤开采时导水裂隙带未能发育到 2^{-2}煤，从导水裂隙带顶部至 2^{-2}煤层间岩层是否产生非贯通裂隙或发生下沉变形，仍会影响 2^{-2}煤地下水库底板渗流特性。因此，本章采用相似材料模拟试验，以神东矿区大柳塔煤矿典型煤岩层结构为地质原型，对两类不同地质条件下的主采煤层 2^{-2}煤和 5^{-2}煤采动覆岩结构破断与运动、裂隙发育及其相互采动影响规律进行系统研究，从而为神东矿区下组煤安全高效开采及煤矿地下水库水资源保护提供依据。

4.2 相似材料模拟试验设计

4.2.1 研究目的

以大柳塔煤矿典型煤岩层结构为地质原型的相似材料模拟试验的目的主要包括以下几个方面：

(1)通过构建相似材料模拟试验系统，模拟大柳塔煤矿典型地质条件、煤岩层结构和开采方式，研究煤炭开采过程中覆岩破断与运动特征、上覆岩层应力与位移变化及导水裂隙带发育规律。

(2)通过对两台模型试验结果的对比，研究覆岩岩性组合结构对采动应力应变响应、采动裂隙演化及导水裂隙带发育高度的影响规律。

(3)根据大柳塔煤矿多煤层开采顶底板变形破坏，提出上覆采空区下伏煤层开采突水危险性评价方法，并对研究区 5^{-2}煤层一次采全高开采突水危险性进行评价。

(4)结合物理模拟试验冒裂带高度和西部矿区导水裂隙带高度实测数据，建立适合于西部生态脆弱区煤炭规模开采条件下导水裂隙带高度计算模型。

4.2.2 工程地质模型

大柳塔井田地层主要为侏罗系陆相含煤岩系，煤层埋藏浅且以中厚—厚煤层为主，含煤地层倾角平缓，构造简单。矿井延安组内有可采煤层 9 层，主要可采煤层 2 层(1^{-2}煤、2^{-2}煤及 5^{-2}煤)。根据钻孔资料统计，煤层上覆基岩以砂岩、粉砂岩和少量泥岩互层为主，多属于坚硬—半坚硬岩类。由于矿区煤层赋存条件优越，并充分考虑井下开采技术条件，普遍采用高产高效的长壁大采高综采技术。目前大采高综采工作面最大采高已达 7m，工作面长度为 240~400m，推进长度为 3000~6000m。大柳塔矿 1^{-2}煤和 2^{-2}煤大部分已采完，采空区积存大量矿井水，并通过冒落裂隙带与上覆含水层产生水力联系，目前主采 5^{-2}煤层三盘区。

覆岩岩性组合结构是影响回采工作面上覆岩层变形破坏的重要地质因素，对顶板导水裂隙带发育高度具有重要的制约作用。基于煤层覆岩岩性组合结构特征，选择大柳塔煤矿 B-B′地质剖面图上 63#钻孔和 J60#钻孔地层作为本次相似材料模拟试验的地质模型。其中，由 63#钻孔柱状资料可知，5^{-2}煤层上覆岩层岩性以中粒砂岩、细粒砂岩和粉砂岩为主，力学性质接近，并夹少量泥岩，泥岩百分比约 5%，岩性组合结构为砂岩类型；由 J60#钻孔柱状资料可知，5^{-2}煤层上覆岩层岩性以细粒砂岩、粉砂岩、砂质泥岩和泥岩为主，泥岩百分比约 47%，岩性组合结构为砂岩—泥岩互层类型。

根据大柳塔矿井 63#钻孔和 J60#钻孔柱状资料，对岩层分层特性做了合并均匀化处理，建立了与实际地层情况基本吻合的地质模型。相似模型一以 63#钻孔区域地层为地质原型，所选区域沿煤层走向长 630m，高度为 246. 3m；2^{-2}煤埋藏深度平均为 70. 5m，厚度为 4. 2m，5^{-2}煤埋藏深度 227. 7m，厚度 6. 6m，煤岩层结构及其物理力学参数如表 4-1 所示。相似模型二以 J60#钻孔区域地层为地质原型，所选区域沿煤层走向长 630m，高度为 264m；2^{-2}煤埋藏深度平均为 92. 5m，厚度为 4. 2m；5^{-2}煤埋藏深度 244. 7m，厚度 6. 6m，煤岩层结构及其物理力学参数如表 4-2 所示。

表 4-1　模型一原型及模型材料物理力学参数及配比

岩性	原型			模型			配比号	砂子/kg	石灰/kg	石膏/kg	水/L
	层厚/m	容重/(kN·m^{-3})	抗压强度/MPa	层厚/cm	容重/(kN·m^{-3})	抗压强度/kPa					
风化岩	6	24.1	5.0	4	8	22	7：6：4	62.48	5.36	3.56	5
黏土岩	30	18	15.3	20	12	68	8：7：3	317.3	27.8	11.9	25
细砂岩	7.5	28	36.5	5	18.6	162	7：5：5	78.1	5.58	5.58	6.2
泥岩	4	24.3	15.3	2.7	16.2	68	8：7：3	42.84	3.75	1.61	3.4
粉砂岩	11	24.1	26.5	7.4	16.1	118	7：6：4	115.6	9.96	6.6	9.3
细砂岩	7	28	36.5	4.7	18.6	162	7：5：5	73.41	5.24	5.24	5.9
粉砂岩	5	24.1	26.5	3.4	16.1	118	7：6：4	53.11	4.56	3.03	4.3
2^{-2}煤	4.2	13	15	2.8	8.7	67	8：7：3	44.44	3.98	1.68	3.6
粉砂岩	7	24.1	26.5	4.6	16.1	118	7：6：4	78.1	6.7	4.45	6.25
细砂岩	3	28	36.5	2	18.6	162	7：5：5	31.24	2.23	2.23	2.5
粉砂岩	28	24.1	26.5	18.7	16.1	118	7：6：4	292.1	25.1	16.6	23.4
泥岩	7	24.3	15.3	4.7	16.2	68	8：7：3	74.6	6.5	2.8	5.9
细砂岩	21	28	36.5	14	18.7	162	7：5：5	218.7	15.6	15.6	17.5
粉砂岩	6	24.1	26.5	4	16.1	118	7：6：4	62.48	5.36	3.56	5
中砂岩	11	25.2	37	7.4	16.8	164	7：5：5	115.6	8.3	8.3	9.3
粉砂岩	13	24.1	26.5	8.7	16.1	118	7：6：4	135.9	11.7	7.7	10.9
中砂岩	6	25.2	37	4	16.8	164	7：5：5	62.5	4.5	4.5	5.0
粉砂岩	18	24.1	25	12	16.1	111	7：6：4	187.4	16.1	10.7	15
细砂岩	30	25.2	37	20	16.8	164	7：5：5	312.4	22.3	22.3	25
粉砂岩	3	24.1	26.5	2	16.1	118	7：6：4	31.24	2.68	1.78	2.5
5^{-2}煤	6.6	13	18	4.4	8.7	80	8：6：4	69.82	5.14	3.48	5.4
细砂岩	12	28	36.5	8	18.7	162	7：5：5	124.9	8.9	8.92	10

表 4-2 模型二原型及模型材料物理力学参数及配比

岩性	原型			模型			配比号	砂子/kg	石灰/kg	石膏/kg	水/L
	层厚/m	容重/(kN·m^{-3})	抗压强度/MPa	层厚/cm	容重/(kN·m^{-3})	抗压强度/kPa					
松散层	40	17	0.7	26.7	11.3	3	11∶1∶0	437.6	39.8	0.0	34.1
砂质泥岩	6	24.1	17.2	4.0	16.1	76	8∶6∶4	63.5	4.8	3.2	5.0
细砂岩	5	28	36.5	3.3	18.7	162	7∶5∶5	35.9	2.6	2.6	2.9
砂质泥岩	7	24.1	17.2	4.7	16.1	76	8∶6∶4	74.6	5.6	3.7	5.9
粉砂岩	6	24.1	26.5	4.0	16.1	118	7∶6∶4	62.5	5.4	3.6	5.0
泥岩	9	24.3	15.3	6.0	16.2	68	8∶7∶3	95.2	8.3	3.6	7.5
细砂岩	13.5	28	36.5	9.0	18.7	162	7∶5∶5	140.6	10.0	10	11.3
砂质泥岩	6	24.1	17.2	4.0	16.1	76	8∶6∶4	63.5	4.8	3.2	5.0
2^{-2}煤	4.2	13	15	2.8	8.7	67	8∶7∶3	44.4	4.0	1.9	3.6
砂质泥岩	6	24.1	17.2	4.0	16.1	76	8∶6∶4	63.5	4.8	3.2	5.0
粉砂岩	4	24.1	26.5	2.7	16.1	118	7∶6∶4	42.2	3.6	2.4	3.4
砂质泥岩	15	24.1	17.2	10.0	16.1	76	8∶6∶4	158.7	11.9	8.0	12.5
粉砂岩	9	24.1	26.5	6.0	16.1	118	7∶6∶4	93.7	8.0	5.4	7.5
砂质泥岩	10	24.3	15.3	6.7	16.1	68	8∶7∶3	106.3	8.0	5.3	8.4
泥岩	7	24.3	15.3	4.7	16.2	68	8∶7∶3	74.6	6.5	2.8	5.9
砂质泥岩	7	24.1	17.2	4.7	16.1	76	8∶6∶4	74.6	5.6	3.7	5.9
细砂岩	5	28	36.5	3.3	18.7	162	7∶5∶5	35.9	2.6	2.6	2.9
粉砂岩	9	24.1	26.5	6.0	16.1	118	7∶6∶4	93.7	8.0	5.4	7.5
细砂岩	10	28	36.5	6.7	18.7	162	7∶5∶5	104.7	7.5	7.5	8.4
砂质泥岩	21	24.1	17.2	14.0	16.1	76	8∶6∶4	222.1	16.7	11	17.5
粉砂岩	30	24.1	26.5	20.0	16.1	118	7∶6∶4	312.4	26.8	18	25.0
细砂岩	12	28	36.5	8.0	18.7	162	7∶5∶5	125.0	8.9	8.9	10.0
泥岩	3	24.3	15.3	2.0	16.2	68	8∶7∶3	31.7	2.8	1.2	2.5
5^{-2}煤	6.6	13	18	4.4	8.7	80	8∶6∶4	69.8	5.1	3.5	5.4
细砂岩	12	28	36.5	8.0	18.7	162	7∶5∶5	125.0	8.9	8.9	10.0

4.2.3 相似常数确定

相似模拟试验以相似原理为基础，在研究采动覆岩移动变形和破坏过程以及采动裂隙的分布特征时，相似模型与原型之间必须遵循几何相似、运动学相似和动力学相似规律。根据相似原理，几何、容重及强度相似常数应遵循如下关系：

$$\frac{C_\sigma}{C_\gamma \times C_L}=1 \tag{4-1}$$

式(4-1)中，C_L 为几何相似常数；C_γ 为容重相似常数；C_σ 为强度相似常数。几何、容重、强度及时间相似常数的计算公式分别为：

$$C_L=\frac{L_p}{L_m};\ C_\gamma=\frac{\gamma_p}{\gamma_m};\ C_\sigma=\frac{\sigma_p}{\sigma_m};\ C_t=\sqrt{C_L} \tag{4-2}$$

式(4-2)中，p 代表原型，m 代表模型；L 代表长度，γ 代表容重，σ 代表强度。

本次试验采用中国矿业大学(北京)平面相似模型实验台，尺寸为420cm×25cm×200cm(长×宽×高)，模型几何、时间、容重和泊松比相似常数按试验要求选择，应力及强度相似常数根据相似原理进行确定。根据相似原理，结合本次相似模拟试验的实际情况，相似常数确定如下：$C_L=150$，$C_\gamma=1.5$，$C_\sigma=225$，$C_t=12.25$。

4.2.4 相似模型材料及制作程序

4.2.4.1 相似模型材料与制作

制作模型的相似材料选用细砂、碳酸钙、石膏及水，并进行相似材料配比以达到力学相似要求。根据地质柱状图上各岩层的物理力学性质、几何和容重相似常数，计算相似材料的物理力学性质(见表4-1和表4-2)。根据算出的相似材料物理力学性质，在配比表中选择较接近的比例，再根据确定的材料配比，计算模型每一分层材料的总重(见表4-1和表4-2)。岩层的分层厚度一般为2cm，称好每一分层所需的相似材料的用量，将其搅拌均匀后倒入模型中进行铺设、压实，模型铺设时在岩层交界处撒云母粉以模拟岩层的层理与分层。一直往上铺设，直到达到模型设计高度。完成模型制作后，在实验室内进行模型养护，使模型达到设定的力学特性。

4.2.4.2 模型测点布置及观测

制作的相似材料模型如图 4-1 和图 4-2 所示。

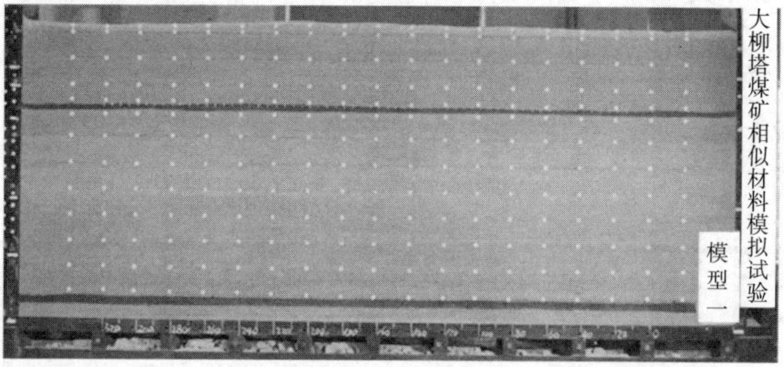

图 4-1 相似材料模型一

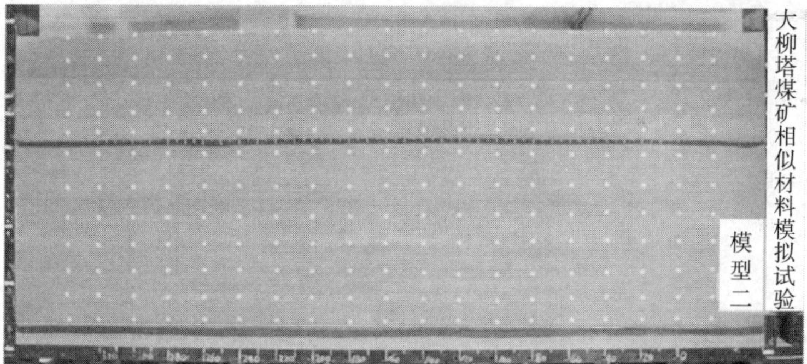

图 4-2 相似材料模型二

为了获取煤层回采过程中顶底板岩层移动变形与应力变化规律，模型铺设时布置位移测点和应变片，应变片布置见表 4-3，位移测点布置平面图见图 4-3。岩层位移采用精度较高的电子经纬仪进行监测；应变数据采用应变信号采集器监测，根据应力—应变的关系，研究煤层回采过程中的应力变化；煤层回采过程中覆岩垮落图像采用数码照相机记录(见图 4-4)。

表 4-3 模型应变片布置

相似模型一					相似模型二				
测线编号	测点编号	点间距/m	布置层位	距煤层距离/m	测线编号	测点编号	点间距/m	布置层位	距煤层距离/m
1 排	1-1~1-19	30m	粉砂岩	3(2^{-2}煤)	1 排	2-1~2-19	30	砂质泥岩	3(2^{-2}煤)
2 排	1-20~1-38	30m	粉砂岩	3(5^{-2}煤)	2 排	2-20~2-38	30	泥岩	3(5^{-2}煤)
3 排	1-39~1-57	30m	细砂岩	-3(5^{-2}煤)	3 排	2-39~2-57	30	细砂岩	-3(5^{-2}煤)

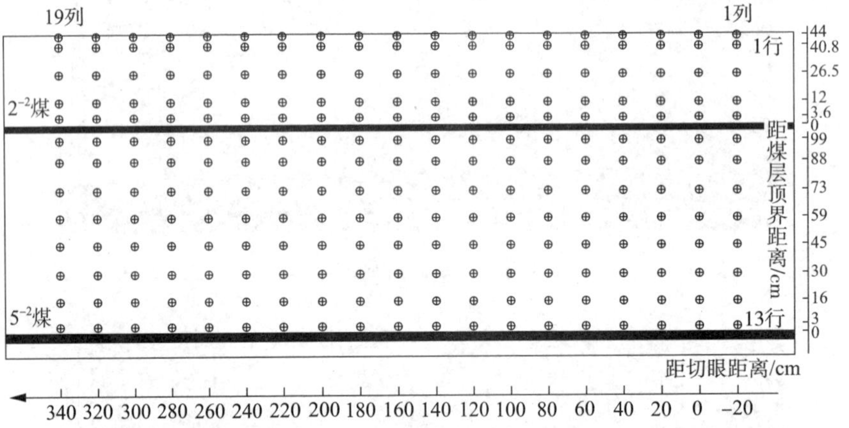

（a）模型一

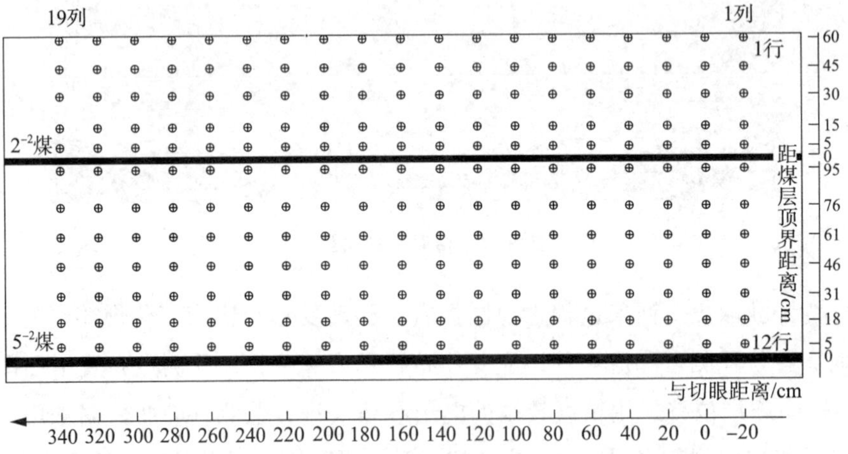

（b）模型二

图 4-3 模型位移测点布置

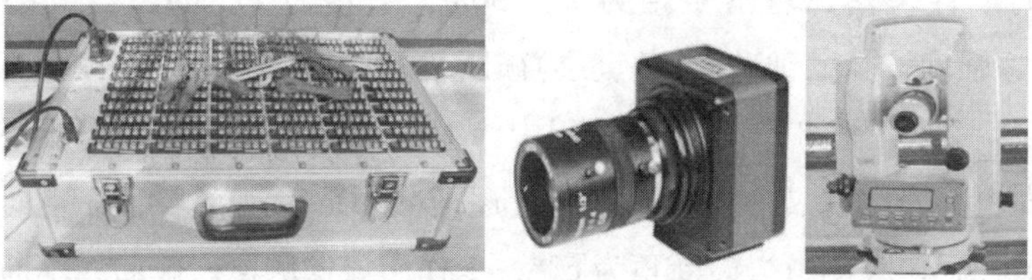

图 4-4 应变和位移测量所用的仪器

4.2.4.3 模型回采程序

模型中煤层开采方法为一次采全高开采，全部垮落法管理顶板。回采程序为先回采 2^{-2}煤层，再回采 5^{-2}煤层。2^{-2}煤一次开采高度 2.8cm，相当于实际采高 4.2m；5^{-2}煤开采高度为 4.4cm，相当于实际采高 6.6m。每天推进 10cm，相当于每天推进 15m，以模拟现场的实际回采过程。模型回采时，在两端各留 50cm 煤柱，以消除边界效应，两层煤回采长度均为 320cm。

4.3 采动覆岩变形破坏过程分析

根据两台相似模型中煤层开采顶板破断过程及位移、应力监测数据，系统研究采动岩体位移与应力变化规律及冒裂带发育高度，分析沉积岩性组合结构对位移、应力和破坏三个物理场的影响规律，揭示神东矿区煤炭开采侏罗系陆相煤系地层变形破坏规律。为了便于和现场实测数据对比，在分析模拟试验结果时，将模型试验值换算为现场的原型值进行叙述。

4.3.1 顶板岩体破断与运动规律

4.3.1.1 2^{-2}煤顶板岩体破断与运动规律

模型试验表明，两台模型中 2^{-2}煤顶板沉积岩性组合结构不同时，顶板岩体破断与运动规律有较大差异，其顶板岩体破断特征分别如图 4-5、图 4-6 所示。

对于相似模型一 2^{-2}煤砂岩类顶板，回采工作面自开切眼推进 67.5m 时，直接顶初次垮落，垮落高度 3m；工作面推进 95m 时，老顶初次垮落，垮落高度达 10.5m，与上部岩层形成较大离层空间。随着回采工作面继续推进，老顶发生周期性垮落，垮落步距为 25～30m，平均为 27.5m。当工作面推进 135m 时，强度较高的细砂岩(关键层)破断，上覆岩层沿煤壁全厚切落，地表出现台阶状裂缝。在工作面开采过程中，上覆岩层垮落高度和离层裂缝的层位不断向上部岩层发展，但离层裂缝量逐渐减小；采动覆岩破坏空间也发生横向扩展，开切眼侧覆岩破断角为 63°，工作面煤壁侧覆岩破断线不断倾向采空区，破断角在不同推进长度时的变化不大，为 57°～61°。工作面推进至 480m 时停采。2^{-2}煤层长壁开采覆岩垮落呈现冒落带和裂隙带的“两带”结构：由于冒落岩体块度大、碎胀系数较小，致使冒落过程发展充分，冒落带高度约 14.8m，冒采比为 3.5；导水裂隙带直达地表，高度达到 70.5m，在采空区边界上方形成明显的纵向破断裂隙带。

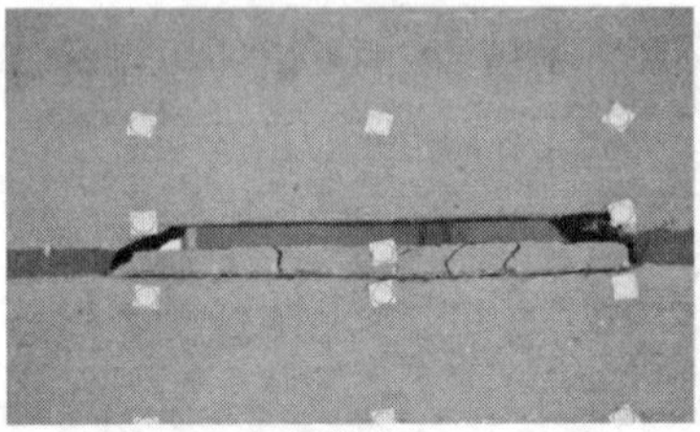

（a）推进67.5m

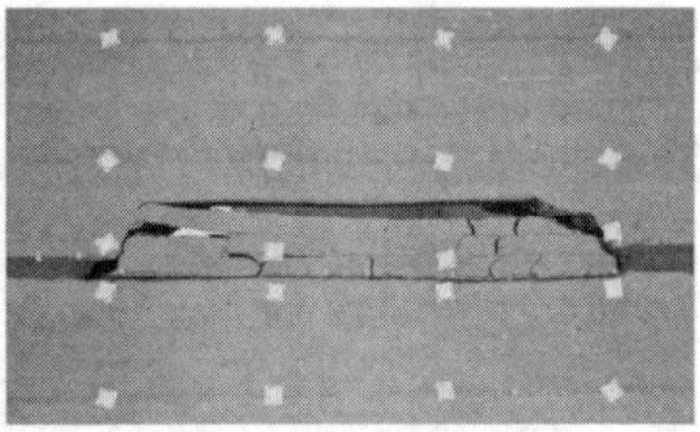

（b）推进95m

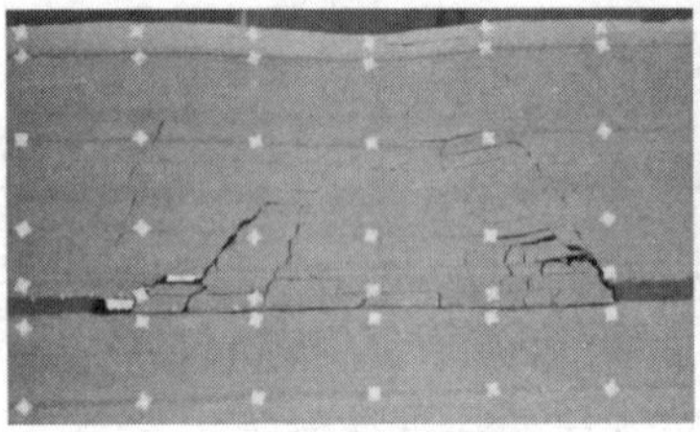

（c）推进135m

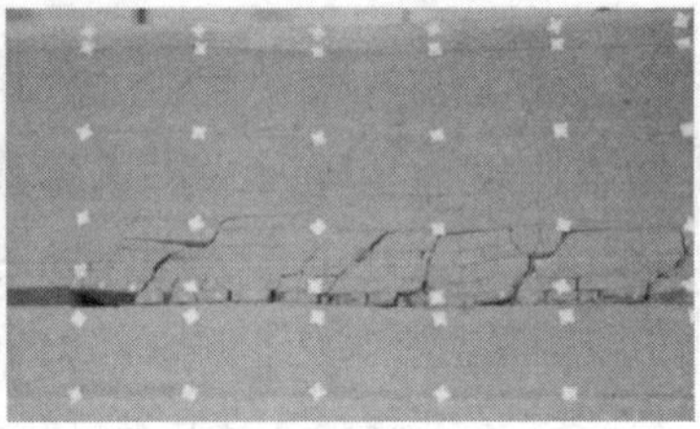

（d）推进480m

图 4-5　模型一 2^{-2}煤层开采覆岩破坏过程

对于相似模型二 2^{-2}煤砂岩—泥岩互层类顶板，随着煤层一次采全高开采进行，直接顶初次垮落步距为 55m，垮落高度 3m；老顶初次垮落步距为 80m，垮落高度达 16.5m。随着工作面继续推进，顶板垮落步距为 15～25m，平均为 20m。当工作面推进 150m 时，顶板发生第 4 次周期性垮落，上覆岩层沿煤壁全厚切落，受基岩沉陷影响，其上的松散层呈整体下沉，并且地表出现台阶状裂缝。覆岩破断角较模型一砂岩类顶板略小，开切眼侧覆岩破断角为 59°，工作面煤壁侧破断角在不同推进长度时为 55°～58°。工作面推进至 480m 时停采。2^{-2}煤层长壁开采覆岩垮落呈现冒落带和裂隙带的“两带”结构：冒落岩体

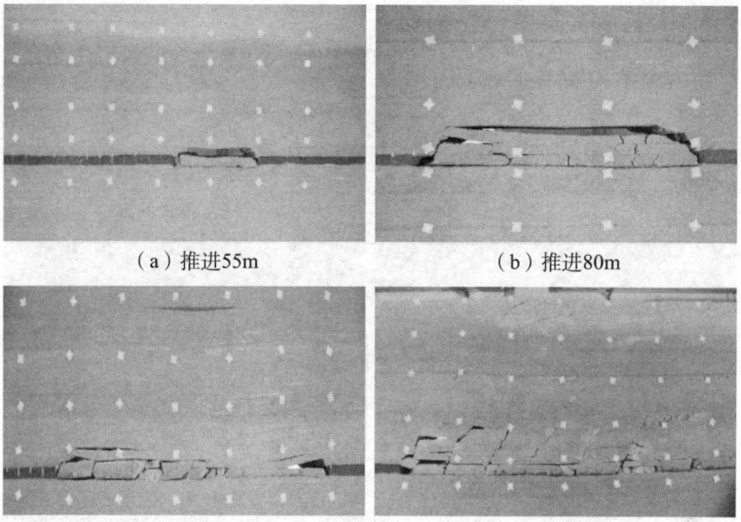

（a）推进55m　（b）推进80m　（c）推进150m　（d）推进480m

图 4-6　模型二 2^{-2}煤层开采覆岩破坏过程

相对破碎、碎胀系数大，抑制了冒落带高度的发展，冒落带高度约 11.7m，冒采比为 2.7；导水裂隙带高度超过基岩厚度 52.5m，贯穿上覆基岩层直至地表风积沙松散层。

4.3.1.2　5^{-2}煤顶板岩体破断与运动规律

继 2^{-2}煤回采结束岩移稳定后，再回采 5^{-2}煤层。模型试验表明，两台相似模型中 5^{-2}煤顶板沉积岩性组合结构不同，顶板岩体破断与运动规律有明显差异，其顶板岩体破坏过程分别如图 4-7、图 4-8 所示。

对于相似模型一 5^{-2}煤砂岩类顶板，工作面推进 60m 时直接顶发生初次垮落，垮落高度 3m；推进 80m 时老顶发生初次垮落，垮落岩层高度达 9.0m。随着回采工作面继续推进，老顶发生周期性垮落，平均垮落步距为 27.5m。当工作面推进 278m 时，老顶发生第 8 次周期性破断，工作面侧纵向破断裂隙贯通中间岩层，导通 2^{-2}煤采空区。当采动覆岩破断裂隙贯通层间岩层后，随着工作面继续开采，工作面侧纵向破断裂隙带会周期性导通上覆 2^{-2}煤采空区。在工作面开采过程中，上覆岩层垮落高度和离层裂缝的层位不断向上部岩层发展，但离层裂缝量逐渐减小；采动覆岩破坏空间也发生横向扩展，开切眼侧覆岩破断角为 65°，工作面煤壁侧覆岩破断线不断

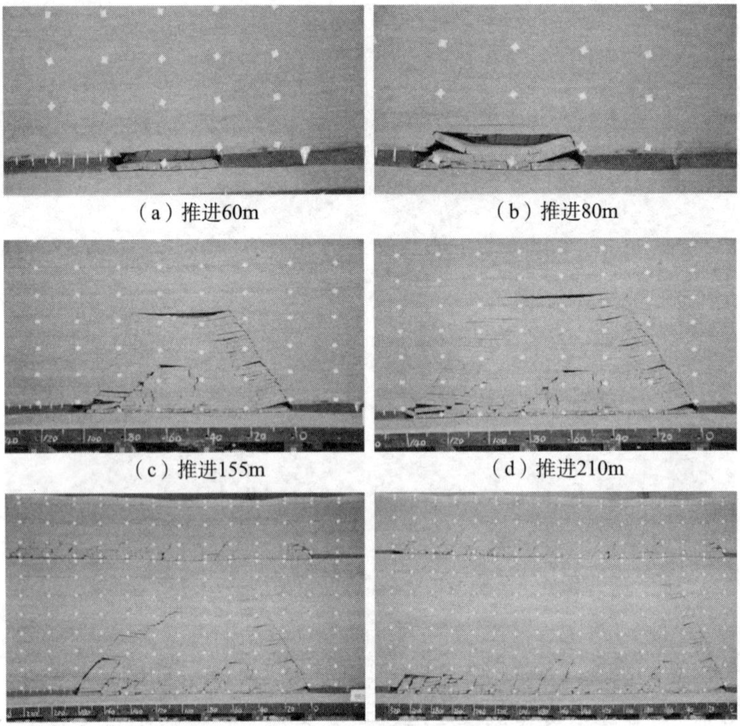

（a）推进60m　　（b）推进80m

（c）推进155m　　（d）推进210m

（e）推进278m　　（f）推进480m

图 4-7　模型一 5^{-2}煤层开采覆岩破坏过程

倾向采空区，破断角在不同推进长度时的变化不大，为 59°～63°。工作面推进至 480m 时停采。整个采动影响区形态大致以采区垂向中心线对称，纵向贯通裂隙带呈雁形排列，形成梯形断裂，冒裂带高度表现为两边高中间低。开采过程中采空区冒落岩块碎胀性差，致使冒落过程发展充分，加之煤层采高大及砂岩类老顶断裂后不易闭合等因素，导水裂隙带发育高度明显偏大。其中，冒落带高度约为 25. 2m，冒采比为 3. 8；导水裂隙带高度为 153m，贯通层间全部岩层，裂采比大于 23. 2。

对于相似模型二 5^{-2}煤砂岩—泥岩互层类顶板，工作面推进 60m 时直接顶发生初次垮落，垮落高度 3m；推进 70m 时老顶发生初次垮落，垮落岩层高度达 17. 0m。随着回采工作面继续推进，老顶发生周期性垮落，平均垮落步距为 22. 5m。当工作面推进至 300m 时，达到充分采动，覆岩采动裂隙高度达 129m，此后随着工作面继续推进，裂隙带高度不再增加，纵向破断裂隙未贯通层间岩层。在工作面开采过程中上覆岩层破断线倾向煤壁后方，覆岩破断

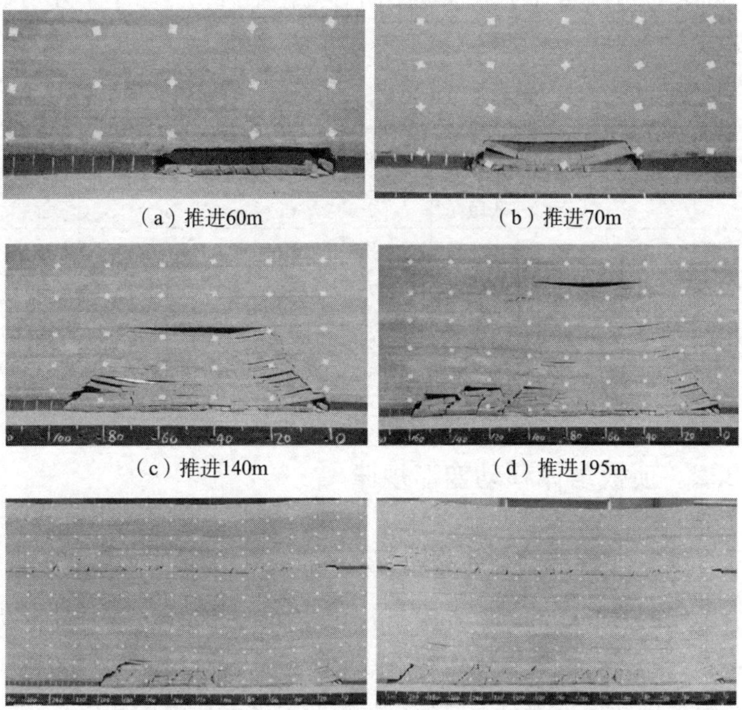

（a）推进60m　（b）推进70m

（c）推进140m　（d）推进195m

（e）推进300m　（f）推进480m

图 4-8　模型二 5^{-2}煤层开采覆岩破坏过程

角较模型一砂岩类顶板略小，开切眼侧覆岩破断角为 61°，工作面煤壁侧破断角在不同推进长度时为 56°～60°。工作面推进 480m 时停采。覆岩垮落呈现“三带”结构特征，冒落带高度为 19. 8m，冒采比为 3. 0；顶板导水裂隙带高度为 129m，裂采比为 19. 5。

4. 3. 1. 3　总结与对比分析

从试验结果可以看出，由于两台模型中煤层顶板岩性组合结构的不同，顶板岩体变形破坏规律有明显差异，表现为岩性组合类型由砂岩类到砂岩—泥岩互层类时，老顶初次垮落步距、周期垮落步距、导水裂隙带高度和顶板破断角明显减小，如表 4-4 所示。造成这种现象的原因在于，砂岩类顶板在开采过程中能够大面积悬空，形成大跨距破断运移，成为控制覆岩移动的关键层，且砂岩类的岩石脆硬性好，有利于裂隙发育；而砂岩—泥岩互层类顶板由于脆韧相间，破断步距一般较小，且会起到阻止裂隙发育的作用。另外，工作面侧的顶板破断角在不同推进距离时变化不大，且略小于开切眼侧，上覆岩层破断空间呈现出偏态性。

表 4-4　物理模拟试验结果统计表

煤层	采高/m	老顶初次垮落步距/m	老顶周期垮落步距/m	冒落带高度/m	导水裂隙带高度/m	冒采比	裂采比	开切眼侧破断角/°	工作面侧破断角/°
模型一 2^{-2}煤	4.2	95	25~30	14.8	70.5	3.5	>16.8	63	57~61
模型二 2^{-2}煤	4.2	82	20~25	11.7	52.5	2.7	>12.5	59	55~58
模型一 5^{-2}煤	6.6	80	25~30	25.2	153	3.8	>23.2	65	59~63
模型二 5^{-2}煤	6.6	70	15~25	19.8	129	3.0	19.5	61	56~60

4.3.2　顶板岩体移动变形规律

4.3.2.1　2^{-2}煤采动覆岩移动变形

随着工作面的推进，顶板岩体下沉值逐渐增大，当达到充分采动后，开采煤层上方不同高度顶板岩体达到该地质采矿条件下应有的最大值；此后工作面开采长度再继续扩大时，受采动影响的上覆岩层范围相应扩大，但最大下沉值不再增加，顶板岩体移动盆地将出现平底，采空区中部下沉值最大，向两侧下沉值逐渐减小，基本以采空区为中心呈对称分布。图 4-9 为模型一和模型二 2^{-2}煤回采结束岩移稳定后上覆岩层下沉曲线。

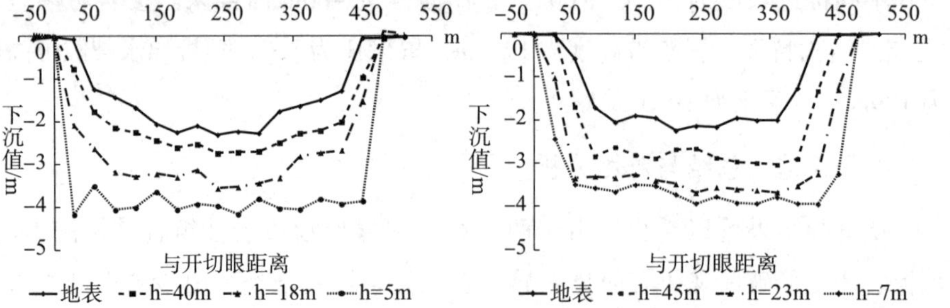

（a）模型一　　（b）模型二

图 4-9　2^{-2}煤开采岩移稳定后上覆岩层下沉曲线

从图 4-9 可以看出，模型一走向方向地表最大下沉值 2314mm，下沉系数达 0.55，模型二走向方向地表最大下沉值 2151mm，下沉系数达 0.51，与大柳塔井田 12208 工作面和 22201 工作面开采实测地表下沉系数基本一致。这表明，2^{-2}煤层开采上覆岩层运移稳定后，煤层开采厚度并没有完全转化成地表沉降，其中，51%~55%转化为开采沉陷，45%~49%转化为冒落带碎胀及采动裂隙。从顶板岩体下沉曲线形态可以看出，采场顶板岩体直至地表下沉曲线出现跳跃，表现为非连续变形，这表明浅埋煤层开采覆岩结构破坏严重，出现了较大裂缝和台阶状下沉。由于冒落带岩体碎胀性及裂隙带残余裂隙的存在，采空区上部岩层下沉值自下而上逐渐减小。

为了描述大柳塔煤矿浅埋2^{-2}煤层开采地表移动和变形，通过整理计算得到地表最大下沉值、倾斜变形量、曲率、水平移动和水平变形，如表4-5所示。

表4-5　地表最大移动变形值

变形指标	下沉量/W_0/mm	倾斜变形量 i_0/(mm/m)	曲率 K_0/(mm/m^2)	水平移动 U_0/mm	水平变形 ε/(mm/m)
模型一	2314	54.6	2.37	626	23.7
模型二	2151	50.1	2.25	589	20.7

4.3.2.2　5^{-2}煤采动覆岩移动变形

(1)5^{-2}煤采动覆岩下沉规律。随着回采工作面向前推进，上覆岩层顶板发生周期性垮落，顶板下沉范围沿纵向和工作面不断扩大，顶板的垮落高度及形态、下沉变形量与岩层本身特性、采空区尺寸及开采工艺等密切相关。相似材料模型中5^{-2}煤层采高6.6m，属于特大采高，其采动覆岩移动变形特征与普通采高相比，受采动影响的岩层范围沿纵向和横向更大，覆岩移动变形过程剧烈且量值也更大。根据岩层内变形监测、表面位移观测及现场拍照可知，采空区上覆岩层由下而上下沉是非线性的，移动形态都是非对称的。在开采初期，开挖所造成的垮落范围小，引起的上覆岩层沉降较小。随着工作面继续推进，沿工作面走向和纵向方向沉降范围逐渐扩大，各岩层相继产生较大沉降。冒落带岩层移动过程连续性很差，下沉曲线出现跳跃现象，最大下沉值基本上是位于来压之处，而裂隙带内顶板岩层下沉量自下而上逐渐减小，下沉曲线连续性增加，下沉曲线形态基本协调一致，最大下沉值基本上在采空区中心。

图4-10与图4-11为两台模型中的5^{-2}煤层回采过程中覆岩下沉等值线，不同高度顶板岩层下沉值呈阶梯状增加，位移突变位置与顶板垮落位置相对应，顶板压实下沉区主要位于工作面后方30~100m，100m以后下沉位移达到稳定。当推进距离较小时，覆岩沉陷范围小于层间岩层厚度，其中模型一煤

岩层结构下工作面推进 278m 时覆岩沉陷范围开始波及 2^{-2}煤采空区及其围岩，而模型二煤岩层结构下推进 300m 时覆岩沉陷影响开始波及 2^{-2}煤采空区及其围岩。随着 5^{-2}煤层继续回采，2^{-2}煤采空区及其围岩受下伏煤层开采影响范围不断扩大，其下沉值和下沉影响边界显著增大。

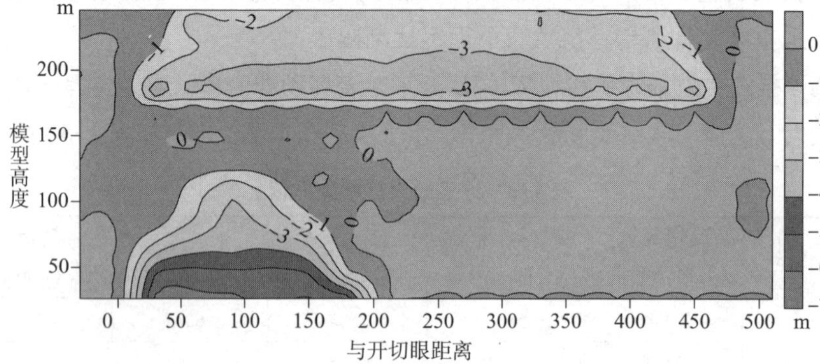

（a）推进210m

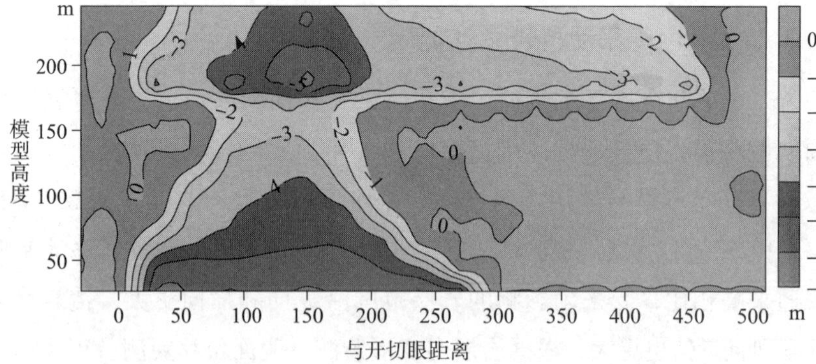

（b）推进278m

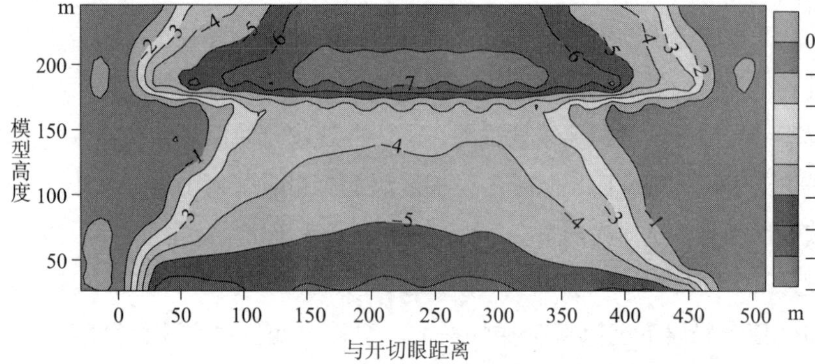

（c）推进480m

图 4-10　模型一 5^{-2}煤回采不同距离时覆岩下沉等值线

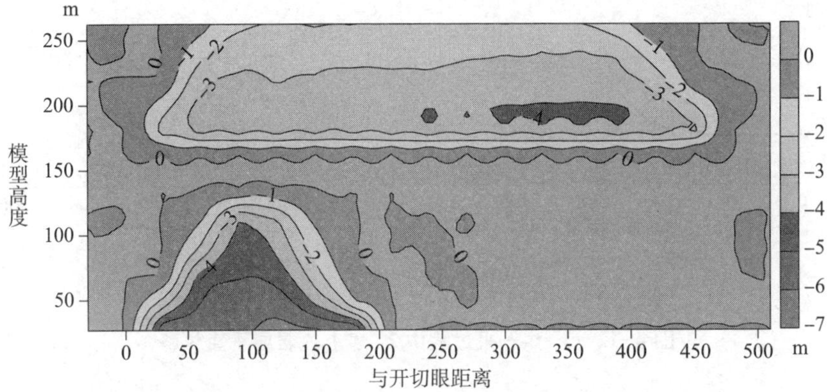

（a）推进195m

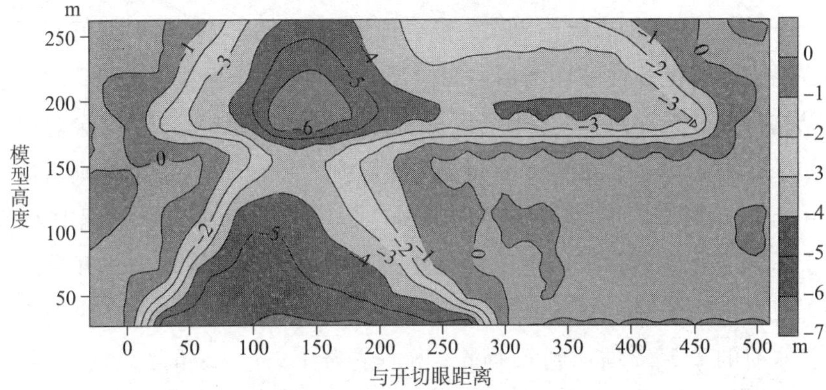

（b）推进300m

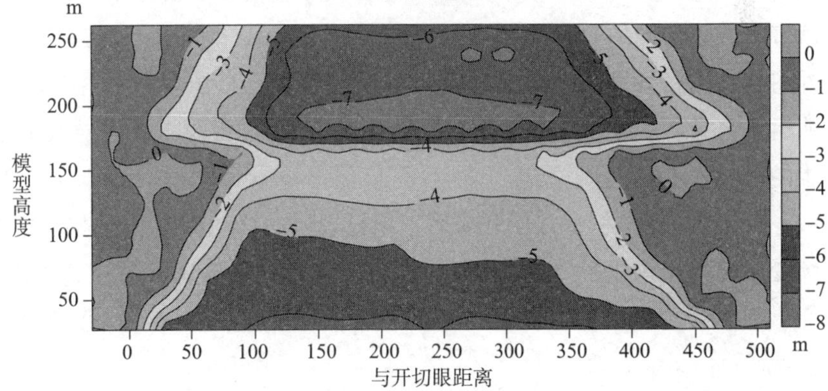

（c）推进480m

图 4-11　模型二 5^{-2}煤回采不同距离时覆岩下沉等值线

(2)重复采动岩层与地表沉陷特征。对 5^{-2}煤工作面推进过程中 2^{-2}煤顶板垂直位移变化规律进行分析(如图 4-12 所示)，可以得出以下结论：

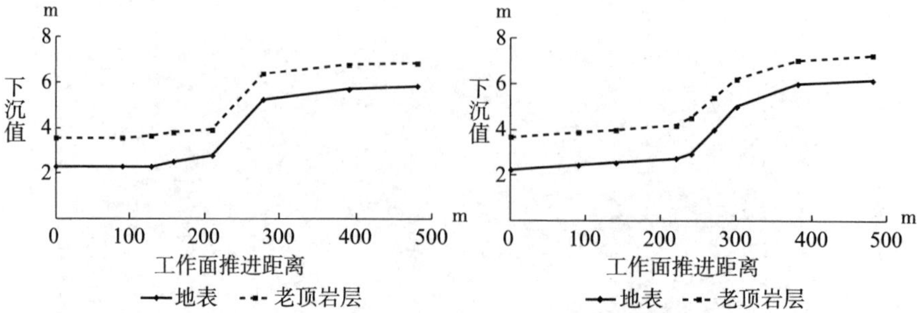

（a）模型一　　（b）模型二

图 4-12　5^{-2}煤开采过程中 2^{-2}煤上覆岩层垂直位移

①在 5^{-2}煤层重复采动影响下层间主关键层结构的破断或弯曲下沉，将引起上部 2^{-2}煤采空区围岩结构再次失稳，顶板岩层至地表移动下沉值和下沉影响边界增大，非连续性破坏增加。如模型一 5^{-2}煤工作面推进 278m 时，层间岩层结构全部破断导致 2^{-2}煤采空区覆岩位移突变，稳定后 2^{-2}煤层老顶下沉量由初采时的 3. 56m 增加到 6. 86m，增加量为 3. 3m；地表下沉量则由初采时的 2. 31m 增加到 5. 85m，增加量为 3. 54m。而模型二 5^{-2}煤开采过程中 2^{-2}煤采空区上覆岩层及地表并未产生位移突变，下沉值是逐渐递增的，开采结束后老顶下沉量由初采时的 3. 68m 增加到 7. 26m，增加量为 3. 58m；地表下沉量则由初采时的 2. 25m 增加到 6. 15m，增加量为 3. 9m。②重复采动作用下 2^{-2}煤老顶的下沉位移增加量要小于地表，这是因为在重复采动作用下，2^{-2}煤覆岩冒落带和裂隙带内的一部分空隙被压实转化为地表下沉。③地表下沉与沉积岩性组合结构密切相关，砂岩—泥岩互层类顶板与砂岩类顶板相比，受开采影响后更容易弯曲下沉，致使重复采动作用下对 2^{-2}煤层上覆岩层及地表位移产生的影响程度更大。

（3）总结与对比分析。煤层开采后，顶板岩层的移动变形呈现连续变形与非连续变形交替出现的状态，在开采使顶板产生的移动变形超过其极限前，移动变形是连续且缓慢的；在超过其极限后，岩层断裂、垮落，移动变形具有突变性。

模型一和模型二试验结果表明，顶板岩性组合结构不同，顶板移动变形与稳定性差别较大，回采过程中相对厚硬的砂岩类顶板岩层稳定性较好，其下沉变形与上覆岩层是协调同步的，破断后将导致局部上覆岩层的破断，岩层移动范围大幅度扩大，浅部开采时甚至引起上覆基岩全厚切落，直接波及地表。而软弱岩层的移动变形一般依附强度较高的砂岩层，导致砂岩—泥岩互层类顶板岩层在回采过程中易产生离层，使得不同高度顶板的下沉差较大，下沉曲线协调性变差。

4.3.3 顶板岩体应力变化规律

4.3.3.1 2^{-2}煤顶板岩体支承压力变化规律

模型一中1-6号、1-7号和1-8号应变片位于2^{-2}煤顶板高度3m粉砂岩中，而模型二中2-6号、2-7号和2-8号应变片位于2^{-2}煤顶板高度3m砂质泥岩中，均距离开切眼120m、150m和180m，根据采集的应变数据经处理得到了2^{-2}煤层顶板岩体内各测点的应力变化曲线，如图4-13所示。在不同沉积岩性组合结构下，工作面推进过程中各测点位置的顶板岩体应力变化规律基本相同：工作面距离监测点较远时，应力增加幅度很小；随着工作面与监测点距离的减小，顶板岩体应力增加幅度开始变大，并出现支承压力峰值。随着工作面推过监测点后，顶板岩体应力迅速减小，采空区压力接近于0。工作面推过监测点一定距离后，采空区重新被充填和压实，应力逐渐恢复。因此，位于正常状态下的煤层顶板，经历采前应力升高、采后应力降低及逐渐恢复三个阶段，且随着工作面不断推进这三个阶段交替出现。

但是，由于顶板沉积岩性组合的不同，顶板岩体中支承压力峰值、峰值位置及其影响范围都表现出了较大差异。模型一3个测点处的顶板支承压力峰值系数为2.04~2.26，距工作面煤壁平均7.5m，支承压力影响范围为70~80m；而模型二中3个测点处顶板支承压力峰值系数为1.62~1.77，距工作面煤壁约10m，支承压力影响范围降低为45~55m。试验结果表明，在坚硬沉积岩性组合结构下，顶板受到的采动影响程度及影响范围大，支承压力随着顶板承担上覆岩层荷载的能力增大而变大，且支承压力峰值向工作面煤壁处转移。

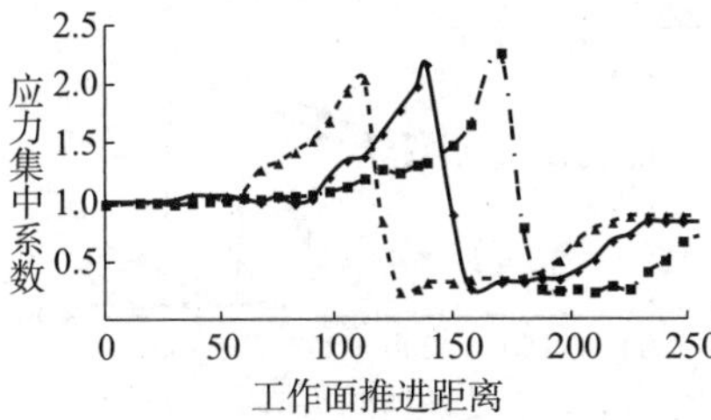

(a) 模型一

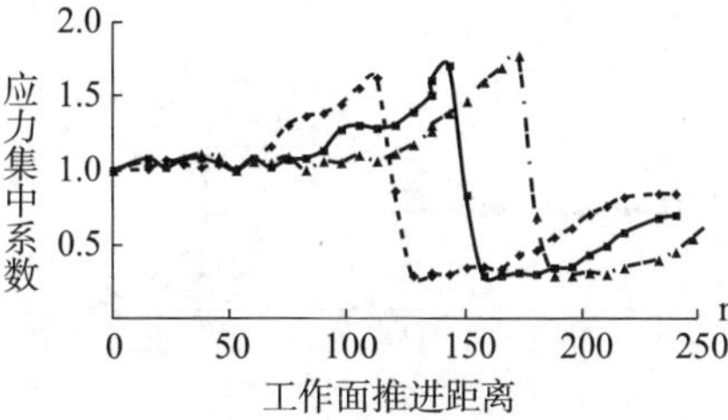

(b) 模型二

图4-13 2^{-2}煤开采过程中顶板应力变化曲线

4.3.3.2 5^{-2}煤工作面顶板岩体支承压力变化规律

模型一中1-29号、1-30号和1-31号应变片位于5^{-2}煤顶板高度3m粉砂岩中，模型二中2-29号、2-30号和2-31号应变片位于5^{-2}煤顶板高度3m泥岩中，与开切眼的距离为240m、270m和300m，采集的应变数据经处理得到了5^{-2}煤层顶板岩体采动过程中应力变化曲线，如图4-14所示。两台模型中的29号和30号监测点处顶板岩体应力变化规律与2^{-2}煤顶板岩体大致相同，其中1-29号和1-30号支承压力峰值系数分别达到2.07和2.16，2-29号和2-30号支承压力峰值系数分别达到1.44和1.55。

但是，31号监测点处应力在采动过程中出现动载矿压现象，如模型一5^{-2}煤工作面推进至离开切眼278m时，层间主关键层破断导致2^{-2}采空区覆岩至地表全部垮落，应力呈跳跃式增加，应力集中系数由1.98增至2.47，增加幅度达24.8%；模型二5^{-2}煤工作面推进至离开切眼300m时，层间主关键层弯曲下沉导致2^{-2}煤采空区覆岩至地表仅呈现整体弯曲下沉现象，未产生垮落性破坏，应力也呈跳跃式增加，应力集中系数由1.61增至1.79，增加幅度仅为11.2%。

结合模型顶板垮落过程及“砌体梁”力学结构分析认为，浅埋2^{-2}煤层开采后上覆岩体原始结构破坏严重，薄基岩采动破断难以形成稳定的“砌体梁”结构，因而不能有效承担上覆载荷，而将所有岩层载荷作用于层间岩层的主关键层上。因此，浅埋2^{-2}煤采空区下伏5^{-2}煤层重复采动时，层间主关键层结构稳定对本煤层安全开采和上部采空区稳定具有重要影响，其破断将引起上覆采空区及其围岩垮落或整体弯曲下沉，这会导致层间主关键层因上覆岩层载荷过大难以形成稳定结构，从而导致5^{-2}煤工作面矿压显现异常剧烈，发生动载矿压，且层间岩层为砂岩组合结构时的动载矿压较砂岩—泥岩互层组合结构要大得多。

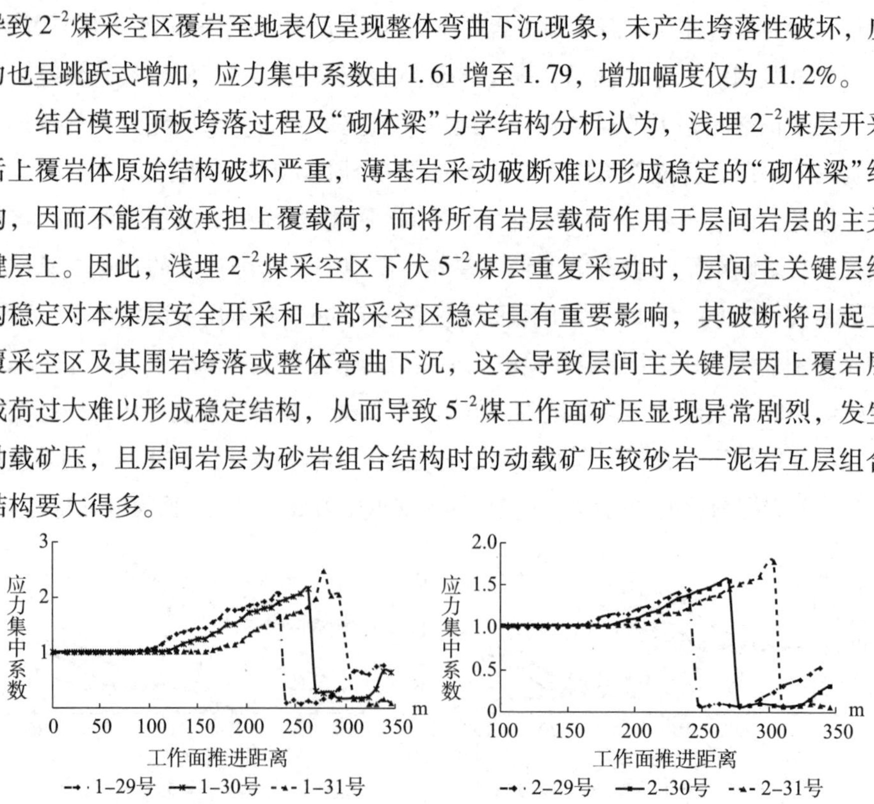

（a）模型一　　（b）模型二

图4-14　5^{-2}煤推进过程中顶板应力变化

4.3.4 采动覆岩裂隙发育及分布形态

采动裂隙是地下水渗流的介质和基础，研究和掌握大柳塔煤矿覆岩采动裂隙演化及分布规律，是掌握煤炭开采对地下水影响规律和进行地下水资源保护的前提。以往研究主要采用分形几何理论，用分形维数定性描述采动覆岩裂隙的发育及分布特征，发现采动裂隙分布具有自相似规律和分形特征，但未能给出采动覆岩裂隙率沿工作面推进方向和采空区纵向方向的定量分布规律。

采动覆岩裂隙率分布对于研究大柳塔煤矿覆岩渗透性、煤炭开采地下水运移规律和煤矿采空区储水量预测等都具有重要的理论与实际意义。因此，本节结合相似模拟试验覆岩垮落图像和Image-Pro Plus 图像处理软件对采动覆岩裂隙率分布规律进行定量分析。

4.3.4.1 基于图像二值化法的裂隙率分布量化原理

图像二值化就是将图像上的像素点的灰度值设置为0或255，也就是将整个图像呈现出明显的黑白效果。采动覆岩垮落图像的二值化处理能够将裂隙与岩石基质区别开，如图4-15所示。二值化图像分析的最小单元为像素，黑色像素点的灰度值为0，代表裂隙；白色像素点的灰度值为255，代表完整结构岩体。采动覆岩裂隙率确定方法如下：任意选取某一区域进行统计分析，黑色像素点累加面积占分析区总面积的比值，即为该区域覆岩的裂隙率。例如，图4-16(a)为裂隙率分布示意图，选定红色边框的区域，在计算其沿 x 方向裂隙率分布时，首先确定 x 方向单位宽度(x 方向1个像素点宽度)内 y 方向的裂隙率，由左向右依次为：50%、25%、25%、50%、25%、25%、50%、25%、75%、25%，其分布如图4-16(b)所示；同理，当选定蓝色边框的区域时，在计算其沿 y 方向裂隙率分布时，首先确定 y 方向单位高度(y 方向1个像素点高度)内 x 方向的裂隙率，由下向上依次为：25%、50%、25%、50%、25%、50%、25%、75%、25%、50%，其分布如图4-16(c)所示。因此，采用该方法可以精确计算出采动覆岩沿横向和纵向的裂隙率定量分布规律。

图 4-15　二值化处理后的采动覆岩裂隙分布

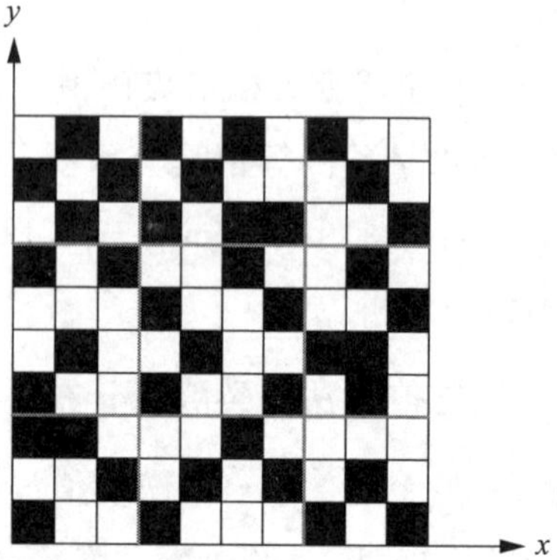

（a）裂隙率分布示意

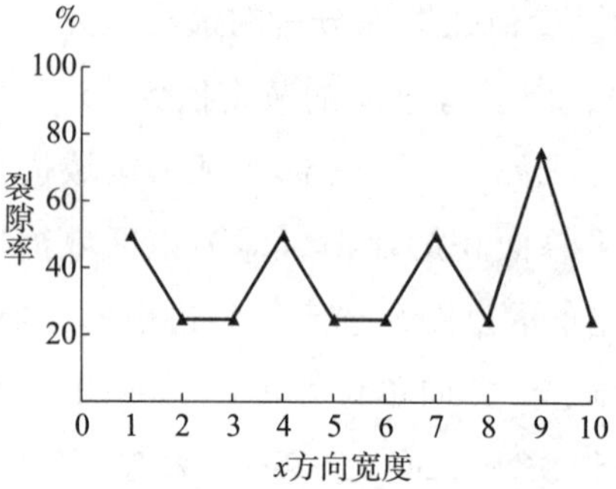

（b）x 方向裂隙率分布

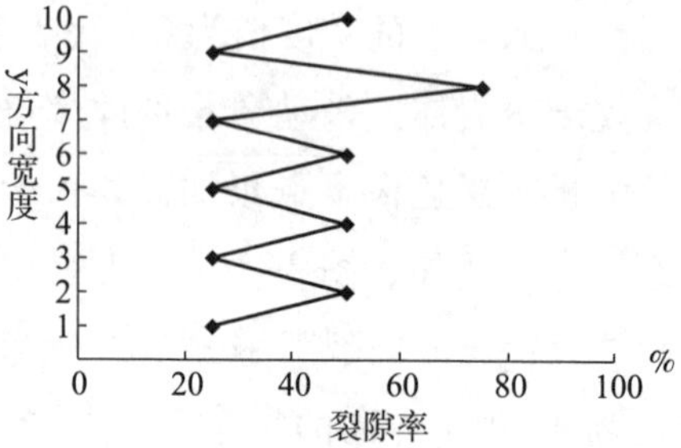

（c）y 方向裂隙率分布

图 4-16　裂隙率划分示意

4.3.4.2　采动覆岩破断裂隙率分布规律

(1)模型一。图 4-17 为模型一 5^{-2}煤层回采 210m 时顶板第 6 次周期性垮落，覆岩裂隙分布二值化处理后的图像。由该图可以看出，砂岩组覆岩中直接顶冒落岩石破碎，散落成块；老顶一般呈整体断裂，但仍保持层状结构，裂隙间连通性较好，采动裂隙以高角度纵向裂缝为主，开度和延伸长度较大，离层裂缝量较小。砂岩类坚硬覆岩采动冒落裂隙带发育较高，且裂隙不易闭合；采场顶板垮落形态呈梯形分布，两端岩层断裂破碎程度较中部要大得多，形成两条开度较大、连通性好的纵向裂隙带。

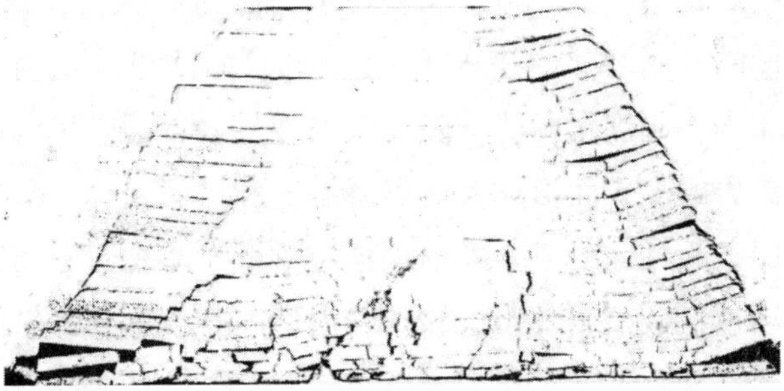

图 4-17 模型一 5^{-2}煤层回采 210m 时覆岩裂隙分布

对冒落裂隙带范围内一个像素点高度内覆岩裂隙率沿纵向分布和一个像素点长度内覆岩裂隙率沿横向分布进行统计分析，统计结果如图 4-18 所示。从该图可以看出，采空区冒落带范围覆岩裂隙率较裂隙带大得多，裂隙率分布曲线呈迅速减小形态；而裂隙带范围岩层的裂隙率沿纵向降低幅度较小，其分布曲线较为平缓，尤其在裂隙带上部覆岩裂隙率几乎不再变化。冒落带岩层裂隙率平均为 20%，裂隙带底部岩层的裂隙率平均为 8%，裂隙带顶部岩层的裂隙率仅为 0.5%左右。对图 4-18(a)中冒落裂隙带内岩层裂隙率的统计数据拟合，发现裂隙率 f_r 与距煤层顶板高度 h 呈对数函数关系，相关系数 R^2 为 0.7394。而覆岩裂隙率沿工作面走向分布为“马鞍”形，形成两端高(平均为 18%)、中间低(最小为 3.3%)的分布规律。

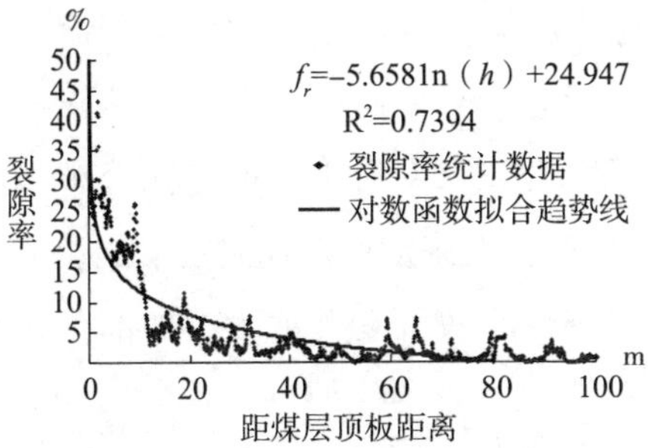

（a）覆岩裂隙率沿纵向分布规律

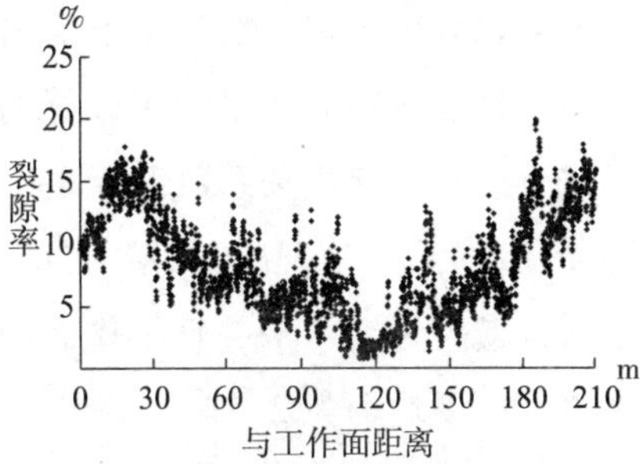

（b）覆岩裂隙率沿走向分布规律

图 4-18 模型一 5^{-2}煤层回采 210m 时覆岩裂隙率分布曲线

(2)模型二。图 4-19 为模型二 5^{-2}煤层回采 220m 时顶板第 6 次周期性垮落，覆岩裂隙分布二值化处理后的图像。由该图可以看出，泥岩层受剪切作用一般形成低角度的破断裂隙，以纵横交错的相交裂缝为主，其开度和密度都相对较小，延展性差，且裂隙周围表现出明显的塑性变形或挤出；而砂岩层内形成高角度的破断裂隙，其开度和数量较大。上覆岩层由于砂岩与泥岩互层，且厚薄相当，起到了阻止裂隙发育的作用，冒裂带发育高度较小。同时，在砂岩和泥岩的交界面形成大量离层裂缝和层间错动，但在采空区后方压实作用下离层空间逐渐变小。采场顶板垮落形态呈梯形分布，但其破断角较砂岩组合类型顶板破断角要小，软硬岩内裂隙难以贯通，纵向裂隙带连续性较差。

图 4-19 模型二 5^{-2}煤层回采 220m 时覆岩裂隙分布

对冒落裂隙带范围内一个像素点高度内覆岩裂隙率沿纵向分布和一个像素点长度内覆岩裂隙率沿横向分布进行统计分析，统计结果如图 4-20 所示。从该图可以看出，冒落裂隙带范围内裂隙率在采空区上部岩层中自下而上逐渐减小，且其分布曲线呈现出较好的过渡形态；采用对数函数对裂隙率统计数据进行拟合，其相关系数 $R^2=0.7304$。覆岩裂隙率沿工作面走向分布规律如图 4-20 所示，呈现出“马鞍”形的分布形态，在采空区两端附近形成裂隙率峰值区，最大为 15.5%，且工作面侧覆岩裂隙率较开切侧要大，中部覆岩裂隙率降低，平均约为 2.5%。

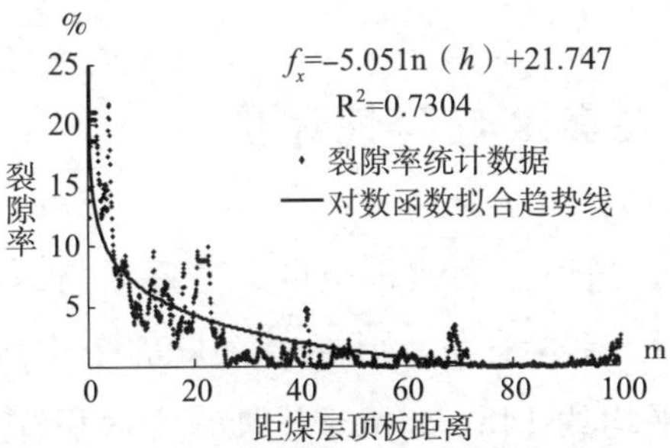

（a）覆岩裂隙率沿纵向分布规律

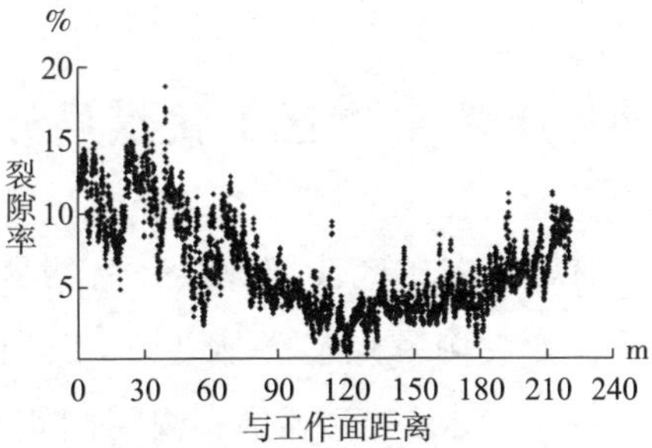

（b）覆岩裂隙率沿走向分布规律

图 4-20 模型二 5^{-2}煤层回采 220m 时覆岩裂隙率分布曲线

(3)总结与对比分析。结合顶板垮落过程和覆岩裂隙率分布，将覆岩采动裂隙沿走向的发生、发展分为三个阶段：①开切眼到顶板初次来压前，此阶段顶板在上覆荷载及其自重作用下，开始由弹性变形向塑性变形、破坏发展，破断裂隙开始发育，顶板初次来压时裂隙密度达到最大；②顶板初次来压后周期性矿压显现的正常回采期，随上覆岩层不断垮落，破断裂隙向较高层位发展，同时由于采空区垮落岩块被重新压实，破断裂隙密度迅速减小；③工作面附近，顶板岩层垮落不充分，覆岩破断裂隙充分发育，裂隙密度较大。因此，沿工作面走向方向上，覆岩采动裂隙发育特征为在采空区中部形成裂隙压实闭合带，而在采空区边界形成纵向裂隙发育带。

覆岩岩性组合结构与采动裂隙的发育特征密切相关，对比分析模型一和模型二裂隙发育及分布特征，在煤层开采相同长度情况下，冒落裂隙带范围岩层的平均裂隙率分别为10.36%、7.52%。图4-21为模型一和模型二中开切眼侧，距5^{-2}煤层相同高度的破断块体回转角(破断岩块与水平方向的夹角)示意图。从该图可以看出，模型一砂岩类顶板破断块体回转角约为13°，模型二砂岩—泥岩互层类顶板破断块体的回转角约为8°。这表明上覆岩层力学强度越高，采动岩层破断块体的旋转角越大，覆岩裂隙发育程度越高，采动变形破坏越严重。

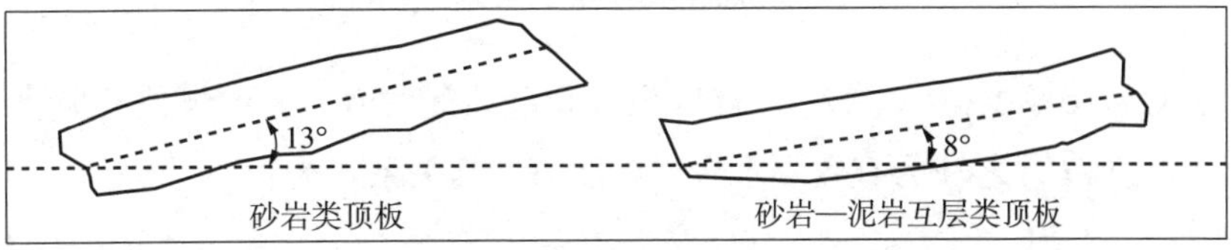

图 4-21 不同岩性组合结构顶板的破断岩块回转角

4.4 上覆采空区下伏煤层开采突水危险性评价

随着神东矿区浅部煤层开采殆尽，遗留了大量采空区，并逐渐向深部开采，如大柳塔煤矿一水平 2^{-2} 煤层已基本采完，形成了大量的采空区，目前主采二水平 5^{-2} 煤层，煤层间距平均约 148m。由于浅埋采空区积存大量矿井水，并通过冒裂带与上覆含水层或地表水体产生水力联系，那么这些浅埋长壁采空区下伏 5^{-2} 煤层安全开采会面临很大危险性，若 5^{-2} 煤层覆岩采动裂隙带导通上部采空区，将引发工作面涌水量增加，甚至发生突水溃砂灾害[163]。因此，有必要对 5^{-2} 煤层采动过程中上覆采空区突水危险性进行分析。

4.4.1 有效隔水岩层厚度

大柳塔煤矿 5^{-2} 煤层开采导水裂隙带是否导通上覆 2^{-2} 煤采空区，主要取决于开采 5^{-2} 煤层顶板导水裂隙带高度 H_f、2^{-2} 煤底板破坏深度 H_d 和层间岩层厚度 H_b，如图 4-22 所示。

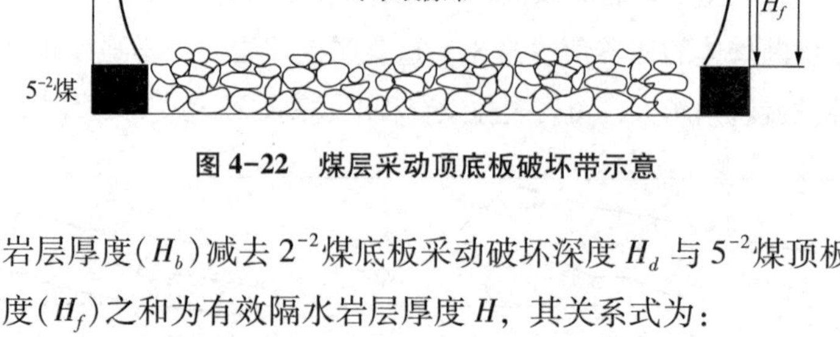

图 4-22 煤层采动顶底板破坏带示意

层间岩层厚度(H_b)减去 2^{-2} 煤底板采动破坏深度 H_d 与 5^{-2} 煤顶板采动导水裂隙带高度(H_f)之和为有效隔水岩层厚度 H，其关系式为：

$$H=H_b-(H_f+H_d) \tag{4-3}$$

(1)若有效隔水岩层厚度 $H\leqslant 0$，则底板破坏带和顶板导水裂隙带贯通，

5^{-2}煤采动过程中上覆2^{-2}煤采空区积水会涌水工作面，采空区积水量决定着突水后水害的规模及对工作面开采的威胁程度。

(2)若有效隔水岩层厚度$H>0$，则底板破坏带和顶板导水裂隙带未贯通，5^{-2}煤一次采全高开采导水裂隙带未直接导通上覆采空区，上覆采空区突水危险性取决于有效隔水岩层厚度H、采空区积水压力P_1及上覆岩层荷载P_2的大小，有效隔水岩层的力学模型如图4-23所示。

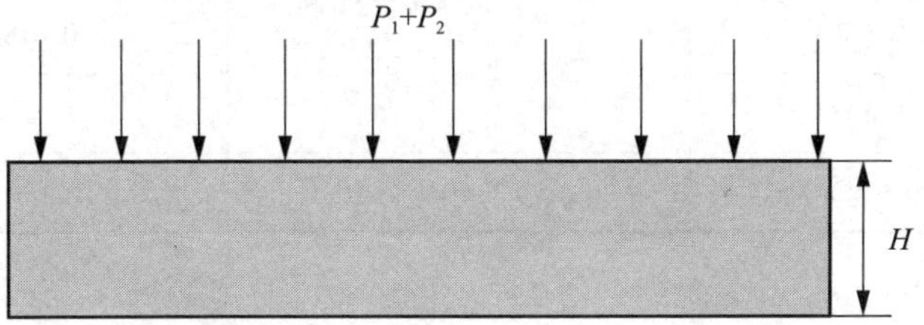

图4-23　有效隔水岩层力学模型

4.4.2　上覆采空区突水危险性评价分类

对上覆采空区积水来说，积水水压和上覆岩层载荷较大时，类似于底板岩溶承压水上煤层开采时的突水系数，定义“采空区突水危险系数”的概念，即采空区积水水压P_1和上覆岩层载荷P_2之和与有效隔水岩层厚度H的比值称为采空区突水危险系数T_S：

$$T_S=(P_1+P_2)/H \tag{4-4}$$

式(4-4)中，$P_1=\gamma_1H_1$，γ_1为水的容重，H_1为水头高度；$P_2=\gamma_2H_2$，γ_2为上覆岩层平均容重，H_2为上覆岩层厚度。

与底板岩溶承压水上煤层带压开采一样，上覆采空区积水下煤层开采，有效隔水岩层厚度及其受到的采空区积水水压与上覆岩层载荷不同，采空区突水危险性应存在安全开采的临界系数K_0。

当$T_S<T_{S0}$时，有效隔水岩层能有效阻隔采空区积水水压和上覆岩层载荷，开采是安全的；

当$T_S\geqslant T_{S0}$时，有效隔水岩层不能有效阻隔采空区积水水压和上覆岩层载荷，存在突水危险。

现在，尚没有采空区突水危险性临界系数的统计值，但可以借鉴底板突水系数的临界值[164]。对于神东矿区具体的开采地质条件，取$T_{S0}=0.1\mathrm{MPa/m}$。

根据有效隔水岩层厚度 H 和上覆采空区突水危险系数 T_S 值，将研究区上覆采空区突水危险性分为四类，即安全区（Ⅰ）、中等安全区（Ⅱ）、危险区（Ⅲ）和极危险区（Ⅳ）四种类型，评价分类标准如表 4-6 所示。

表 4-6　上覆采空区突水危险性评价分类标准

评价类型	有效隔水岩层厚度 H/m	突水危险系数 T_S（MPa/m）
安全区（Ⅰ）		<0.015
中等安全区（Ⅱ）	≥0	0.015~0.1
危险区（Ⅲ）		≥0.1
极危险区（Ⅳ）	<0	

4.4.3　上覆采空区积水下煤层开采突水危险性评价

根据下伏煤层开采上覆采空区突水危险性评价方法，对大柳塔煤矿 5^{-2} 煤层开采上覆 2^{-2} 煤采空区突水危险性进行分析。5^{-2} 煤层顶板导水裂隙带高度参考相似材料模拟试验数据，2^{-2} 煤长壁开采底板岩体最大破坏深度采用薄板模型理论确定，计算公式为：

$$h_m = \frac{1.57\gamma^2 H^2 L_x}{4R_c^2} \tag{4-5}$$

式（4-5）中，h_m 为采空区底板岩体最大破坏深度，单位为 m；γ 为底板岩体平均容重，单位为 t/m³；R_c 为底板岩体抗压强度，单位为 MPa；L_x 为工作面开采长度，单位为 m；H 为煤层埋深，单位为 m。

将相关参数代入式（4-5）可以得出模型一 2^{-2} 煤底板破坏深度为 24.5m，模型二 2^{-2} 煤底板破坏深度为 22.7m。结合相似模拟试验确定的 5^{-2} 煤顶板上行裂隙高度和理论计算的 2^{-2} 煤底板破坏深度评价采动裂隙贯穿层间岩层的危险性：模型一有效隔水岩层厚度 $H=153-153-24.5<0$，则层间岩层岩性结构为砂岩类型时，5^{-2} 煤层一次采全高开采导水裂隙带导通上覆采空区积水，存在突水危险；模型二有效隔水岩层厚度 $H=148-129-22.7<0$，则层间岩层岩性结构为砂岩—泥岩互层类型时，5^{-2} 煤层一次采全高开采导水裂隙带导通上覆采空区积水，同样存在突水危险。

4.5 神东矿区顶板导水裂隙带高度探测

4.5.1 大柳塔煤矿 52306 工作面覆岩导水裂隙带高度探测

4.5.1.1 工程背景

大柳塔煤矿 52306 采掘工作面现开采煤层为 5^{-2}煤层，煤层厚度较大，埋深较浅。据以往勘查资料显示，5^{-2}煤层距地表仅为 160.06~182.35m，平均 173.20m。根据工作面煤层开采厚度，采用《矿区水文地质工程地质勘探规程》(GB 12719-91)中冒落带导水裂隙带最大高度经验公式计算，导水裂缝带高度为 107.00m。通过计算结果与勘查资料对比分析，导水裂缝带可发育至 3 号煤组，且以往资料表明该区导水裂隙带实际发育高度远远高于经验公式计算值，因此可能导通 2^{-2}煤层及以上各含水层，成为矿井的主要充水通道，形成矿井安全隐患。为了确保矿井安全开采，需针对 5^{-2}煤层顶板覆岩进行“三带”高度探测，并下设岩移传感器监测 5^{-2}煤层开采时“三带”实时发育过程。

4.5.1.2 勘查方法及钻孔布置

(1)勘查方法。根据本次探测地质任务，本工程采用机械岩芯钻探、地球物理测井为主要探测手段，通过钻探施工过程中对冲洗液消耗量变化、孔内水位变化、岩性鉴定、孔内吸风、掉钻等现象，对 52306 工作面 5^{-2}煤覆岩“三带”发育高度进行综合判定。

(2)钻孔布置。本次探测工程为了确保项目探测结果的可靠性和准确性，分别在 52306 工作面采前和采后段各布置钻孔 1 个，共计 2 个钻孔。可有效对比两孔探测情况，综合分析“三带”发育高度。

DS1 号钻孔为采前孔，该孔距 52306 工作面切眼 971m，距回风顺槽 30m。钻孔坐标 4349987.765m、37444342.536m，孔口标高 1202.078m。

DS1 号孔施工工艺：先以 ϕ97mm 的孔径取芯钻进至观测段($J_{1-2}y$)内 8.25m，然后以 ϕ200mm 的孔径扩孔至 25.00m，下 $\phi146\times6$mm 套管，并进行管外止水。止水检查合格后，再以 ϕ97mm 的孔径取芯钻进至终孔，进行地球物理测井。测井结束后用清水对观测段孔洗井，待水清沙净后进行钻孔电视探测。探测完成，对孔底以上 66m 进行水泥砂浆封闭，如图 4-24 所示。

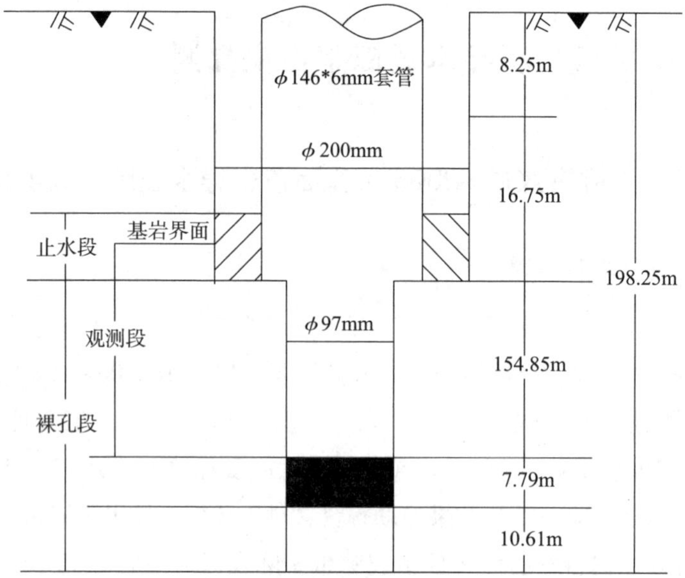

图 4-24　DS1 号钻孔结构图

DS2 号钻孔为采后孔，该孔距 52306 工作面切眼 403m，距回风顺槽 26m。钻孔坐标 4349790. 216m、37444875. 456m，孔口标高 1200. 329m。

DS2 号孔施工工艺：先以 φ97mm 的孔径取芯钻进至观测段（$J_{1-2}y$）内 7. 25m，然后以 φ200mm 的孔径扩孔至 18. 00m，下 φ114×6mm 套管，并进行管外止水。止水检查合格后，再以 φ97mm 的孔径取芯钻进至终孔，然后进行钻孔电视探测。探测结束后，对 5^{-2}煤覆岩冒落带顶界以上孔段进行水泥砂浆封闭，如图 4-25 所示。

4. 5. 1. 3　探测成果分析

（1）冒落带分析。DS2 号钻孔钻进到孔深 146. 25m 出现吸风现象，但不强烈。钻进到孔深 148. 95m 处发生 0. 30m 掉钻，但掉钻不纯粹，在 148. 95～163. 75m 段，间歇性地发生过多次大小不等的小掉钻，但都不明显。通过钻孔电视看此段的窥视结果，发生小掉钻的地方，均为严重破碎的地层。地层岩体破碎，抗压强度及密实度相对降低可能是导致小掉钻的主要原因。当钻进到孔深 163. 75m 处，再次发生掉钻，掉钻高度 0. 50m，孔内瞬间吸风加剧，可听到风声，同时发生卡钻。图 4-26 显示了 162. 5～163. 2m 孔深的钻孔成像，这段岩体严重破碎，其中 162. 9～163. 2m 段岩体扰动形成了直径大于 400mm 的孔洞。

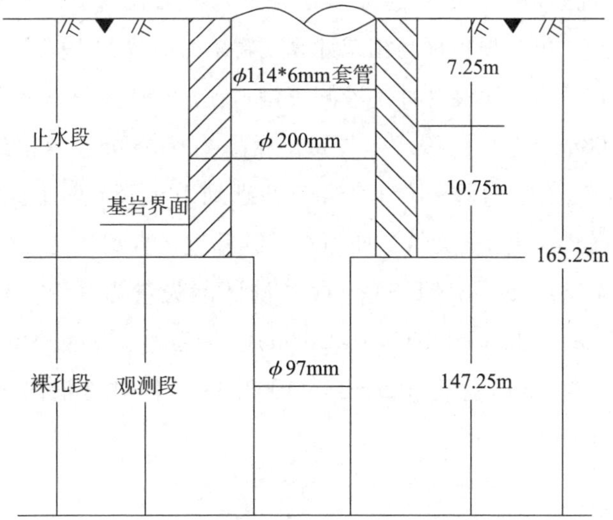

图 4-25 DS2 号钻孔结构图

然后继续向下钻进 1.00m，也就是孔深 165.25m，所钻进的这一段为正常基岩，岩性与冒落带顶板地层岩性是相同的，说明钻孔已钻进到规则冒落带堆积物当中。冒落带堆积物分为两部分，分别为不规则堆积和规则堆积。不规则堆积为所掉落地层呈破碎无章状态堆积于巷道，然后为规则堆积，掉落岩体呈整块状覆盖于不规则堆积物上方。

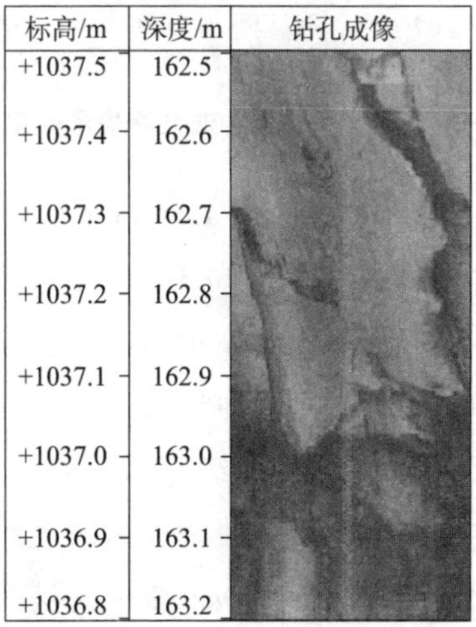

图 4-26 孔深 162.5～163.2m 段岩体的钻孔成像

通过以上现象综合分析判定 5^{-2} 煤冒落带顶界为孔深 163.75m 处，标高为 1036.58m，与 5^{-2} 煤层顶板标高相减计算，冒落带高度为 19.82m。

(2)裂隙带分析。①钻孔冲洗液漏失量对比。DS1 号钻孔为采前孔，孔口标高为 1202.08m，终孔孔深 198.25m，标高 1003.83m。当钻进到 140.75m 时，漏失量逐渐增高，标高 1061.33m；钻进到 149.75m 时漏失量突然变大，标高 1052.33m。经过堵漏无效，便顶水继续钻进，直到终孔。在孔深 25.00~140.75m(标高 1177.08~1061.33m)段冲洗液漏失量为 0.01~0.10L/s，孔深 140.75~149.75m(标高 1061.33~1052.33m)段冲洗液漏失量为0.24~0.69L/s，孔深 149.75~198.25m(标高 1052.33~1003.83m)段冲洗液漏失量为 0.45~1.35L/s，如图 4-27 所示。

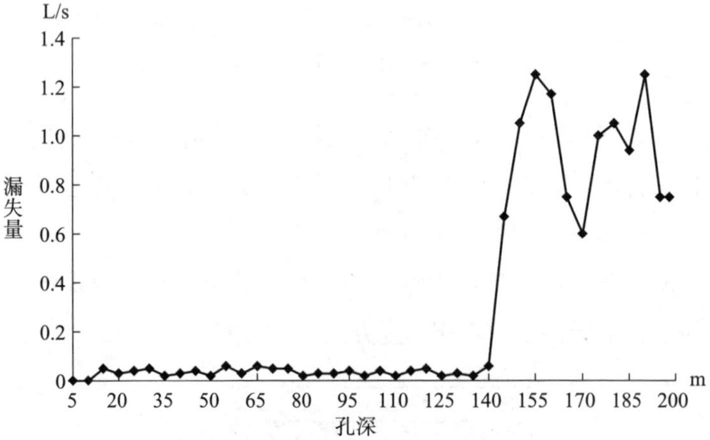

图 4-27　DS1 号钻孔冲洗液漏失量变化曲线

DS2 号钻孔为采后孔，孔口标高为 1200.33m，终孔孔深 198.25m。当钻进到 31.25m 时，冲洗液全部漏完，孔口不返浆，标高 1169.08m，经过堵漏无效，便顶水继续钻进；钻进到 35.75m 时孔口又恢复返浆，但漏失量较高，标高 1164.58m；钻进到 46.25m 时，冲洗液全部漏完，孔口不返浆，标高 1154.08m，经过堵漏无效，便顶水继续钻进，直到终孔。在孔深 18.00~31.25m(标高 1182.33~1169.08m)段冲洗液漏失量为 0.03~0.06L/s，孔深 31.25~35.75m(标高 1169.08~1164.58m)段冲洗液全部漏完，孔深 35.75~46.25m(标高 1164.58~1154.08m)段冲洗液漏失量为 0.64~1.20L/s，孔深 46.25~165.25m(标高 1154.08~1035.08m)段全部漏失，如图 4-28 所示。

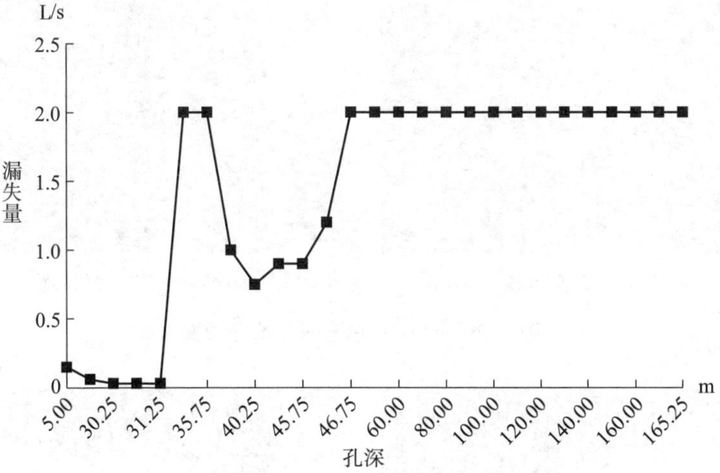

图 4-28　DS2 号钻孔冲洗液漏失量变化曲线

经过对比，两个钻孔相同标高段内钻进时，冲洗液漏失量有明显区别，可作为判定裂隙带的准确依据，详见图 4-28 钻孔冲洗液漏失量。

②钻孔岩芯特征对比。DS1 号钻孔在孔深 25.00～150.00m（标高 1177.08～1052.08m）段内岩芯完整，无裂隙；孔深 150.00～198.25m（1052.08～1003.83m）段偶见原生裂隙，较为发育，岩芯较为完整。

DS2 号钻孔在孔深 18.00～31.25m（标高 1182.33～1169.08m）段内岩芯完整，无裂隙；孔深 31.25～35.10m（标高 1169.08～1165.23m）段内岩芯较不完整，局部见裂隙，较为发育，局部岩芯破碎；孔深 35.10～46.25m（标高 1165.23～1154.08m）段内岩芯较完整，见 1 条裂隙，不发育，岩芯 1 处破碎。孔深 46.25～163.75m（标高 1154.08～1036.58m）段内岩芯不完整，次生裂隙发育，大小不等，均匀分布于段内，段内上部岩芯局部破碎严重，下部岩芯大部分极度破碎。对钻孔 35.10～46.25m 段内岩芯偶见裂隙及局部破碎情况进行分析，由于受下部采动产生上覆地层弯曲下沉，下沉过程中对软岩地层造成物理性破坏，导致局部地层产生少量裂隙，发生局部性地层破碎，孔深 46.25m 以下为采动产生的次生裂隙，裂隙发育，地层局部发生严重破碎。

经过对比，两个钻孔相同标高段内地层特征区别明显，可作为判定裂隙带的准确依据，DS1 号和 DS2 号钻孔岩芯特征见图 4-29、图 4-30。

（a）25.00~150.00 m段岩芯特征

（b）150.00~198.25 m段岩芯特征

图 4-29　DS1 号钻孔岩芯特征情况

（a）18.00~31.25 m段岩芯特征

（b）31.25~35.10 m段岩芯特征

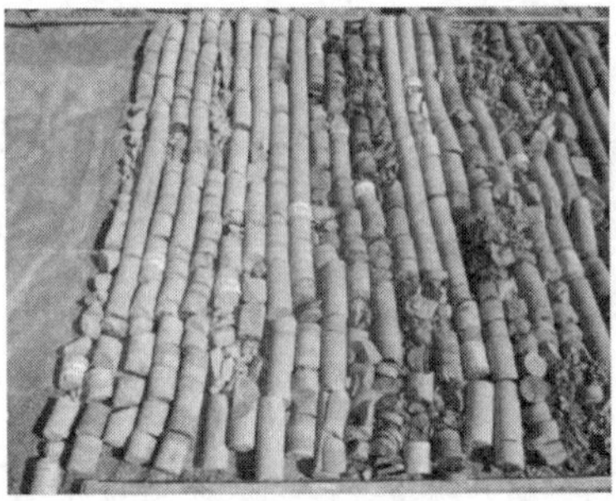

（c）35.10~46.25 m段岩芯特征

（d）46.25~163.75 m段岩芯特征

图 4-30　DS2 号钻孔岩芯特征情况

③裂隙带顶界判定结果。通过两个钻孔的冲洗液漏失量情况，与岩芯特征综合分析判定，DS2 号钻孔导水裂隙带顶界为孔深 46.25m 处，标高 1154.08m，发育高度为 117.50m。

(3)弯曲下沉带分析。通过对钻孔周边地面踏勘，钻孔周边地面局部发生塌陷，裂缝较多，大小不等，目前开采的煤层为 5^{-2}煤，以上煤层均未开采，因此分析，5^{-2}煤覆岩采动弯曲下沉带发育高度已到达地表，见图 4-31。

图 4-31　煤矿地面裂缝

综合冒落带和裂隙带的高度，52306 工作面导水裂隙带发育高度为 137. 32m，裂采比为 20. 2。由于 5^{-2}煤层与 2^{-2}煤层层间距 156. 83m，2^{-2}煤层底板破坏深度达 20m，那么 5^{-2}煤大采高开采覆岩导水裂隙带与 2^{-2}煤层开采底板扰动裂隙导通，形成 5^{-2}煤层巷道主要充水通道。由于 2^{-2}煤层采空区积水量大，且上覆含水层结构已经破坏，因此 5^{-2}煤层开采中应加强矿井防治水工作。

4. 5. 2　乌兰木伦井田导水裂隙带高度探测

为了进一步研究神东矿区侏罗系陆相含煤岩系下超大工作面开采顶板导水裂隙带高度，在乌兰木伦井田 12403 工作面开展了钻孔冲洗液漏失量现场观测。考虑覆岩岩性及其组合结构的影响，沿工作面走向布置两个观测钻孔 WM1 和 WM2。WM1 孔位于河流冲刷带内，上覆岩层岩性以中粒砂岩和细粒砂岩为主；WM2 孔位于正常区域，上覆岩层岩性为砂质泥岩和细粒砂岩互层。WM1 孔和 WM2 孔冲洗液漏失量变化曲线如图 4-32 所示。

4. 5. 2. 1　WM1 孔冲洗液漏失量观测结果分析

图 4-32(a)为 12403 工作面 WM1 钻孔冲洗液漏失量变化曲线。通过该图并结合钻进过程中的“漏风”“掉钻”和“卡转”等现象可知，在钻探深度至 55. 80m 时，钻孔冲洗液漏失量开始急剧增加，在孔深 51. 20m 至 55. 80m 阶段，钻孔冲洗液消耗量从 0. 062L/(s · m)迅速飙升至 1. 5L/(s · m)；WM1 孔孔内水位则从 4. 2m 瞬间漏失至孔底 55. 80m，至此钻孔冲洗液全部漏失，将水泵提高到最大效率孔内也没有出现返水现象。经过综合分析判断，WM1 孔导水裂隙带顶点的孔深为 53. 95m，由于钻孔施工位置采前地面标高为

1294.39m，煤层底板标高为1177.55m，即1^{-2}煤层埋深为116.84m，WM1孔导水裂隙带高度为116.84-53.95=62.89(m)；按照煤层采高为2.47m计算，裂采比为25.46。

4.5.2.2 WM2孔冲洗液漏失量观测结果分析

图4-32(b)为12403工作面WM2钻孔冲洗液漏失量变化曲线。通过该图并结合现场观测资料可知，在钻探深度至75.20m时，钻孔冲洗液漏失量开始急剧增加，在孔深75.20m至79.20m阶段，钻孔冲洗液消耗量从0.046L/(s·m)迅速上升至0.07L/(s·m)，WM2孔内水位则从4.37m瞬间漏失至孔底79.20m，至此钻孔冲洗液全部漏失，将水泵提高到最大效率孔内也没有出现返水现象。经过综合分析判断，WM2孔导水裂隙带顶点的孔深为75.20m，由于钻孔施工位置采前地面标高为1294.39m，煤层底板标高为1188.85m，即1^{-2}煤层埋深为110.94m，WM2孔导水裂隙带高度为110.94-75.20=35.74(m)；按照煤层采高为2.04m计算，裂采比为17.52。

乌兰木伦井田12403工作面WM1孔和WM2孔处顶板导水裂隙带高度和裂采比相差较大，分析认为这是顶板岩性及组合结构影响的结果，这与相似材料模拟试验结果是一致的。

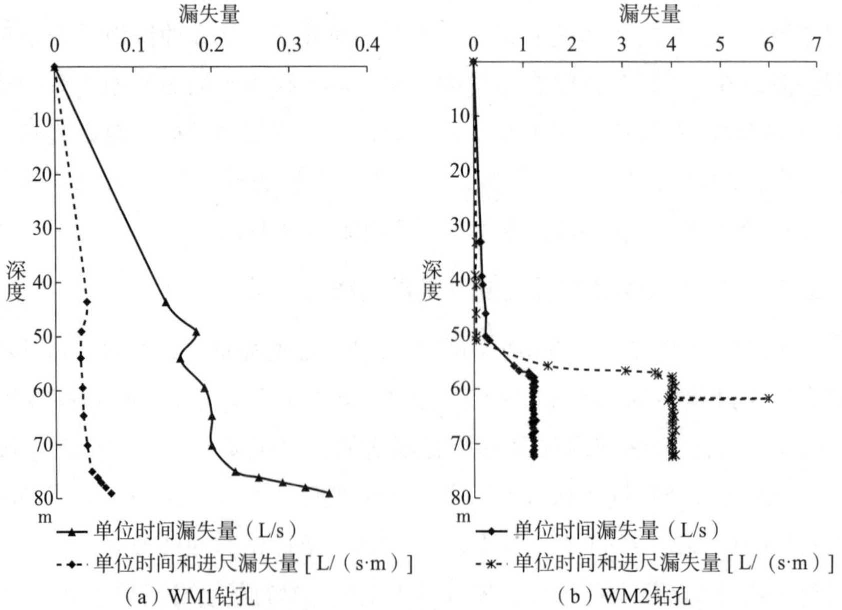

图4-32 12403工作面WM1孔和WM2孔冲洗液漏失量变化曲线

4.5.3 导水裂隙带高度计算模型及综合分析

物理模拟试验及钻孔冲洗液漏失量现场观测结果表明，西部矿区煤炭高强度开采条件下覆岩破坏形成冒落带和裂隙带的“两带”结构，导水裂隙带明显偏高。为确定西部矿区煤炭高强度开采下顶板导水裂隙带发育高度并指导后续生产工作，收集了西部矿区大量已探测确定的工作面覆岩采动导水裂隙带高度实测数据和物理模拟试验数据[49,132,165-168]，并进行非线性回归分析(见表4-7)。

表4-7 西部矿区导水裂隙带高度

矿名	工作面(钻孔)	开采煤层	采厚/m	导水裂隙带高度/m	裂采比	岩性	研究方法
乌兰木伦矿	12403(WM1)	1^{-2}煤	2.47	62.9	25.5	中硬	冲洗液漏失量
	12403(WM2)	1^{-2}煤	2.04	35.7	17.5	软弱	冲洗液漏失量
补连塔矿	31401(S19)	1^{-2}煤	4.4	153.9	35.0	坚硬	冲洗液漏失量
	31401(S21)	1^{-2}煤	4.4	140.5	31.9	中硬	冲洗液漏失量
	12406(BM1)	1^{-2}煤	4.4	74.0	16.8	中硬	冲洗液漏失量
	12406(BM2)	1^{-2}煤	4.4	89.5	20.4	中硬	冲洗液漏失量
活鸡兔矿	21201	1^{-2}煤	3.5	81	23.3	中硬	冲洗液漏失量
布尔台矿	23101	3^{-1}煤	3.0	146.0	48.6	坚硬	冲洗液漏失量
榆树湾矿	20102	2^{-2}煤	5.0	130.5	26.1	中硬	冲洗液漏失量
榆阳煤矿	2304(ZP1)	2^{-2}煤	3.5	84.8	24.2	中硬	冲洗液漏失量
	2304(ZP2)	2^{-2}煤	3.5	96.3	27.5	中硬	冲洗液漏失量
金鸡滩煤矿	101	2煤	5.5	108.6	19.7	中硬	冲洗液漏失量
转龙湾煤矿	23103	3煤	4.5	92.1	20.5	中硬	冲洗液漏失量
大柳塔矿	52306(DS2)	5^{-2}煤	7.0	137.32	19.6	中硬	冲洗液漏失量
李家塔煤矿	122中01	2煤	4.0	71.47	17.9	中硬	双端封堵测漏
李家壕煤矿	31308(D1)	3^{-1}煤	3.2	63.0	19.7	中硬	冲洗液漏失量
	31308(D2)	3^{-1}煤	3.2	65.9	20.6	中硬	冲洗液漏失量
补连塔矿	12406(BKS6)	1^{-2}煤	6.0	157.1	26.2	中硬	相似模拟试验
大柳塔矿	(63)	5^{-2}煤	6.6	153	23.2	中硬	相似模拟试验
大柳塔矿	(J60)	5^{-2}煤	6.6	129	19.5	软弱	相似模拟试验

将表 4-7 中各矿区工作面的顶板导水裂隙带高度数据进行拟合(软弱和坚硬覆岩的实测数据极少，未参与拟合)，建立神东矿区中硬覆岩条件下工作面开采顶板导水裂隙带发育高度计算模型：

$$H_f=-0.8446M^2+29.552M-12.925(\text{相关系数 } r=0.84) \tag{4-6}$$

根据《建筑物、水体、铁路及主要井巷煤柱留设与压煤开采规程》(以下简称《规程》)，中硬覆岩导水裂隙带计算公式为：

$$H_f=\frac{100\sum M}{1.6\sum M+3.6}\pm 5.6 \tag{4-7}$$

$$H_f=20\sqrt{\sum M}+10 \tag{4-8}$$

式(4-7)和或(4-8)中，$\sum M$ 为累计采厚，适用倾角为 0°~54°的煤层。

将收集的导水裂隙带高度与《规程》经验公式预计结果进行对比分析，发现现场实测和物理模拟试验得到的导水裂隙带高度要远大于《规程》中的经验公式预计结果，而且随着煤层采高的增加，实测值与预计值之间的误差不断增大，这表明现有《规程》中经验公式已不能适应西部矿区特殊煤岩层地质和大采高工艺条件下的导水裂隙带高度预计(见图 4-33)。

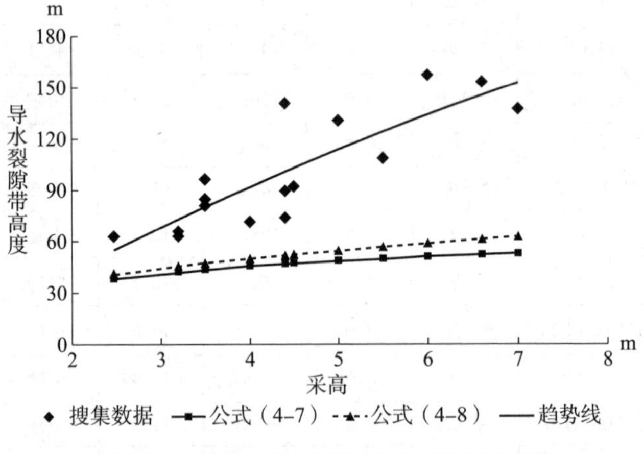

图 4-33 拟合公式与经验公式计算结果比较

我国东部矿区煤炭开采覆岩导水裂隙带发育高度一般不超过 15 倍采高，而西部侏罗系煤田裂采比普遍较大，某些矿区甚至达到了 30 倍以上。裂采比在我国东西部煤田出现这种明显的差异，主要与煤岩层结构及煤炭开采工艺有关。我国东部矿区主要为石炭—二叠系煤层，上覆岩层主要为砂岩、砂质泥岩等，以软弱—中硬岩石为主，且工作面斜长、采高等开采参数较小，不利于导水裂隙带发育；而西部矿区主要为侏罗系陆相含煤岩系，煤层覆岩主要为砂岩、粉砂岩，具有中硬或坚硬顶板的特点，岩石脆性好，且普遍采用超大工作面开采技术，有利于导水裂隙带发育。

目前，神东矿区大柳塔矿 1^{-2}煤层已基本采完，2^{-2}煤层也大部分采完，主采三盘区的 5^{-2}煤层，平均采高 7.0m，若采用一次采全高开采方法，由拟合公式(4-6)计算出顶板导水裂隙带高度约为 160.6m，远大于其距 2^{-2}煤层的平均间距 150m。因此，上述煤层开采必然会形成导水裂隙通道，造成松散含水层、基岩裂隙含水层及采空区积水渗漏流失。由此可见，以“堵截”为主要特征的保水开采技术不适用于大柳塔矿及具有类似煤岩层结构特征的神东矿区煤炭开采地下水资源保护，必须进行保水开采技术的创新。

4.6 本章小结

(1)神东矿区煤炭规模开采条件下覆岩破坏形成冒落带和裂隙带的“两带”结构，顶板导水裂隙带发育高度明显偏大，并受煤岩层结构所控制，周期来压步距大，采场矿压不因采深变浅而减小，反而出现异常强烈的矿压显现。

(2)由于煤层顶板岩体岩性及组合结构的不同，顶板岩体变形破坏、支承压力分布和位移变化规律各异，表现为岩性组合结构由砂岩类到砂岩—泥岩互层类时，顶板岩体整体强度由大变小明显，老顶岩层的初次垮落步距、周期垮落步距和冒裂带高度等采动变形破坏程度明显减小；工作面顶板超前支承压力亦呈现由大到小的变化，支承压力区影响范围减小，且支承压力峰值位置向煤壁深处转移；不同高度顶板岩层下沉位移曲线协调性变差，层间离层量变大，下沉位移差值亦增大。

(3)通过相似材料模拟试验对不同岩性—组合结构条件下上覆岩体整体破裂后裂隙率的分布规律进行研究，指出上覆岩层破裂后水平方向裂隙率呈“马鞍”形分布，开切眼和工作面煤壁上方附近的裂隙率较采空区中部大得多；垂直方向裂隙率随着距开采煤层高度的增加逐渐变小，且二者服从对数函数关系；上覆岩体强度越高，覆岩采动裂隙率越大，且岩层破断后与水平方向夹角越大、竖向破断裂隙的开度越大；砂岩组合结构顶板以竖向破断裂隙为主，而砂岩—泥岩互层组合结构顶板以层间离层裂隙为主。

(4)提出了上覆采空区下伏煤层开采突水危险性评价方法，将上覆采空区下伏煤层开采突水危险性划分为四类，即安全区(Ⅰ)、中等安全区(Ⅱ)、危险区(Ⅲ)和极危险区(Ⅳ)。物理模拟试验结果表明，大柳塔井田5^{-2}煤层一次采全高开采，层间有效隔水岩层厚度小于0，为突水极危险区，开采前应提前疏放采空区积水或改变采煤方法，以防止发生突水灾害。

(5)在大量现场实测和物理模拟试验数据的基础上，提出了适合西部矿区的导水裂隙带高度预测模型，该预计方法与《规程》中经验公式相比，更好地揭示了神东矿区特定的开采地质条件、煤岩层结构和开采工艺，补充和完善了我国《规程》中顶板导水裂隙带高度的确定方法。

5 浅部隔离煤柱对覆岩运移影响的物理模拟试验研究

5.1 概述

随着我国东部地区煤炭资源日渐枯竭，煤炭资源开发的战略重心将逐步西移。由于西部煤炭资源煤层埋藏浅、厚度大、上覆松散含水砂层，浅埋煤层开采覆岩结构破坏严重，极易发生突水溃砂地质灾害[169-170]，同时造成水资源流失，这不但严重威胁矿井安全生产，也进一步加剧了西部矿区原本脆弱的生态环境退化。因此，研究西部浅埋煤层开采覆岩运动及移动变形对煤矿安全开采和地下水资源保护具有重要意义。

长期以来，我国学者在浅埋煤层开采覆岩裂隙演化领域取得了丰硕的研究成果。侯恩科等[171]以红柳林煤矿浅埋近距离煤层群开采为例，对浅埋近距离煤层群下行开采的覆岩破坏特征及裂隙带发育高度进行了研究；王双明等[172]以榆神矿区曹家滩煤矿典型覆岩关键沉积特征为地质原型，采用 $FLAC^{3D}$数值方法模拟分析了厚砂岩厚度和位置分别对覆岩采动裂隙发育规律的影响；贾后省等[173]研究了浅埋深工作面上覆薄基岩纵向贯通裂隙的“张开—闭合”规律；潘瑞凯等[174]综合运用多种方法分析了神东矿区浅埋近距离双厚煤层开采覆岩移动与裂隙发育规律；尹光志等[175]利用三维相似模拟试验设备模拟了煤岩裂隙网络演化规律，得出了三维应力条件下裂隙网络的空间演化规律。然而，已有成果大多侧重工作面走向方向长壁开采覆岩破断及裂隙发育规律，而对工作面倾向方向的覆岩运移特征研究较少。基于此，本章采用相似材料模拟试验方法，分析工作面沿倾向开采过程中留设的隔离煤柱对覆岩垮落、移动变形的控制作用，理论计算煤柱的合理留设，对西部矿区安全开采与地下水资源保护具有重要的意义。

5.2 砂岩为主型覆岩采动破坏相似材料模拟试验

5.2.1 试验设计

砂岩为主型覆岩采动破坏相似材料模型(倾向方向)记为模型三，以神东矿区大柳塔煤矿 63#钻孔区域地层为基本原型，所选区域沿煤层倾向长 630m，高度为 246.3m，其地层结构、岩石力学性质、相似材料及配比、相似常数等与相似模型一是一致的，制作好的相似材料模型三见图 5-1。

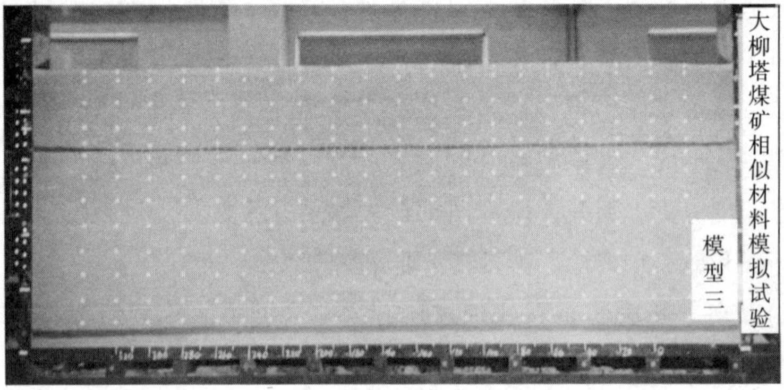

图 5-1 相似材料模型三

5.2.1.1 位移测点布置

为了分析上覆岩层的位移随工作面推进的变化情况，在煤层顶板中布置位移基点，来观测工作面开采过程中上覆岩层垂直和水平位移的变化情况。位移基点沿煤层上方共布设 13 层、20 列，从煤层顶部开始布置位移基点，第 1 列和第 20 列位移基点距离模型左右边界 30cm。位移测点和工作面布置见图 5-2，每层位移测点水平观测线对应的岩层情况见表 5-1。

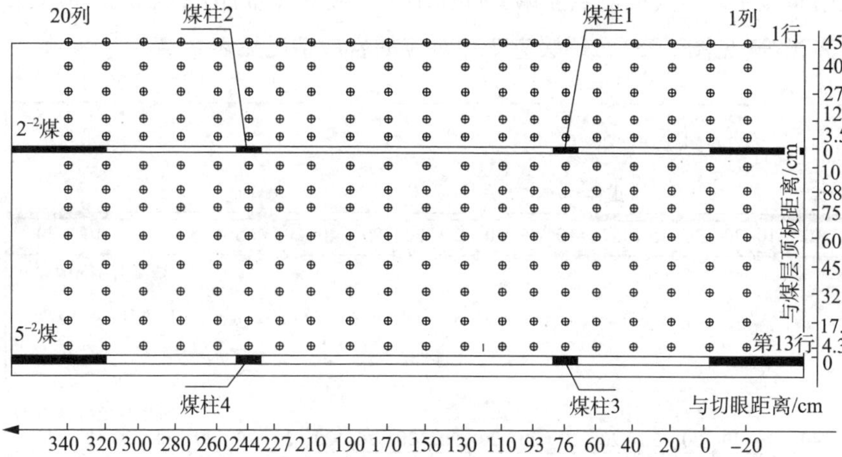

图 5-2 位移测点布置示意

表 5-1 岩层位移测点水平观测线布置高度

测线层位编号	所处岩层	距 2^{-2}煤顶板距离/m	距 5^{-2}煤顶板距离/m
1	粉砂岩	65.4	227.7
2	黏土岩	60.6	217.5
3	黏土岩	41.0	198.3
4	粉砂岩	18.9	176.4
5	粉砂岩	5.3	162.5
6	粉砂岩	—	151.8
7	粉砂岩	—	132.9
8	粉砂岩	—	113.0
9	细砂岩	—	91.1
10	中砂岩	—	69.0
11	粉细砂岩	—	48.3
12	中砂岩	—	25.8
13	中砂岩	—	6.5

5.2.1.2 应变片布置

为了观测煤层顶、底板在工作面回采期间的应变演化特征，在 5^{-2}煤层底板中布置第1行应变测点，在 5^{-2}煤层顶板中布置第2行应变测点，在 2^{-2}煤层底板中布置第3行应变测点。第1行和第3行应变片布置方式相同，应变片间隔距离相等(见图5-3)，每层应变片对应的岩层情况见表5-2。

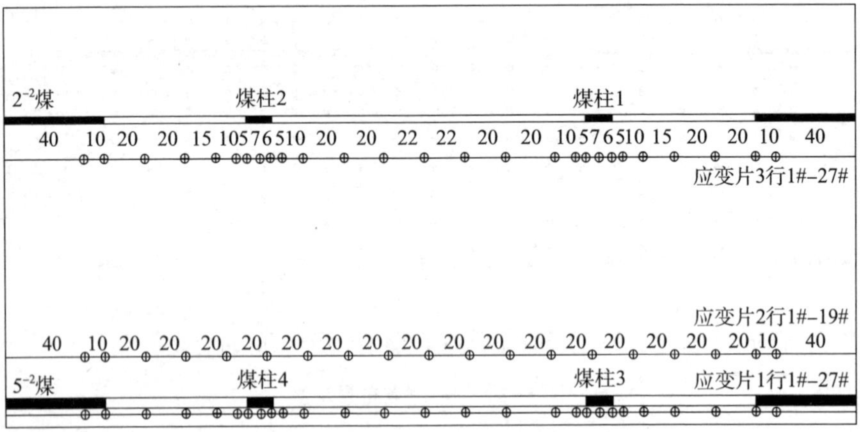

图5-3 应变片布置

表5-2 岩层应变测点水平观测线布置情况

测点层位编号	所处岩层	距煤层顶板距离/m
1	细砂岩	$-3(5^{-2}$煤)
2	中砂岩	$18(5^{-2}$煤)
3	粉砂岩	$-3(2^{-2}$煤)

5.2.1.3 测试仪器

煤岩体应变分布规律采用应变片测试，采用放顶煤实验室的7v14数据采集器来自动采集应变数据，数据文件存储到计算机中，便于日后分析。上覆岩层移动采用精度较高的电子经纬仪进行位移监测。

5.2.1.4 工作面回采程序设计

模型中2^{-2}煤布置3个工作面，从左向右各工作面的编号依次为2201、2202、2203，2201和2203工作面宽度70cm，2202工作面宽度154cm，工作面间的隔离煤柱宽度13cm。5^{-2}煤布置3个工作面，从左向右各工作面的编号依次为5201、5202、5203，5201和5203工作面宽度70cm，5202工作面宽度154cm，工作面间的隔离煤柱宽度13cm，与上煤层留设隔离煤柱对齐。先开采2^{-2}煤，待覆岩移动破坏稳定后，再开采5^{-2}煤。2^{-2}煤层一次采全高2.8cm，

5^{-2}煤层一次采全高4.4cm。跟踪拍摄开采过程中覆岩垮落图像，监测位移测点移动，并记录下应变片所采集的数据。

5.2.2 沿倾向开采覆岩破断规律

5.2.2.1 2^{-2}煤顶板初次垮落与周期垮落

(1)2201工作面沿倾向开采覆岩垮落。在至模型边界50cm(边界影响煤柱)处开挖5cm(对应原型值7.5m，以下尺寸均为原型值)作为开切眼。

图5-4为2201工作面开采过程中覆岩垮落图像，工作面开采至57.5m，直接顶初步垮落，垮落高度5.0m，垮落长度52m。随着工作面继续开采，覆岩离层间隙增大，竖向破断裂隙向上部岩层扩展。开采至82.5m时，基本顶破断，破断高度达31.5m，垮落长度达77.5m，最大离层裂缝值为2.5m。在开切眼与工作面端部处形成了竖向裂缝带，垮落的上部岩层在中部断裂，在两端则形成了铰接结构。随着工作面继续开采，层间离层裂缝和竖向破断裂隙持续向上部岩层发展。开采至105m时，覆岩破断高度达60.8m，最大离层裂缝进一步闭合，离层裂缝值为1.2m，离层裂缝宽度为37.5m。

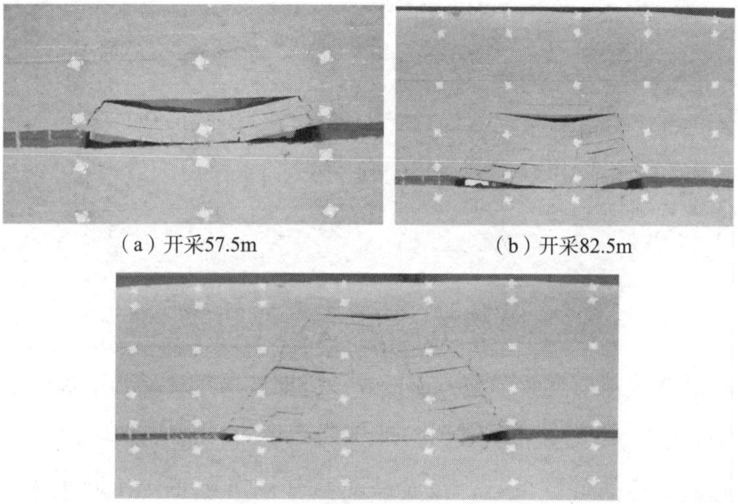

(a) 开采57.5m　(b) 开采82.5m

(b) 开采105m

图5-4 2201工作面开采过程中覆岩垮落特征

(2)2202 工作面沿倾向开采覆岩垮落。2201 工作面和 2202 工作面中间留设保护煤柱宽度为 20m。2202 工作面沿倾向开采 63m 时，顶板岩层初次垮落，破断高度为 14. 3m，最大离层裂缝值为 3. 3m(见图 5-5)。

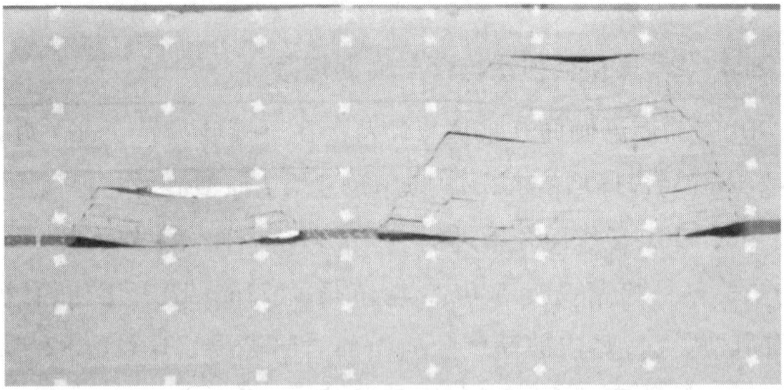

图 5-5　2202 工作面推进至 63m 时垮落图像

2202 工作面开采过程中，采空区中部裂隙在上覆岩层压实作用下逐渐闭合，层间离层裂缝和竖向破断裂隙逐渐向上部岩层扩展，当推进 97. 5m 时，顶板岩层第三次垮落，破断高度为 35. 5m，最大离层裂缝进一步闭合，离层裂缝值为 2. 3m(见图 5-6)。

图 5-6　2202 工作面开采至 97. 5m 时垮落图像

随着 2202 工作面继续开采，顶板继续周期性垮落，平均垮落步距 22. 5m。当工作面推进 135m 时，覆岩破断裂隙扩展到地表，地表呈现出塌陷坑(见图 5-7)。随着工作面继续推进，覆岩破断与开采沉陷范围不断扩大，开采至 230m 时，工作面停采，整个垮落空间呈不对称梯形，开切眼一侧岩层破断角为 64°，停采侧岩层破断角为 53°(见图 5-8)。

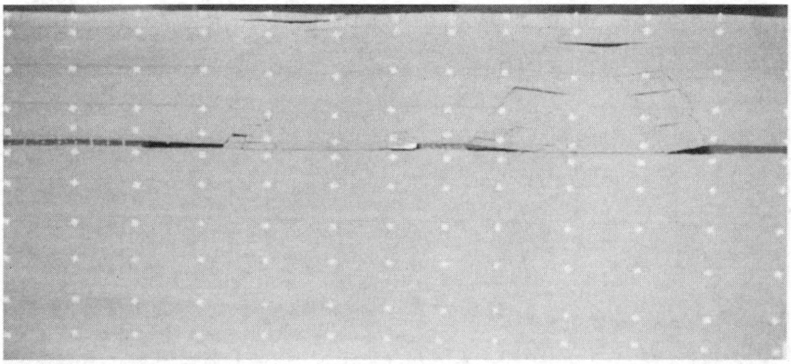

图 5-7　2202 工作面开采至 135m 时垮落图像

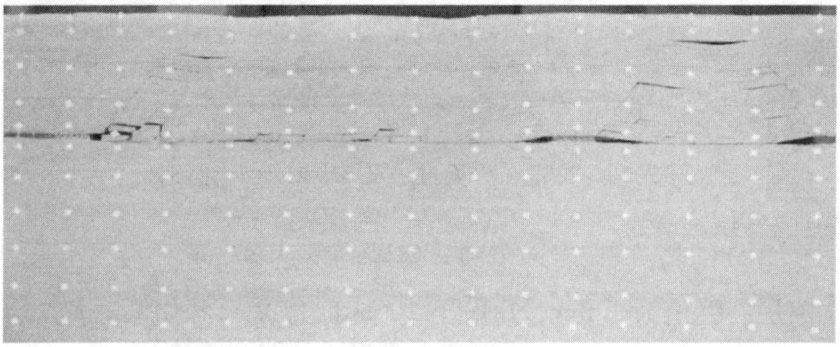

图 5-8　2202 工作面开采至 230m 时垮落图像

(3)2203 工作面沿倾向开采覆岩垮落。2202 工作面和 2203 工作面中间留设保护煤柱 20m。沿工作面倾向推进 62m 时，顶板岩层初次垮落，破断高度为 9.8m，最大离层裂缝值 3.0m(见图 5-9)。

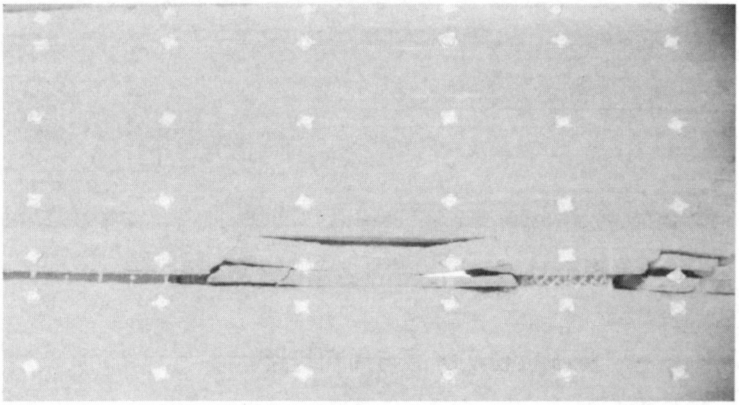

图 5-9　2203 工作面推进至 62m 时垮落图像

工作面推进至 82.5m 时，基本顶弯曲、破断，破断高度达 20.4m，最大离层裂缝值为 2.5m（见图 5-10）。

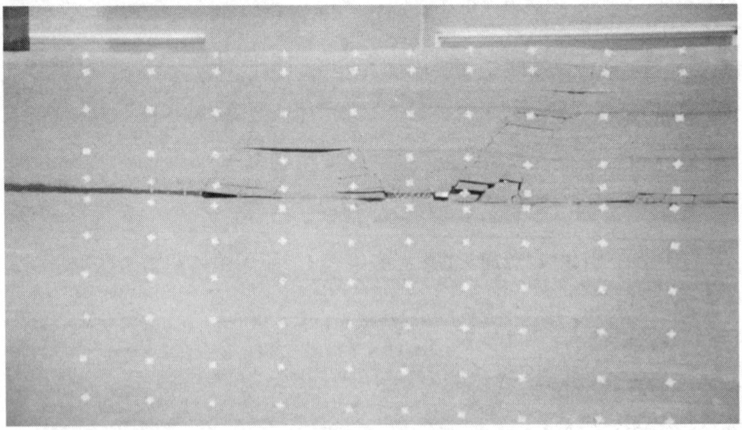

图 5-10 2203 工作面推进至 82.5m 时垮落图像

开采至 105m 时，顶板岩层破断，破断高度达 37.5m，最大离层裂缝进一步闭合，离层裂缝值为 1.8m。开采至 105m 时停采，开切眼一侧岩层破断角为 60°，开采侧岩层破断角为 51°，呈偏态断裂（见图 5-11）。

图 5-11 2203 工作面推进至 105m 时垮落图像

5.2.2.2 5^{-2}煤顶板初次垮落与周期垮落

（1）5201 工作面沿倾向开采覆岩垮落。5201 工作面推进至 26m 时，直接顶有纵向裂缝出现；当推进至 47m 时，顶板岩层纵向裂缝进一步增大，同时离层裂缝出现；当推进至 67.5m 时，直接顶初步垮落，垮落高度 9m，垮落长度 65m(见图 5-12)。

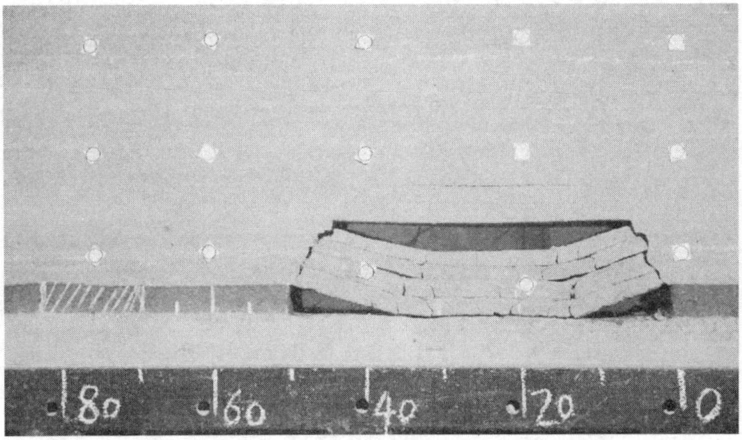

图 5-12　5201 工作面推进至 67.5m 时垮落图像

5201 工作面推进至 87m 时，出现较大范围的垮落，顶板岩层破断高度为 21m，其与上部未垮落岩层形成较大离层空间，采空区中部最大离层裂缝值为 4.5m(见图 5-13)。

图 5-13　5201 工作面推进至 87m 时垮落图像

工作面继续向前推进，离层裂隙和破断裂隙继续向上发展，当推进至 105m 时，再次出现较大范围垮落，顶板岩层破断高度为 35.5m。非充分采动条件下，覆岩垮落高度受到抑制(见图 5-14)。

图 5-14 5201 工作面推进至 105m 时垮落图像

（2）5202 工作面沿倾向开采覆岩垮落。5202 工作面推进至 85.5m 时，顶板岩层破断高度为 24m，垮落长度 19m，上部岩层形成悬臂梁结构（见图 5-15）。

图 5-15 5202 工作面推进至 85.5m 时垮落图像

随着工作面推进长度增大，覆岩垮落高度逐渐增加，当工作面推进至 105m 时，垮落高度达 35.5m，与上部未垮落岩层形成较大离层空间（见图 5-16）。

工作面继续开采，顶板周期垮落步距平均为 25m。推进 127.5m 时，覆岩垮落高度达 52m。推进 150m 时，覆岩垮落高度 61.5m（见图 5-17）。推进 172.5m 时，覆岩垮落高度 96.7m。当工作面推进至 195m 时，工作面顶板出现大面积垮落，但顶板岩层垮落高度较上次垮落并没有增加，采空区

图 5-16　5202 工作面推进至 105m 时垮落图像

中部裂隙逐渐压实，最大离层裂缝值减小至 2.1m(见图 5-18)。当工作面推进至 210m 时，上覆岩层出现大面积垮落，顶板岩层垮落高度为 125.3m。当工作面推进至 230m 时，覆岩垮落高度达 144.8m，采空区中部裂隙逐渐压实，两侧破断裂隙发育。开切眼一侧岩层破断角为 60°，停采侧岩层破断角为 54°(见图 5-19)。

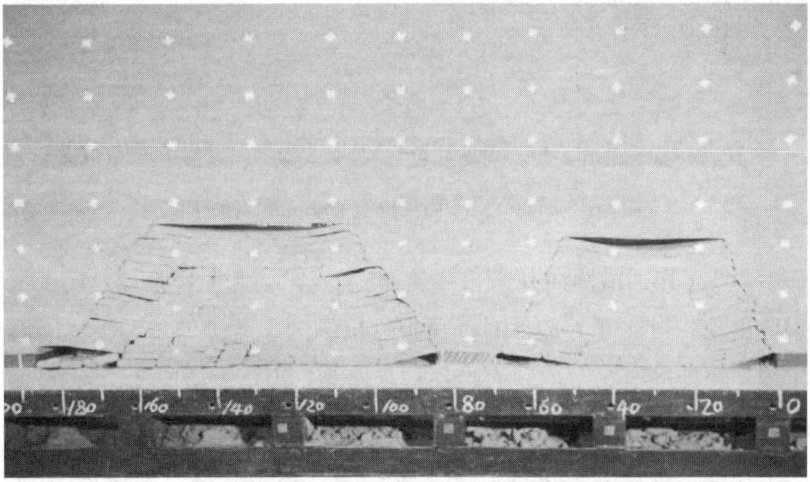

图 5-17　5202 工作面推进至 150m 时垮落图像

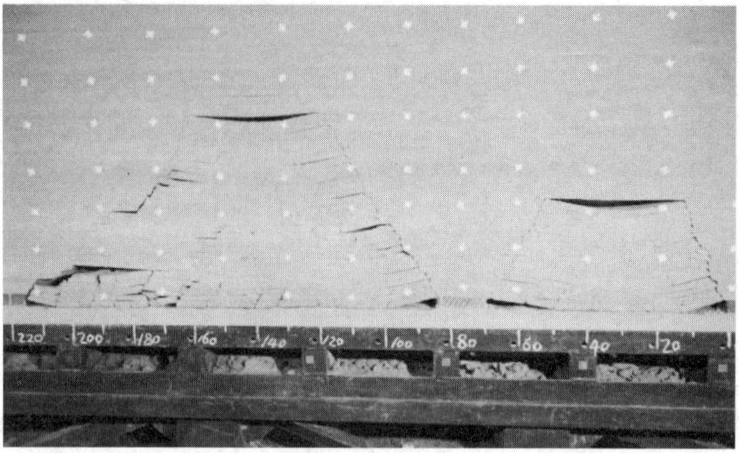

图 5-18　5202 工作面推进至 195m 时垮落图像

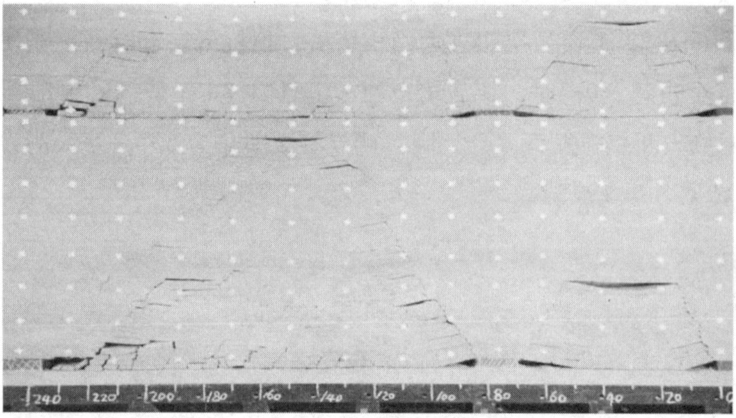

图 5-19　5202 工作面推进至 230m 时垮落图像

(3)5203 工作面沿倾向开采覆岩垮落。工作面推进 16m 时，直接顶有纵向微裂缝出现；当推进至 37m 时，顶板岩层纵向裂缝进一步增大，同时离层裂缝出现；当推进至 63m 时，直接顶初步垮落，垮落岩层厚 2.4m，垮落岩层长 61m(见图 5-20)。

当工作面推进至 82.5m 时，基本顶垮落，顶板岩层破断高度为 21.5m，与上部未破断岩层形成较大离层空间(见图 5-21)。

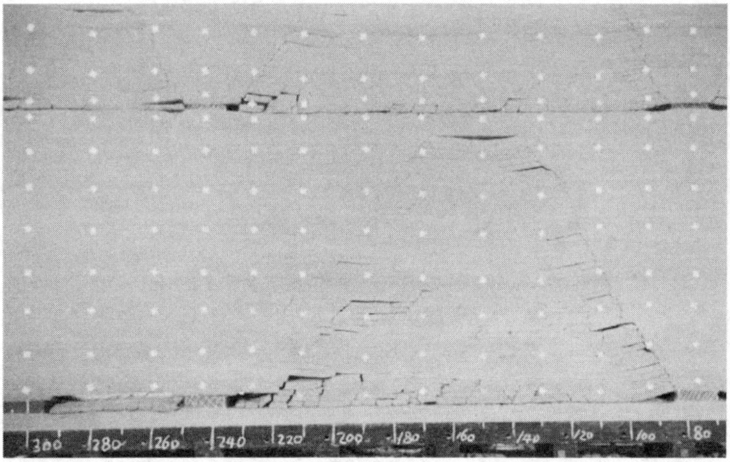

图 5-20 5203 工作面推进至 63m 时垮落图像

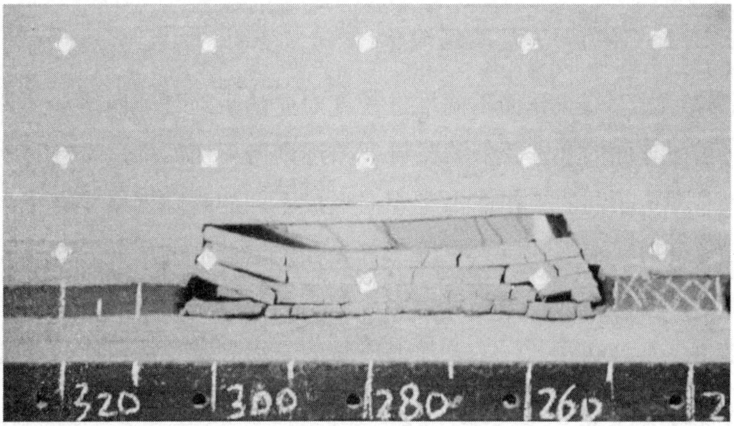

图 5-21 5203 工作面推进至 82.5m 时垮落图像

工作面继续向前推进，离层裂隙加大，并有向上发展的趋势。当推进至105m时，顶板岩层垮落，垮落高度为30m(见图5-22)。

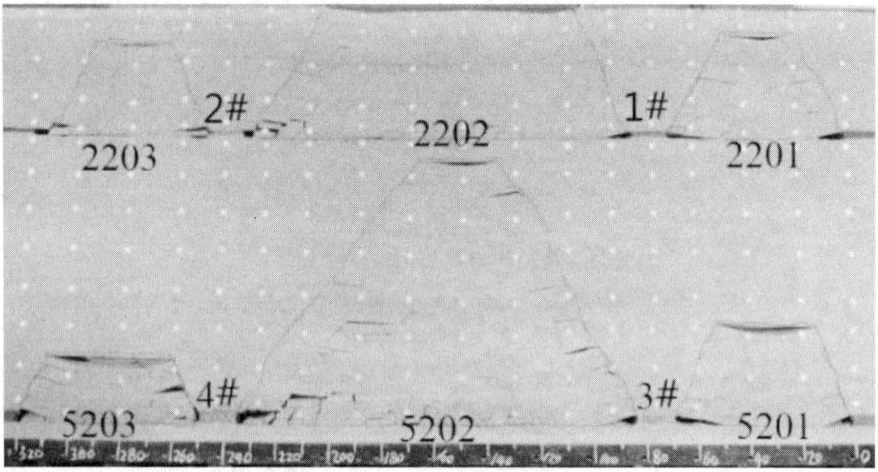

图5-22　5203工作面推进至105m时垮落图像

5.2.3　沿倾向开采覆岩裂隙场演化规律

5.2.3.1　采动覆岩裂隙场演化

图5-23为5^{-2}煤工作面不同推进长度对应的采动裂隙网络。从该图可以看出，随着工作面的推进，采动覆岩裂隙逐渐向工作面推进方向和上覆岩层方向扩展，对应不同的工作面推进距离形成不同的裂隙网络分布。当工作面推进一定距离时，在采动应力作用下首先在强度较低的层面开裂，竖向微小裂隙发育；随着工作面继续推进，原有的采动覆岩裂隙网络发生了变化，即开裂、扩展、弥合和张开，又叠加形成新的采动裂隙，从而使采动覆岩裂隙分布愈加复杂。当工作面停采且岩移基本稳定后，采空区中部离层基本闭合，裂隙富集区主要集中在前后煤壁。采空区倾向方向，工作面间存在20m宽的隔离煤柱，5201工作面与5203工作面被煤柱隔开而成为非充分开采单元；隔离煤柱有效地分隔了相邻工作面垮落空间的横向贯通，同时也抑制了垮落空间的纵向扩展，使得各工作面开采形成了彼此独立的垮落带。

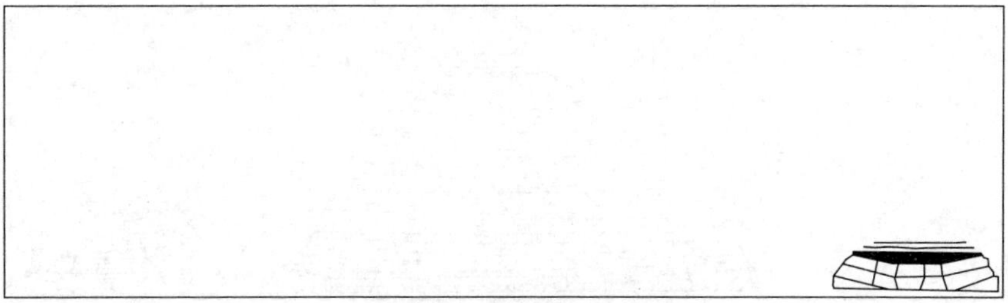

（a）5201工作面推进到75m

（b）5201工作面推进到105m

（c）5202工作面推进到87m

（d）5202工作面推进到110m

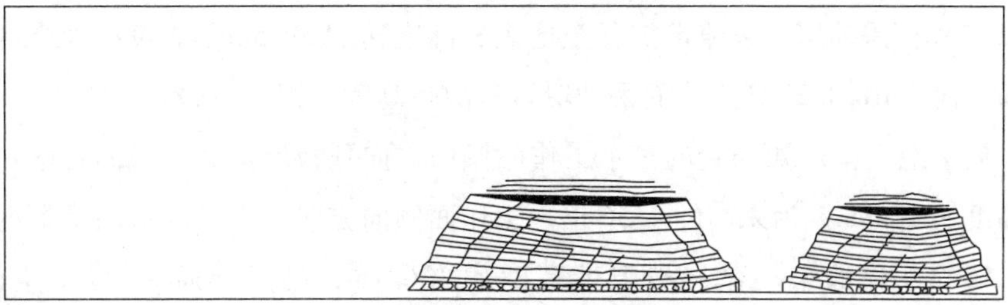

（e）5202工作面推进到160m

图 5-23　5^{-2}煤工作面不同推进长度对应的采动裂隙网络

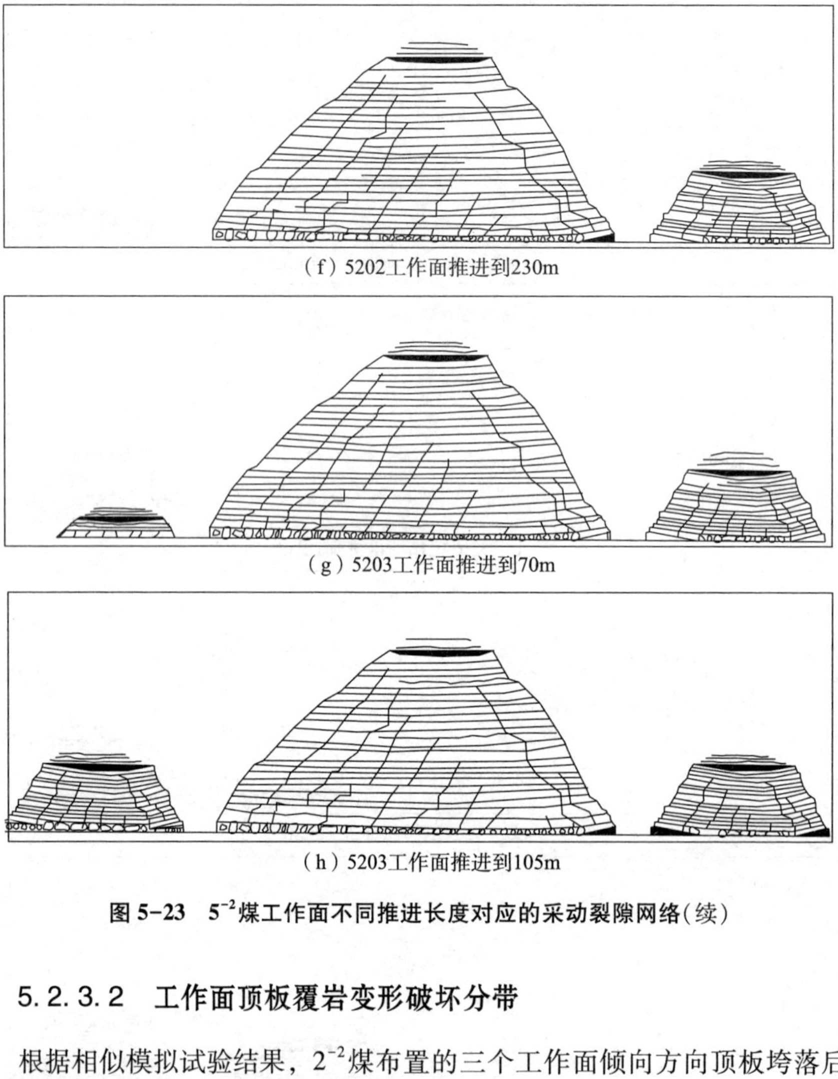

(f) 5202工作面推进到230m

(g) 5203工作面推进到70m

(h) 5203工作面推进到105m

图 5-23　5^{-2}煤工作面不同推进长度对应的采动裂隙网络(续)

5.2.3.2　工作面顶板覆岩变形破坏分带

根据相似模拟试验结果，2^{-2}煤布置的三个工作面倾向方向顶板垮落后形成的冒落带平均高度达11.0m，为采高的2.62倍。裂隙带发育高度情况不同，2202工作面采动覆岩裂隙带扩展至地表，高度达到59.5m，地表和采空区相连通；而2201和2203工作面采动覆岩裂隙带高度分别为40.8m、46.5m，均未扩展至地表。5^{-2}煤布置的三个工作面倾向方向顶板垮落后形成的冒落带平均高度达16.9m，为采高的2.56倍。工作面倾向方向裂隙带发育高度情况不同，5202工作面采动覆岩裂隙带高度达136.1m，已经导通2^{-2}煤采空区。5201和5203工作面采动裂隙带发育高度分别为28.1m、39.8m，均未导通上部采空区。

5.2.4 沿倾向开采上覆岩层移动规律

5.2.4.1 2^{-2}煤上覆岩层移动变形

2^{-2}煤和5^{-2}煤工作面沿倾向方向开采结束后，顶板岩层沉降曲线如图 5-24 所示。2^{-2}煤工作面沿倾向方向开采，各工作面上覆岩层沉降情况不同。2201 和 2203 工作面煤层开采为非充分采动，各行测点所在岩层沉降曲线呈“V”形，地表只发生较小沉降；2202 工作面煤层开采达到充分采动，各行测点所在岩层沉降曲线呈“U”形，地表发生较大沉降，如图 5-24(a)所示。5^{-2}煤沿倾向方向开采完后，2^{-2}煤顶板岩层下沉量变化较小，对 2202 工作面顶板岩层的影响很小，如图 5-24(b)所示。

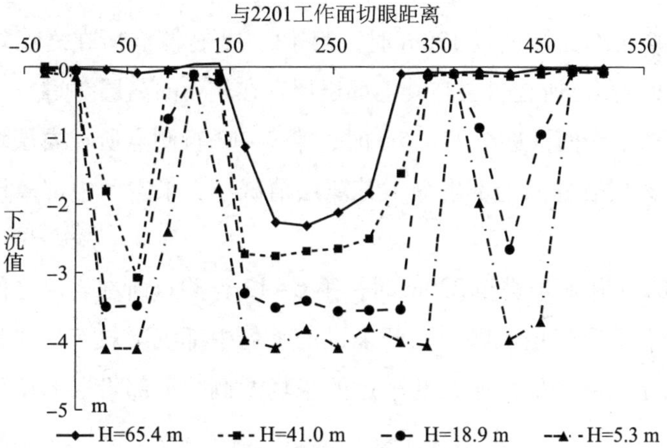

(a) 2^{-2}煤工作面沿倾向开采结束覆岩沉降曲线

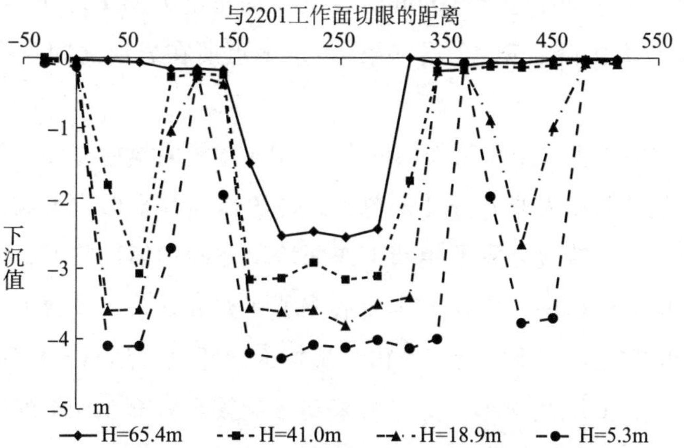

(b) 5^{-2}煤工作面沿倾向开采结束覆岩沉降曲线

图 5-24 2^{-2}煤和5^{-2}煤上覆岩层开采沉降曲线

5.2.4.2 5^{-2}煤上覆岩层移动变形

不同开采宽度上覆岩层沉降特点：图 5-25(a)、(b)~(e)、(f)分别为工作面推进到 105m(5201 工作面)，82.5m、120m、172.5m、230m(5202 工作面)，105m(5203 工作面)时的上覆岩层水平观测线的沉降曲线。

(1)5201 工做面推进至 105m 时，工作面正上方第 11~13 行测点所在岩层均发生较大沉降，第 11 层和第 10 层测点所在岩层之间存在较大的离层空间。

(2)5202 工作面推进至 82.5m 时，工作面正上方仅第 13 行测点所在岩层发生较大沉降，第 11、12 行测点所在岩层发生了基本协调一致的较小沉降。

(3)5202 工作面推进至 120m 时，第 12、13 行测点所在岩层均发生较大沉降，第 12 行测点所在岩层与其上部岩层存在较大的离层空间。

(4)5202 工作面推进至 172.5m 时，第 9~13 行测点所在岩层均发生较大沉降，最大离层裂缝向上部发展，其离层值减小，采空区中部离层裂隙基本接近闭合。

(5)5202 工作面推进至 230m 时，第 6~13 行测点所在岩层之间的离层裂隙渐趋闭合，上覆岩层沉降，在开采过的采场中部沉降较大，并且下部岩层的沉降均大于上部岩层，但在开采过的采场两侧，下部岩层的位移沉降小于上部岩层。

(6)5203 工做面推进至 105m 时，工作面正上方第 12、13 行测点所在岩层均发生较大沉降，第 12 层和第 11 层测点所在岩层之间存在较大的离层空间。

采区倾斜方向上，由于工作面间存在 20m 宽隔离煤柱，各工作面被一定宽度的煤柱隔开而成为非充分开采单元，各工作面开采形成了彼此独立的垮落带，隔离煤柱有效地分隔了相邻工作面垮落空间的横向贯通，同时也抑制了垮落空间的纵向扩展，使各工作面形成了非充分开采，导致上覆岩层下沉量较采区走向方向岩层下沉量小。由于工作面间留设的隔离煤柱的支撑作用，煤柱正上方覆岩下沉量很小，受煤层采动影响较小，第 6、14 列测点是相邻垮落空间覆岩沉降曲线的分界点。

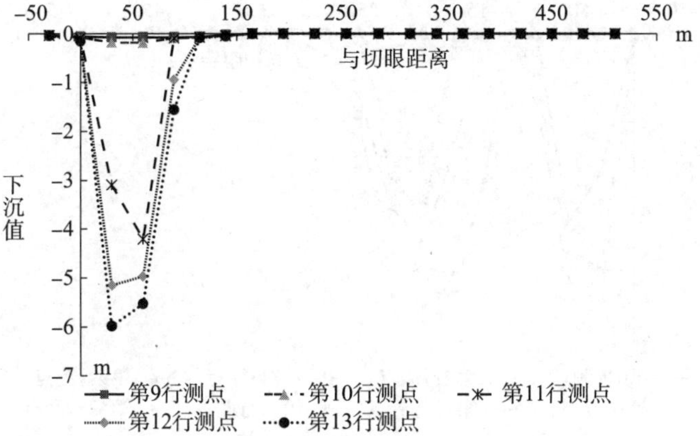

（a）5201工作面沿倾向推进105m时覆岩沉降曲线

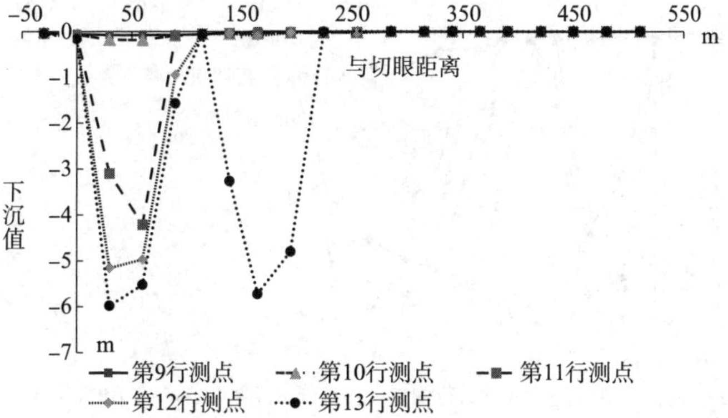

（b）5202工作面沿倾向推进82.5m时覆岩沉降曲线

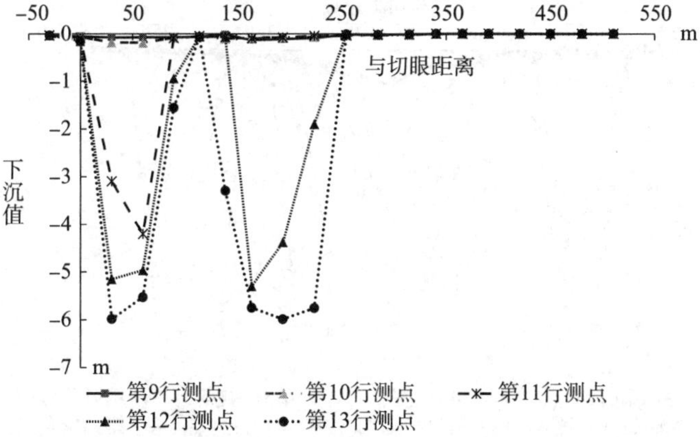

（c）5202工作面沿倾向推进120m时覆岩沉降曲线

图 5–25　5^{-2}煤工作面沿倾向推进过程中上覆岩层沉降曲线

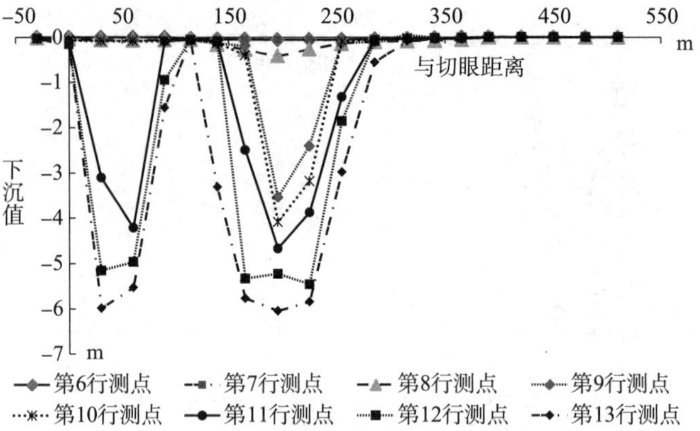

（d）5202工作面沿倾向推进172.5m时覆岩沉降曲线

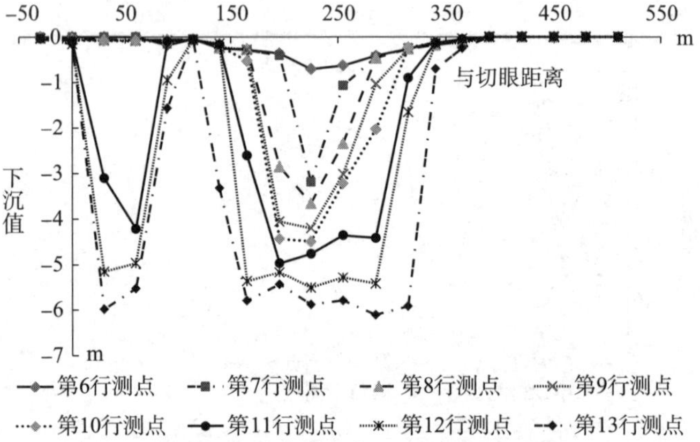

（e）5202工作面沿倾向推进230m时覆岩沉降曲线

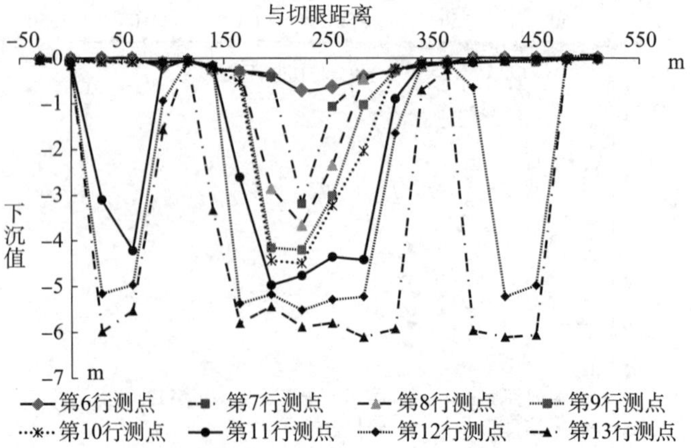

（f）5203工作面沿倾向推进105m时覆岩沉降曲线

图 5-25　5^{-2}煤工作面沿倾向推进过程中上覆岩层沉降曲线（续）

上覆岩层(冒落带除外)在采动过程中都会经历一个连续的动态下沉移动过程；且离煤层越远，移动过程越连续。而离煤层越近的覆岩冒落带，其下沉曲线越不规则。一般来说，上位岩层的下沉曲线基本协调一致；位于冒落带之下的覆岩其最大下沉值基本上是位于来压之处，而之上的覆岩冒落后，其最大下沉量基本上位于采空区的中部。随着开采的进行，上覆岩层距离煤层顶板高度的增加，可明显看出上部岩层沉降的水平范围逐渐缩小，中心点沉降的最大值也随高度增加而逐渐减小。

5.2.5 隔离煤柱应力变化及稳定性评价

5.2.5.1 2^{-2}煤开采对煤柱的影响

2201 工作面沿倾向开采时，煤柱 1 的支承压力随着工作面推进距离增加而呈增大趋势，但增大的速率不同。推进距离为 0~67.5m 时，该段应力缓慢上升，曲线斜率相对较小；推进距离为 67.5~105m 时，该段应力急剧上升，曲线斜率较大，最大应力集中系数约 2.11，如图 5-26 所示。分析原因认为，随着 2201 工作面开采进行，垮落范围增大，形成的压力拱增大，需要煤柱及其上部岩层承担的荷载不断增大，对煤柱稳定性影响也就越来越大。

2202 工作面沿倾向开采时，推进距离为 0~105m 时，煤柱 1 压应力持续缓慢增大，最大应力集中系数约 2.78，此后煤柱 1 压应力随着推进距离增大基本保持不变。

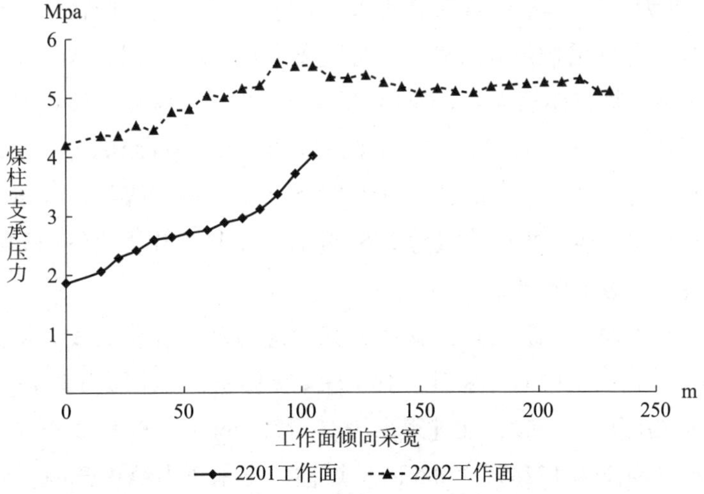

图 5-26 煤柱 1 随 2^{-2}煤工作面沿倾向开采时应力动态变化

图 5-27 为煤柱 2 应力动态变化图。2201 工作面沿倾向开采时，对煤柱 2 无影响，压应力基本保持不变。2202 工作面沿倾向开采时，推进距离为 0~172.5m 时，煤柱 2 压应力基本保持不变，略高于原岩应力；推进距离为 172.5~230m 时，煤柱 2 压应力急剧上升，此阶段最大应力集中系数约 2.21。2203 工作面沿倾向开采时，推进距离为 0~45m 时，煤柱 2 压应力持续急剧上升，此后煤柱 2 压应力集中系数稳定在 2.7 左右。

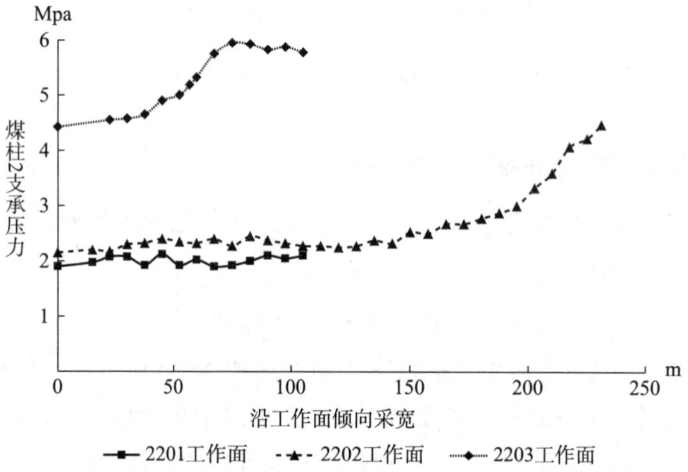

图 5-27　煤柱 2 随 2^{-2} 煤工作面沿倾向开采时应力动态变化

5.2.5.2　5^{-2} 煤开采对煤柱的影响

图 5-28 为煤柱 1 随 5^{-2} 煤工作面开采时应力动态变化曲线。从该图可以看出，5201 工作面沿倾向开采时，推进距离为 0~67.5m 时，煤柱 1 支承压力基本保持不变；推进距离为 67.5~105m 时，煤柱 1 支承压力缓慢升高，最大应力集中系数为 2.76。5202 工作面沿倾向开采时，推进距离为 0~82.5m 时，煤柱 1 支承压力平缓上升；推进距离为 82.5~230m 时，煤柱 1 支承压力略有下降后保持稳定，应力集中系数为 2.63 左右。5203 工作面沿倾向开采时，煤柱 1 应力集中系数下降到 2.39 左右。

图 5-29 为煤柱 2 随 5^{-2} 煤工作面开采时应力动态变化曲线。从该图可以看出，5201 工作面沿倾向开采时，对煤柱 2 无影响，支承压力基本保持不变。5202 工作面沿倾向开采时，推进距离为 0~172.5m 时，煤柱 2 压应力基本保持不变；推进距离为 172.5~230m 时，煤柱 2 支承压力缓慢升高。5203 工作面沿倾向开采时，煤柱 2 支承压力持续缓慢降低。

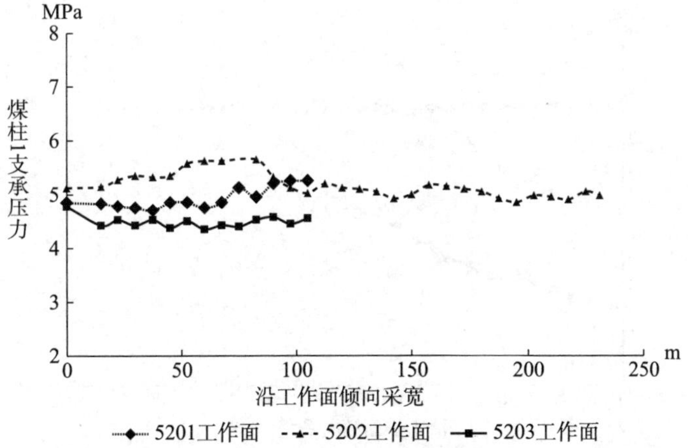

图 5-28　煤柱 1 随 5^{-2}煤工作面沿倾向开采时应力动态变化

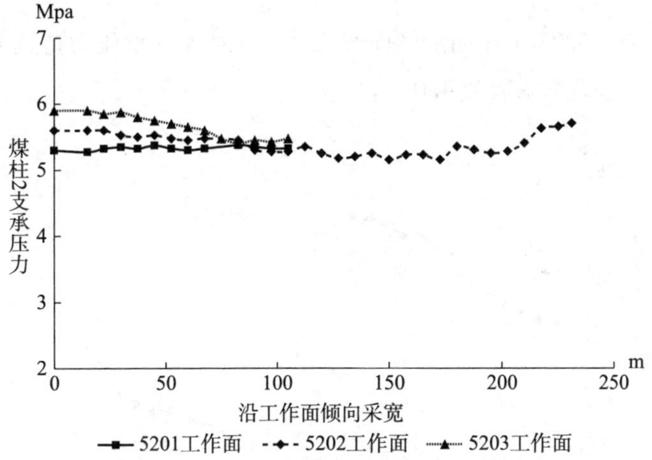

图 5-29　煤柱 2 随 5^{-2}煤工作面沿倾向开采时应力动态变化

图 5-30 为煤柱 3 随 5^{-2}煤工作面开采时应力动态变化曲线。5201 工作面沿倾向开采时，煤柱 3 支承压力持续升高，最大应力集中系数为 2.26。5202 工作面沿倾向开采时，推进距离为 0~97.5m 时，煤柱 3 支承力呈增大趋势；推进距离为 97.5~230m 时，煤柱 3 支承压力基本保持不变，应力集中系数稳定在 3.66 左右。5203 工作面沿倾向开采时，煤柱 3 的支承压力基本保持不变。

图 5-31 为煤柱 4 随 5^{-2}煤工作面开采时应力动态变化曲线。5201 工作面沿倾向开采时，煤柱 4 支承压力基本保持不变，处于原岩应力状态。5202 工作面沿倾向开采时，推进距离为 0~105m 时，煤柱 4 压应力仍维持在原岩应力状态；推进距离为 105~230m 时，煤柱 4 支承压力持续增大，最大应力集

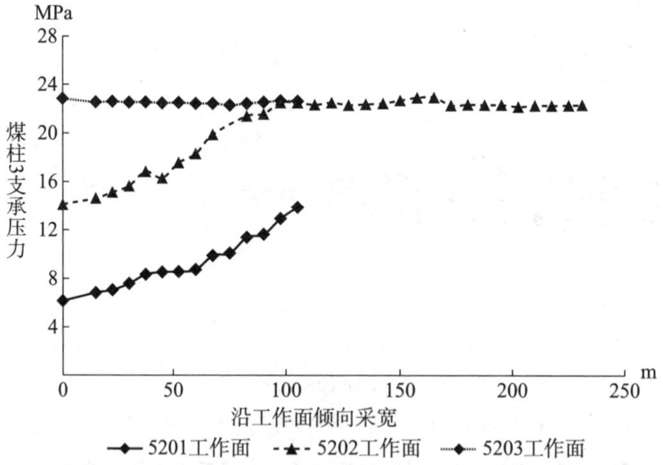

图 5-30　煤柱 3 随 5^{-2}煤工作面沿倾向开采时应力动态变化

中系数为 2.45。5203 工作面沿倾向开采时，煤柱 4 支承压力持续升高，5^{-2}煤开采结束时应力集中系数为 4.0。

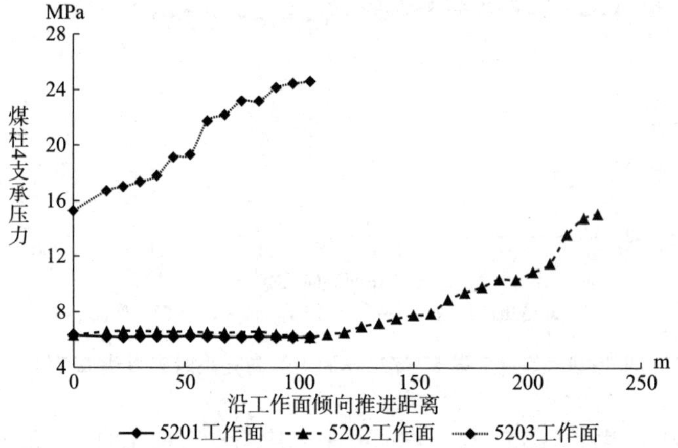

图 5-31　煤柱 4 随 5^{-2}煤工作面沿倾向开采时应力动态变化

5.3　砂—泥岩互层型覆岩采动破坏相似材料模拟试验

5.3.1　试验设计

砂—泥岩互层型覆岩采动破坏相似材料模型(倾向方向)记为模型四，以神东矿区大柳塔煤矿 60#钻孔区域地层为基本原型，所选区域沿煤层倾向长 630m，高度为 264m，其地层结构、岩石力学性质、相似材料及配比、相似常数等与相似模型二是一致的，制作好的相似材料模型四见图 5-32。

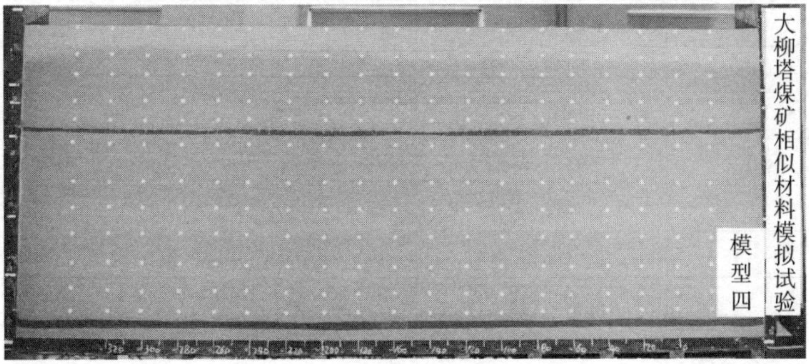

图 5-32 相似材料模型四

5.3.1.1 位移测点布置

为了分析上覆岩层的位移随工作面推进的变化情况，在煤层顶板中布置位移基点，来观测工作面开采过程中上覆岩层垂直和水平位移的变化情况。位移基点沿煤层上方共布设 12 层、19 列，从煤层顶部开始布置位移基点，第 1 列和第 19 列位移基点距离模型左右边界 30cm。位移测点和工作面布置见图 5-33，每层位移测点水平观测线对应的岩层情况如表 5-3 所示。

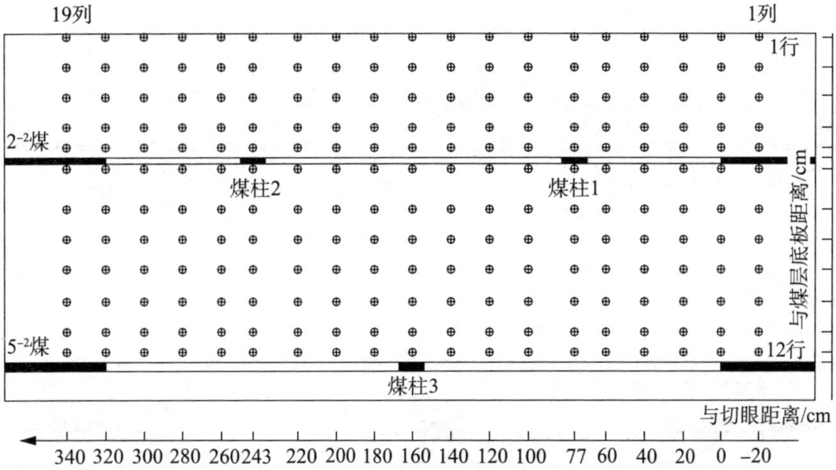

图 5-33 位移测点布置示意

表 5-3　岩层位移测点水平观测线布置情况

测线层位编号	所处岩层	距 2^{-2}煤顶板距离/m	距 5^{-2}煤顶板距离/m
1	松散层	90	241.5
2	松散层	67.5	220.5
3	砂质泥岩	45	198
4	泥岩	22.5	175.5
5	细砂岩	7.5	160.5
6	砂质泥岩	—	142.5
7	粉砂岩	—	112.5
8	泥岩	—	90
9	细砂岩	—	67.5
10	砂质泥岩	—	45
11	粉砂岩	—	22.5
12	粉砂岩	—	7.5

5.3.1.2　应变片布置

为了观测煤层顶、底板在工作面回采期间的应变变化情况，在 5^{-2}煤层底板中布置第 1 行应变测点，在 5^{-2}煤层顶板中布置第 2 行应变测点，在 2^{-2}煤层底板中布置第 3 行应变测点，在 2^{-2}煤层顶板中布置第 4 行应变测点，布置情况见图 5-34 和表 5-4。

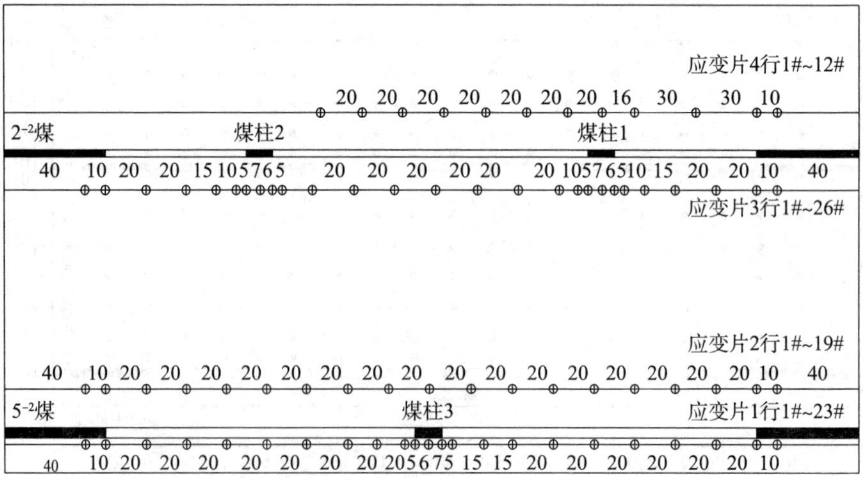

图 5-34　应变片布置

表 5-4　岩层应变测点水平观测线布置情况

测点层位编号	所处岩层	距煤层顶板距离/m
1	细砂岩	-3(5^{-2}煤)
2	中砂岩	18(5^{-2}煤)
3	粉砂岩	-3(2^{-2}煤)
4	泥岩	15(2^{-2}煤)

5.3.1.3　测试仪器

煤岩体应变分布规律采用应变片测试，采用放顶煤实验室的 7v14 数据采集器来自动采集应变数据，数据文件存储到计算机中，便于日后分析。上覆岩层移动采用精度较高的电子经纬仪进行位移监测。

5.3.1.4　工作面回采程序设计

模型中 2^{-2}煤布置 3 个工作面，从左向右各工作面的编号依次为 2204、2205、2206，2204 和 2206 工作面宽度 70cm，2205 工作面宽度 154cm，工作面间的隔离煤柱 1、煤柱 2 宽度 13cm。5^{-2}煤布置 2 个工作面，从左向右各工作面的编号依次为 5204、5205，5204 和 5205 工作面宽度 153. 5cm，工作面间的隔离煤柱 3 宽度 13cm，与煤柱 1 水平错距为 84cm。先开采 2^{-2}煤，待覆岩移动稳定后，再开采 5^{-2}煤。2^{-2}煤层一次采全高 2. 8cm，5^{-2}煤层一次采全高 4. 4cm。跟踪拍摄开采过程中覆岩垮落图像，监测位移测点移动，并记录下应变片所采集的数据。

5.3.2　沿倾向开采覆岩破断规律

5.3.2.1　2^{-2}煤顶板初次垮落与周期垮落

(1)2204 工作面沿倾向开采覆岩垮落。工作面推进 16m 时，直接顶有纵向裂缝出现；当推进至 27m 时，顶板岩层纵向裂缝进一步增大，同时离层裂缝出现；推进至 52. 5m 时，直接顶初步垮落，垮落厚度 3. 2m，垮落长度 50m(见图 5-35)。

工作面继续向前推进，顶板岩层离层间隙增大，竖向破断裂隙向上部岩层延伸。推进至 75m 时，基本顶弯曲、破断，破断高度达 15m，最大离层裂缝值为 2. 7m，在近切眼与工作面端部处产生了竖向裂缝，垮落的上部岩层在中部断裂，垮落岩层在两端形成铰接结构(见图 5-36)。

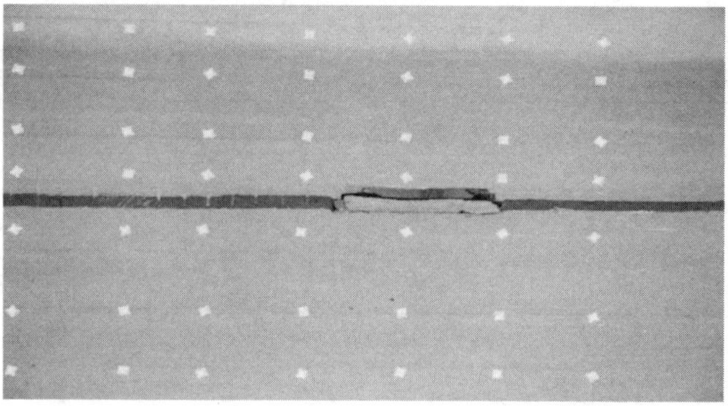

图 5-35　2204 工作面推进至 52.5m 时垮落图像

图 5-36　2204 工作面推进至 75m 时垮落图像

工作面推进至 90m 时，顶板大面积垮落，破断高度向上部发展到 31m。推进至 105m 时，顶板及松散层沿全厚切落，最大离层裂缝闭合，地表出现塌陷裂缝，采空区中部裂隙在上覆岩层作用下逐渐被压实，采空区边界附近覆岩裂隙较发育(见图 5-37)。

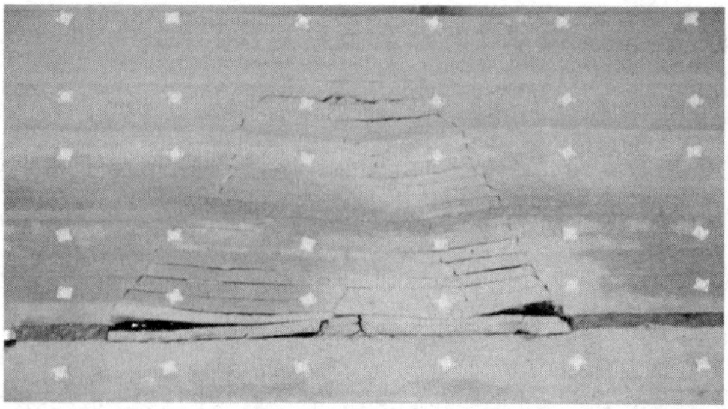

图 5-37　2204 工作面推进至 105m 时垮落图像

(2)2205 工作面沿倾向开采覆岩垮落。2204 工作面和 2205 工作面中间留设隔离煤柱宽度为 20m。2205 工作面沿倾向推进 56m 时，直接顶岩层初步垮落，垮落岩层厚度 3.2m(见图 5-38)。

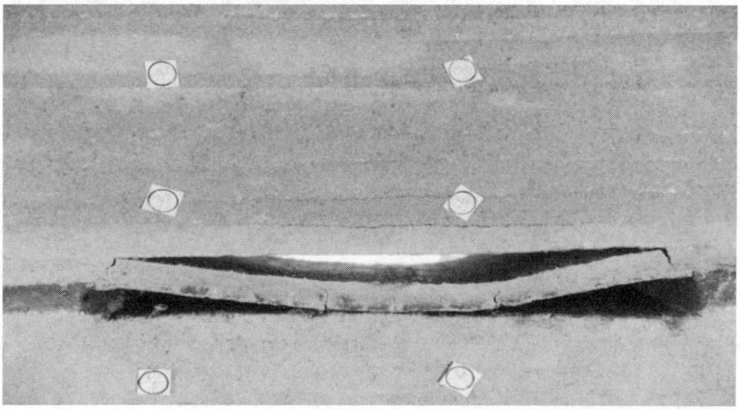

图 5-38　2205 工作面推进至 56m 时垮落图像

工作面推进至 63m 时，直接顶悬臂岩梁在老顶岩层荷载和自重作用下弯曲下沉、破断而产生最大离层裂隙，垮落岩层总厚度 5.2m，上部岩层出现层间离层裂缝和竖向微裂缝(见图 5-39)。

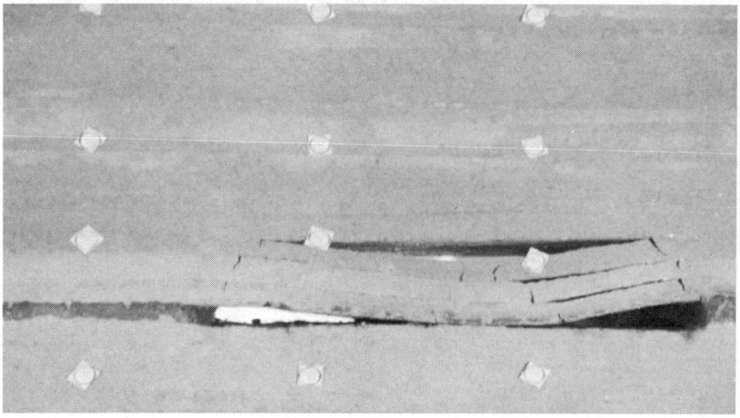

图 5-39　2205 工作面推进至 63m 时垮落图像

工作面推进 73m 时，上部离层岩层在中部断裂，基本顶初次垮落，垮落长度 70m，垮落高度为 22m。工作面沿倾向推进到 90m 时，基本顶向上发生第二次垮落，覆岩垮落高度为 30m，垮落总长度 69.5m(见图 5-40)。

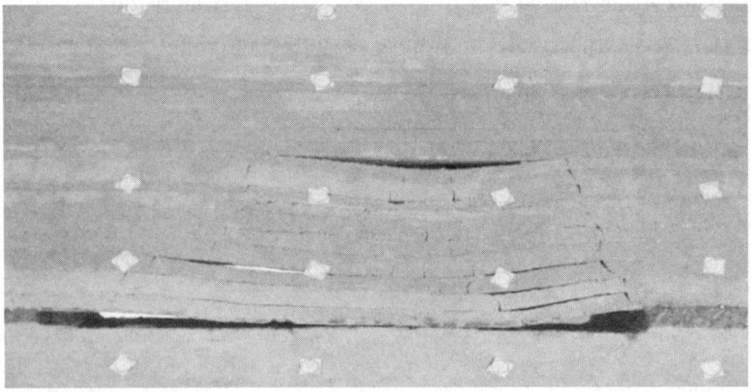

图 5-40　2205 工作面推进至 90m 时垮落图像

当推进 108m 时，顶板岩层发生新的垮落，基岩层全部垮落，岩层间最大离层裂缝闭合，松散层出现整体沉陷，裂缝带发展至地表，地表和采空区连通，地表产生裂缝和塌陷(见图 5-41)。

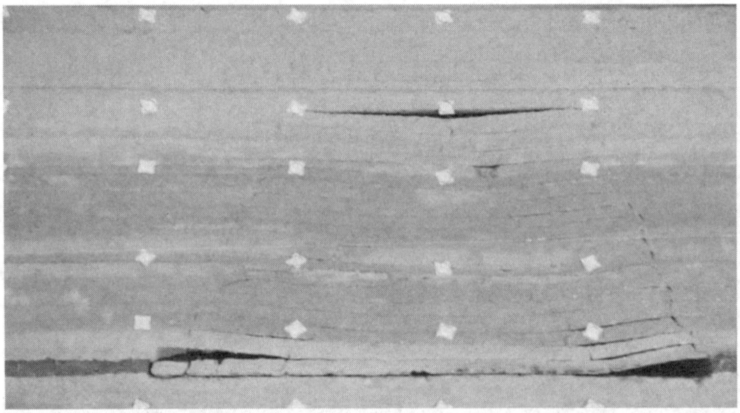

图 5-41　2205 工作面推进至 108m 时垮落图像

工作面沿倾向推进至 120m 时，裂缝带发展至地表，地表和采空区连通，地表产生裂缝和塌陷(见图 5-42)。

此后工作面每推进 12~18m，顶板基岩发生一次沿全厚切落，直接波及地表。随着工作面沿倾向继续推进，地表的影响范围不断扩大，下沉值不断增加，当工作面推进至 230m 时停采(见图 5-43)。

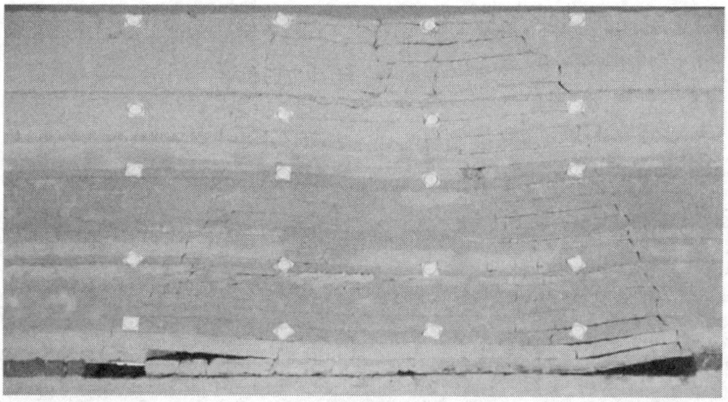

图 5-42　2205 工作面推进至 120m 时垮落图像

图 5-43　2205 工作面推进至 230m 时垮落图像

(3)2206 工作面沿倾向开采覆岩垮落。2205 工作面和 2206 工作面中间留设保护煤柱宽度为 20m。2206 工作面沿倾向推进 55m 时，直接顶岩层初步垮落，垮落岩层厚度 4.2m，垮落长度 51m(见图 5-44)。

图 5-44　2206 工作面推进至 55m 时垮落图像

工作面推进至71m时，基本顶弯曲、破断，破断高度达13m，垮落长度70m，采空区中部最大离层裂缝值为3.1m(见图5-45)。

图5-45　2206工作面推进至71m时垮落图像

工作面沿倾向继续向前推进，采空区中部裂隙在上覆岩层作用下逐渐被压实，在进风巷和回风巷附近覆岩裂隙较发育，且层间离层裂缝和竖向破断裂隙逐渐向上部岩层发展，最大离层量减小至2.3m(见图5-46)。

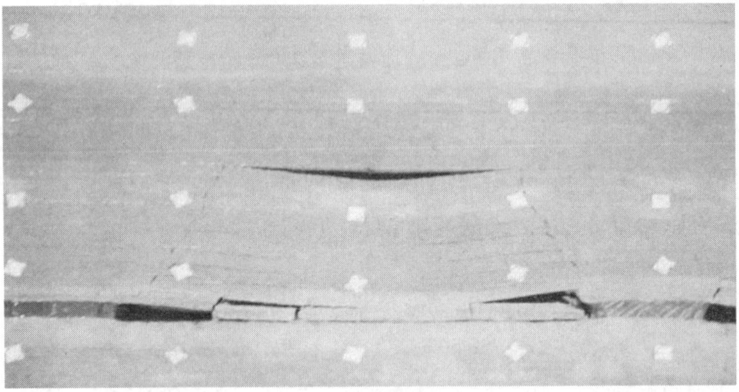

图5-46　2206工作面推进至86m时垮落图像

工作面沿倾向推进至101m时，顶板基岩发生全厚切落，裂缝带发展至地表，地表出现塌陷坑和地裂缝，和采空区相连通。推进105m时停采(见图5-47)。

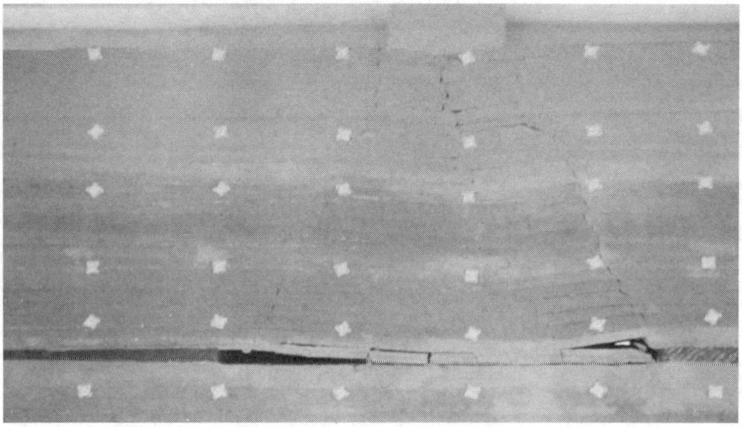

图 5-47　2206 工作面推进至 105m 时垮落图像

5.3.2.2　5^{-2}煤顶板的初次垮落与周期垮落

(1)5204 工作面沿倾向开采覆岩垮落。工作面推进 20m 时，直接顶有纵向裂缝出现；当推进至 37m 时，顶板岩层纵向裂缝进一步增大，同时离层裂缝出现；当推进至 54m 时，直接顶初步垮落，垮落岩层厚度 2.6m，垮落体长度 52m(见图 5-48)。

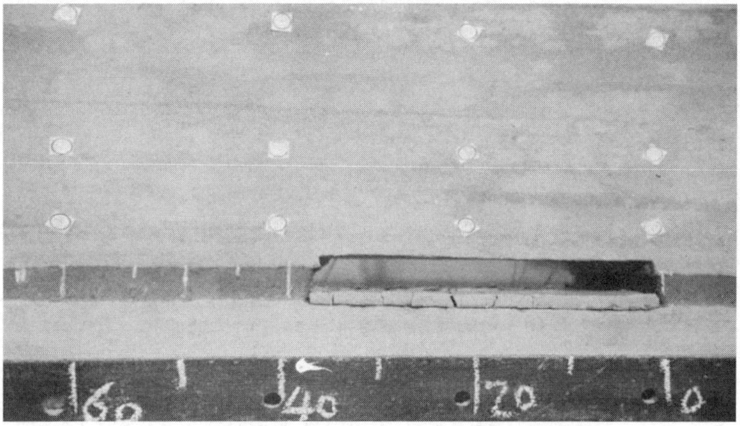

图 5-48　5204 工作面推进至 54m 时垮落图像

工作面沿倾向继续推进到 67m 时，直接顶第二次垮落，顶板岩层垮落总厚度约 5m，垮落体总长度 65m(见图 5-49)。

图 5-49　5204 工作面推进至 67m 时垮落图像

当工作面推进至 79m 时，老顶岩层在上部岩层荷载和自重作用下弯曲下沉而破断，发生大面积垮落，破断高度向上发展到 22m，采空区中部最大离层裂缝量为 3.5m(见图 5-50)。

图 5-50　5204 工作面推进至 79m 时垮落图像

工作面沿倾向推进至 105m 时，上覆岩层垮落继续向上发展，岩层破断高度达 63m，垮落体长度 103m，最大离层裂缝量 3.2m，开采侧岩层断裂角 60°(见图 5-51)。

工作面沿倾向推进至 127m 时，工作面上覆岩层垮落，总垮落高度没有增加，岩层破断高度仍为 63m，垮落长度 122m，最大离层裂缝量 3.0m，开采侧岩层断裂角 54°(见图 5-52)。

图 5-51 5204 工作面推进至 105m 时垮落图像

图 5-52 5204 工作面推进至 127m 时垮落图像

工作面沿倾向推进至 144m 时，工作面上覆岩层垮落，总垮落高度没有增加，岩层破断高度仍为 63m，垮落长度 140m，最大离层裂缝量减小至 2.6m，开采侧岩层断裂角 55°，离层裂缝向上部发展(见图 5-53)。

图 5-53 5204 工作面推进至 144m 时垮落图像

工作面沿倾向推进至161m时，上覆岩层大面积垮落，岩层破断高度向上发展到102m，垮落总长度159m，最大离层裂缝量减小至1.7m，开采侧岩层断裂角55°，离层裂缝向上部发展(见图5-54)。

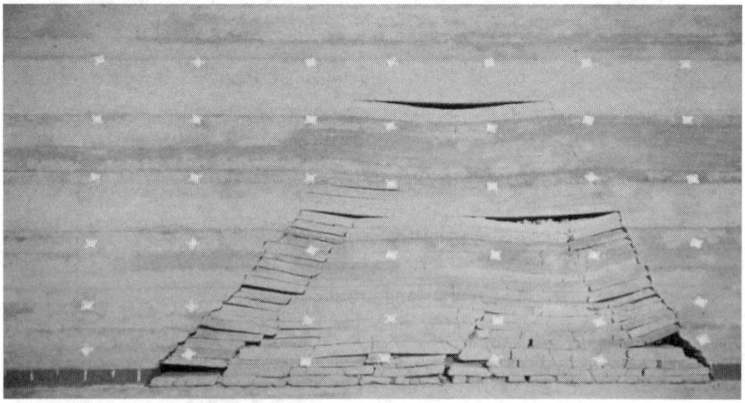

图5-54　5204工作面推进至161m时垮落图像

工作面沿倾向推进至205m时，工作面上开采侧上覆岩层发生新的垮落，总垮落高度较上次垮落没有增加，垮落总长度203m(见图5-55)。

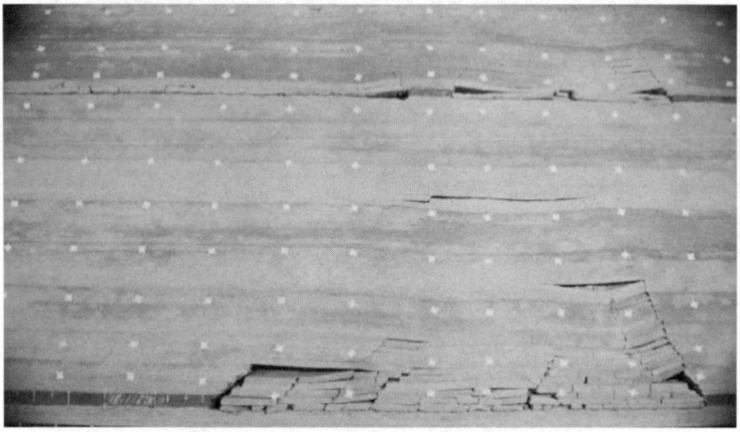

图5-55　5204工作面推进至205m时垮落图像

当工作面沿倾向推进至220m时，工作面上开采侧上覆岩层发生新的垮落，总垮落高度较上次垮落没有增加。工作面推进至230m时停采(见图5-56)。

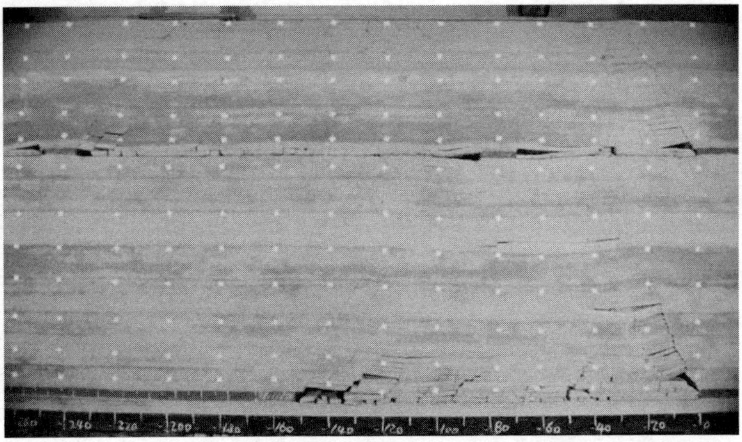

图 5-56　5204 工作面推进至 230m 时垮落图像

(2)5205 工作面沿倾向开采覆岩垮落。当工作面开采至 60m 时，煤层直接顶板发生初次来压，垮落体长度为 57m，垮落体高度 2. 9m，工作面切眼处与开采煤壁位置发育竖向裂隙(见图 5-57)。

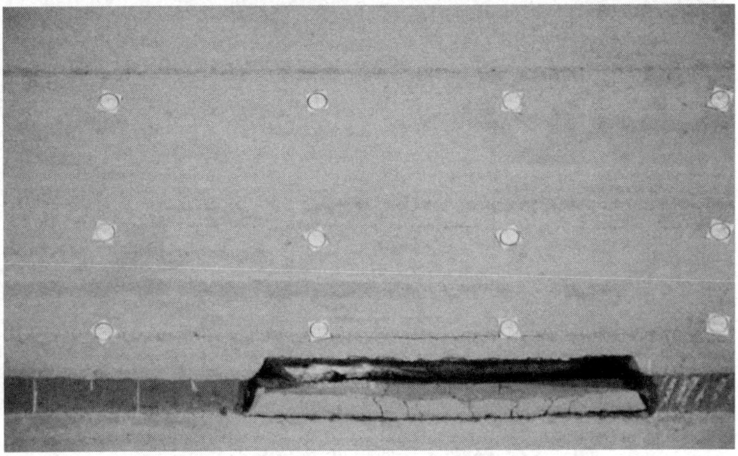

图 5-57　5205 工作面推进至 60m 时垮落图像

工作面沿倾向推进中，顶板离层继续发展。当工作面推进至 74m 时，老顶岩层在上部岩层荷载和自重作用下弯曲下沉而破断，垮落岩层总厚度 12m，离层裂隙向上部层位扩展(见图 5-58)。

图 5-58　5205 工作面推进至 74m 时垮落图像

工作面沿倾向推进至 94m 时，上覆岩层垮落继续向上发展，岩层破断高度达 23m，垮落长度 93m，最大离层裂缝量 3.9m，开采侧岩层断裂角 59°（见图 5-59）。

图 5-59　5205 工作面推进至 94m 时垮落图像

工作面沿倾向推进至 113m 时，上覆岩层发生大面积垮落，岩层破断高度为 47m，垮落总长度 106m，最大离层裂缝量 2.6m，开采侧岩层断裂角 62°（见图 5-60）。

工作面沿倾向推进至 133m 时，上覆岩层发生新的垮落，岩层破断高度发展到 49m，垮落长度 130m，最大离层裂缝量减小至 2.5m（见图 5-61）。

图 5-60　5205 工作面推进至 113m 时垮落图像

图 5-61　5205 工作面推进至 133m 时垮落图像

工作面沿倾向推进至150m时，上覆岩层大面积垮落，岩层破断高度向上发展到75m，垮落总长度143m，最大离层裂缝量减小至1.5m，开采侧岩层断裂角63°，离层裂缝向上部扩展(见图5-62)。

图5-62　5205工作面推进至150m时垮落图像

工作面沿倾向推进至169m时，工作面上覆岩层垮落，但总垮落高度没有增加，岩层破断高度仍为75m，垮落长度169m，最大离层裂缝量减小至1.3m，开采侧岩层断裂角58°(见图5-63)。

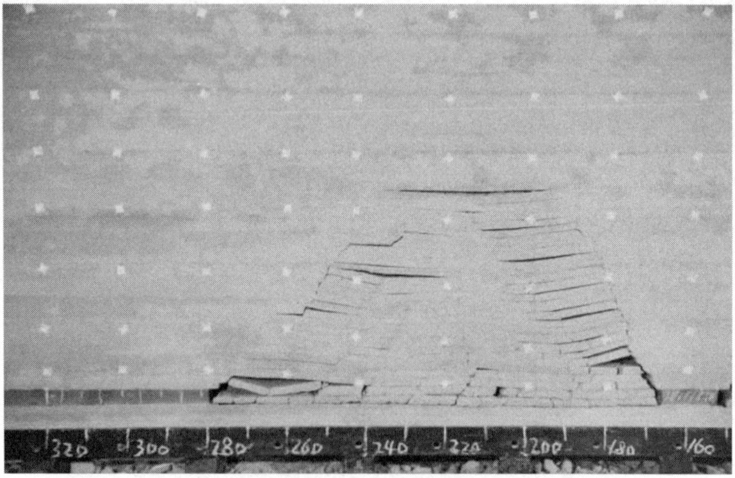

图5-63　5205工作面推进至169m时垮落图像

工作面沿倾向推进至188m时，上覆岩层发生大面积垮落，总垮落高度发展到煤层顶板上方105m，总垮落长度186m，最大离层裂缝逐渐闭合，保留大约 1.0m 的剩余量，开采侧岩层断裂角 60°，离层裂隙向上部层位发展（见图 5-64）。

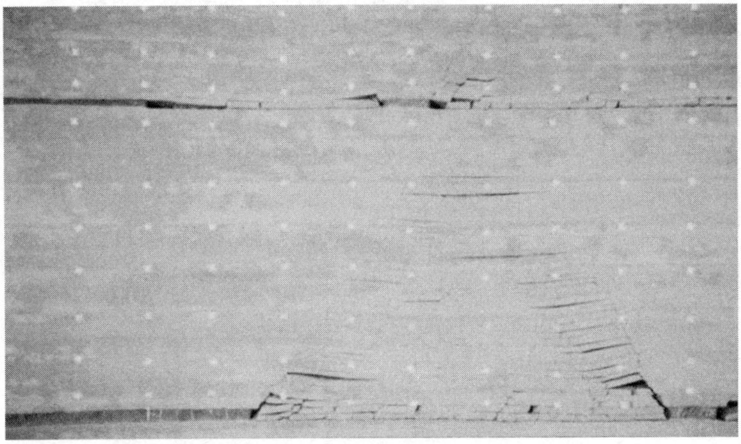

图 5-64 5205 工作面推进至 188m 时垮落图像

工作面沿倾向推进至 206m 时，工作面上覆岩层垮落，总垮落高度较上次垮落没有增加，岩层破断高度仍为 105m，垮落长度 200m，最大离层裂缝进一步闭合，最大离层量约 0.8m，开采侧岩层断裂角 61°（见图 5-65）。

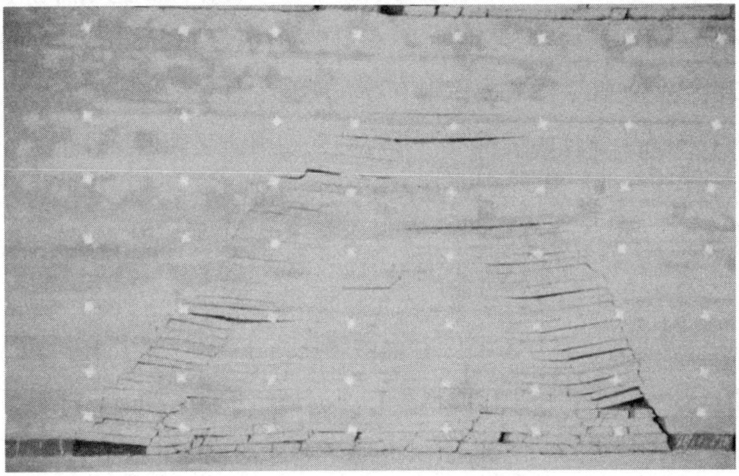

图 5-65 5205 工作面推进至 206m 时垮落图像

工作面沿倾向推进中，最大离层裂缝高度不再向上发展，且最大离层裂缝进一步闭合。当工作面沿倾向推进至 223m 时，工作面上开采侧上覆岩层发生新的垮落，总垮落高度较上次垮落没有增加。工作面推进至 230m 时停采，覆岩垮落范围波及上煤层采空区(见图 5-66)。

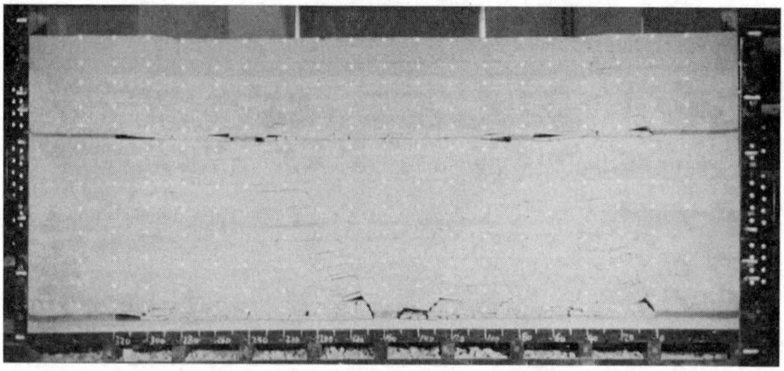

图 5-66　5205 工作面推进至 223m 时垮落图像

5.3.3　沿倾向开采覆岩裂隙场演化规律

5.3.3.1　采动覆岩裂隙场演化

图 5-67 为 5^{-2}煤工作面不同推进长度对应的采动裂隙网络。从该图可以看出，随着工作面的推进，采动覆岩裂隙逐渐向工作面推进方向和上覆岩层方向扩展，对应不同的工作面推进距离形成不同的裂隙网络分布。当工作面推进一定距离时，在采动应力作用下首先在强度较低的层面开裂，纵向微小裂隙发育；随着工作面继续推进，原有的采动覆岩裂隙网络发生了变化，即开裂、扩展、弥合和张开，又叠加形成新的采动裂隙，从而使采动覆岩裂隙分布愈加复杂。当工作面停采且岩移基本稳定后，采空区中部离层基本闭合，裂隙富集区主要集中在前后煤壁。采空区倾向方向，工作面间存在 20m 宽的隔离煤柱，5204 工作面与 5205 工作面被煤柱隔开而成为非充分开采单元；隔离煤柱有效地分隔了相邻工作面垮落空间的横向贯通，同时也抑制了垮落空间的纵向扩展，使得各工作面开采形成彼此独立的垮落带。

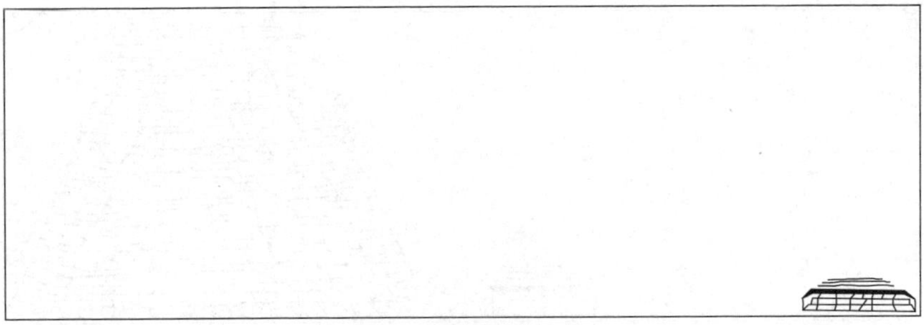

（a）5204工作面推进长度54m

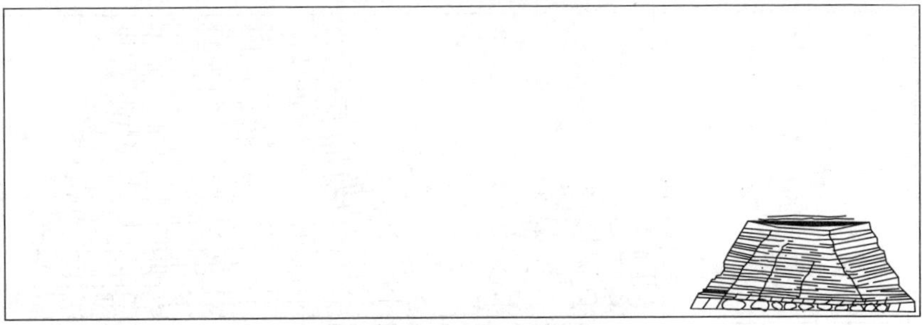

（b）5204工作面推进长度127m

（c）5204工作面推进长度180m

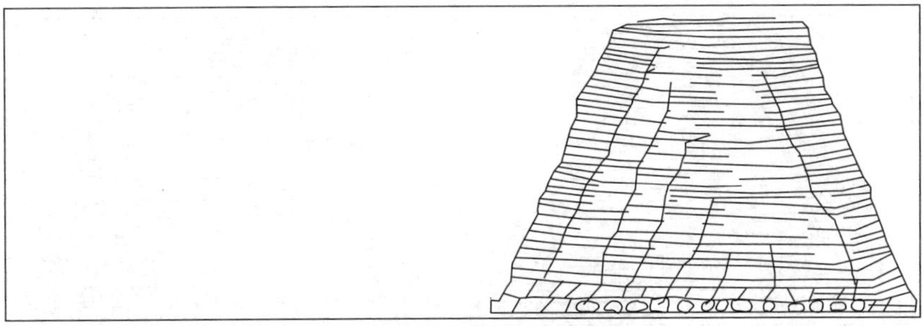

（d）5204工作面推进长度230m

图 5-67　5^{-2}煤工作面不同推进长度对应的采动裂隙网络

（e）5205工作面推进长度60m

（f）5205工作面推进长度105m

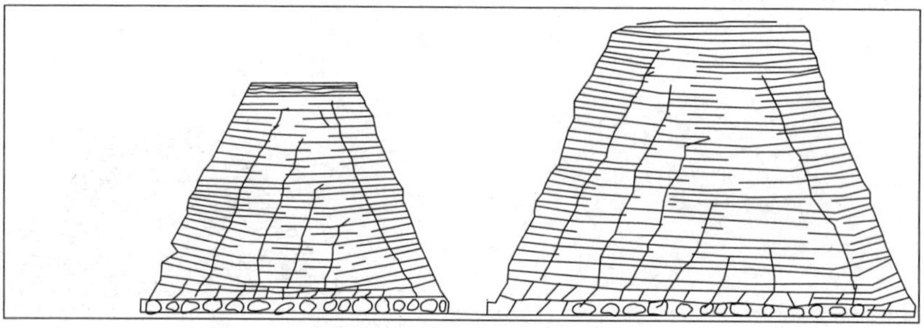

（g）5205工作面推进长度170m

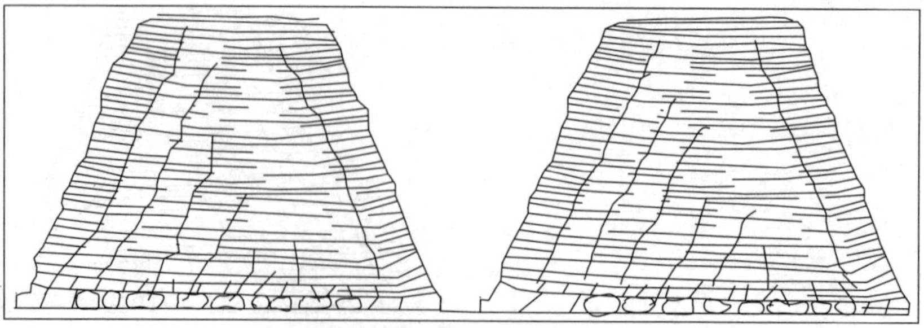

（h）5205工作面推进长度230m

图 5-67　5^{-2}煤工作面不同推进长度对应的采动裂隙网络(续)

5.3.3.2 工作面顶板垮落分带情况及岩层断裂角

根据相似模拟试验结果，2^{-2}煤布置的三个工作面倾向方向顶板垮落后形成的冒落带平均高度达12.3m，为采高的2.93倍。裂隙带发育高度情况不同，三个工作面采动覆岩裂隙带扩展至地表，高度达到80.2m，地表和采空区相连通。其中2205工作面采动已达到充分采动，对地表影响程度较大，地表移动范围呈“盆”状，而2204和2206工作面采动为非充分采动，对地表影响程度较小，地表移动范围呈“漏斗”状。5^{-2}煤布置的两个工作面顶板垮落后形成的冒落带平均高度达16.1m，为采高的2.44倍。5204和5205工作面采动覆岩裂隙带高度达148m，波及2^{-2}煤采空区。

5.3.4 沿倾向开采上覆岩层移动规律

5.3.4.1 2^{-2}煤上覆岩层移动变形

2^{-2}煤和5^{-2}煤工作面沿倾向方向开采结束后，顶板岩层沉降曲线如图5-68所示。2^{-2}煤各工作面分别沿倾向方向开采，各工作面上覆岩层沉降情况不同。2204和2206工作面煤层开采为非充分采动，上方各行测点所在岩层沉降曲线呈“V”形，地表影响范围和沉降量较小；2205工作面煤层开采达到充分采动，上方各行测点所在岩层沉降曲线呈“U”形，地表影响范围和沉降量较大，如图5-68(a)所示。5^{-2}煤沿倾向方向开采完后，2^{-2}煤顶板岩层下沉量均不同程度地增加，对2205工作面顶板岩层的影响较大，煤柱正上方岩层沉降量增加幅度最大，煤柱1沉降量约3.16m，煤柱2沉降量约3.04m，如图5-68(b)所示。

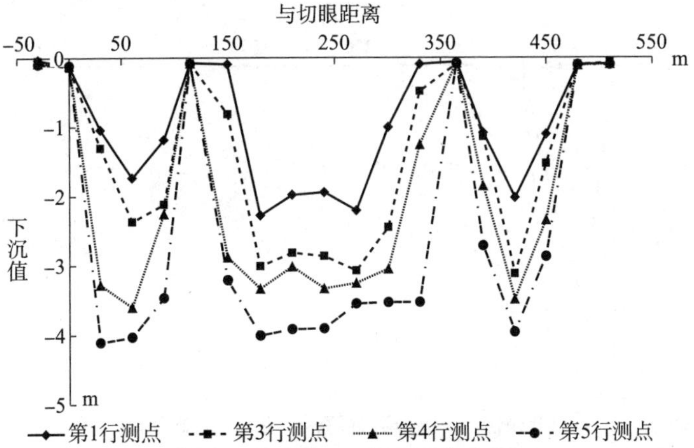

(a) 2^{-2}煤工作面沿倾向开采结束覆岩沉降曲线

图5-68 2^{-2}煤和5^{-2}煤上覆岩层开采沉降曲线

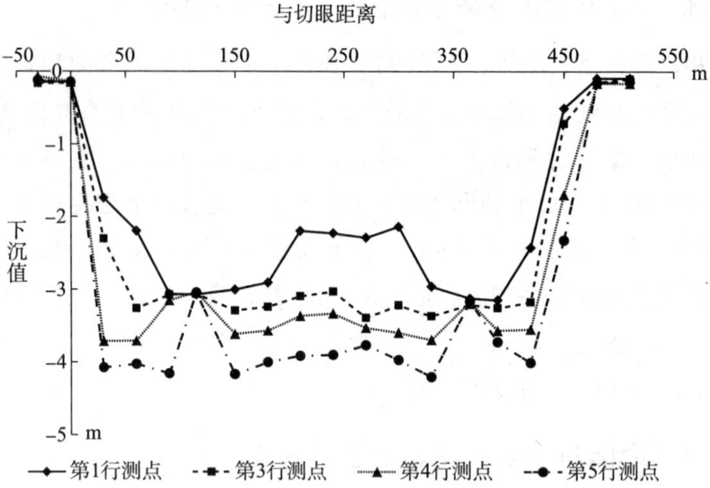

（b）5^{-2}煤工作面沿倾向开采结束覆岩沉降曲线

图 5-68　2^{-2}煤和 5^{-2}煤上覆岩层开采沉降曲线(续)

5.3.4.2　5^{-2}煤上覆岩层移动变形

不同开采宽度上覆岩层沉降特点：图 5-69(a)、(b)、(c)、(d)、(e)、(f)、(g)、(h)、(i)分别为工作面推进到 79m、150m、188m、230m(5204 工作面)，75m、113m、150m、188m、230m(5205 工作面)时的上覆岩层水平观测线的沉降曲线。

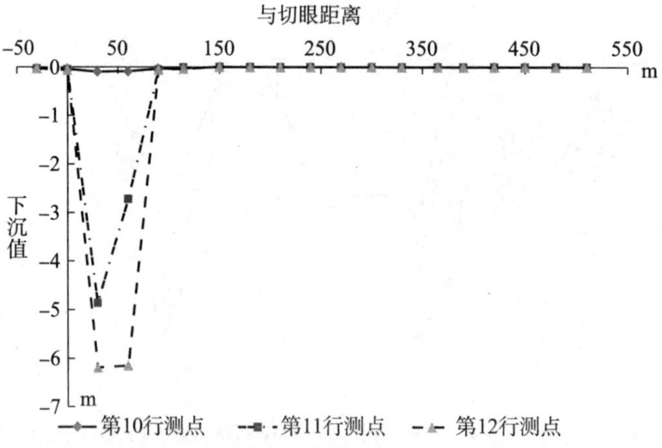

（a）5204工作面沿倾向推进到79m时覆岩沉降曲线

图 5-69　5^{-2}煤工作面沿倾向推进过程中上覆岩层沉降曲线

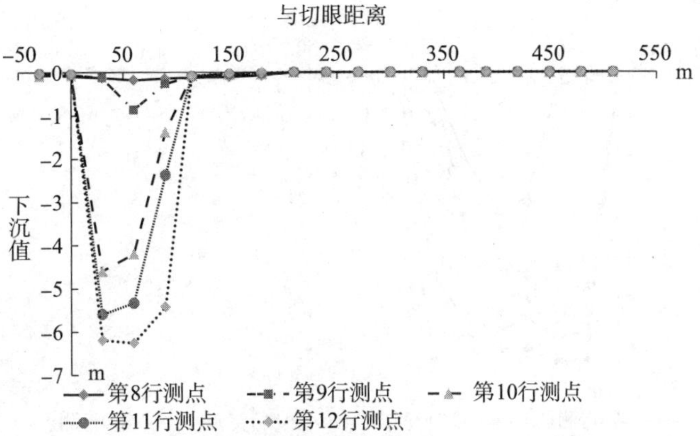

（b）5204工作面沿倾向推进到150m时覆岩沉降曲线

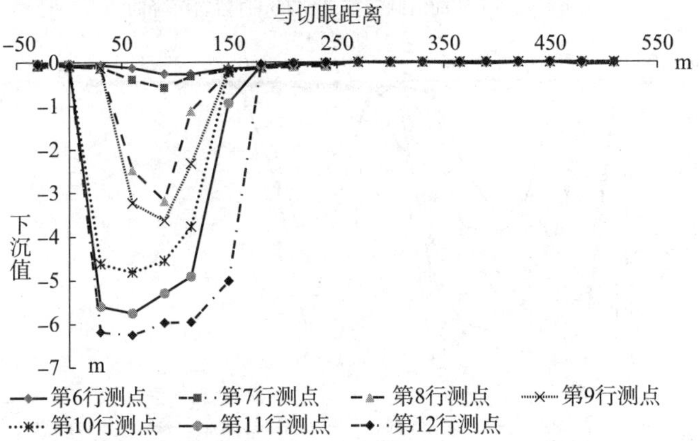

（c）5204工作面沿倾向推进到188m时覆岩沉降曲线

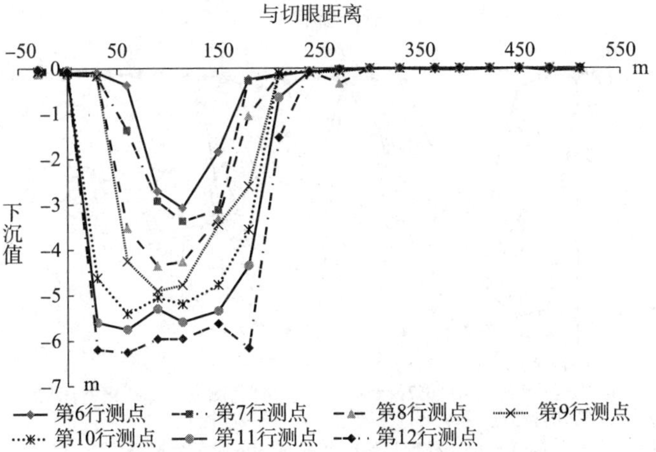

（d）5204工作面沿倾向推进到230m时覆岩沉降曲线

图 5-69　5^{-2}煤工作面沿倾向推进过程中上覆岩层沉降曲线（续）

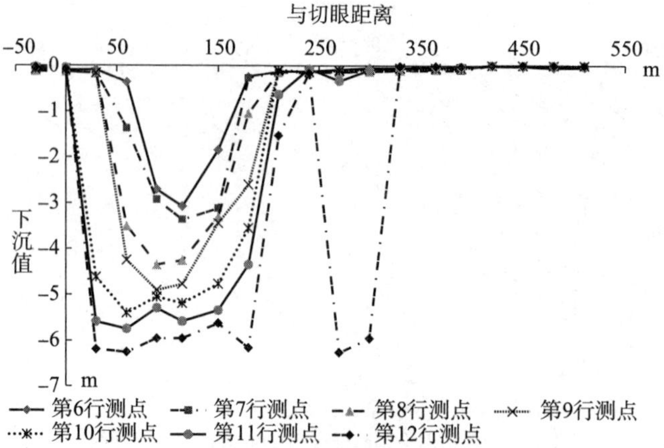

（e）5205工作面沿倾向推进到75m时覆岩沉降曲线

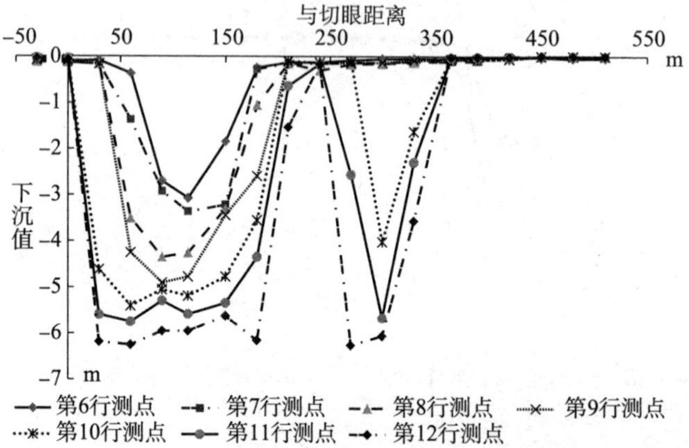

（f）5205工作面沿倾向推进到113m时覆岩沉降曲线

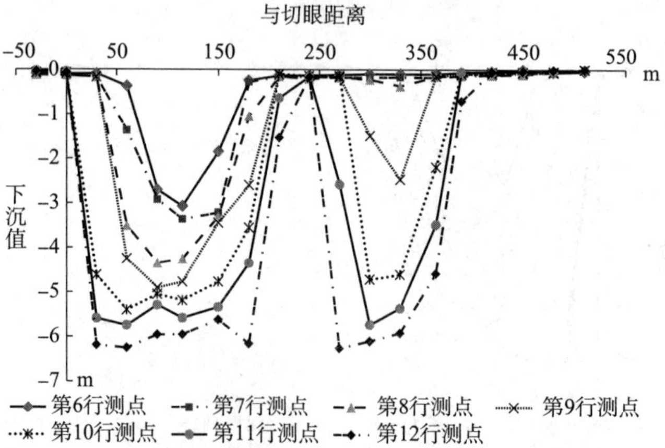

（g）5205工作面沿倾向推进到150m时覆岩沉降曲线

图 5-69　5^{-2}煤工作面沿倾向推进过程中上覆岩层沉降曲线(续)

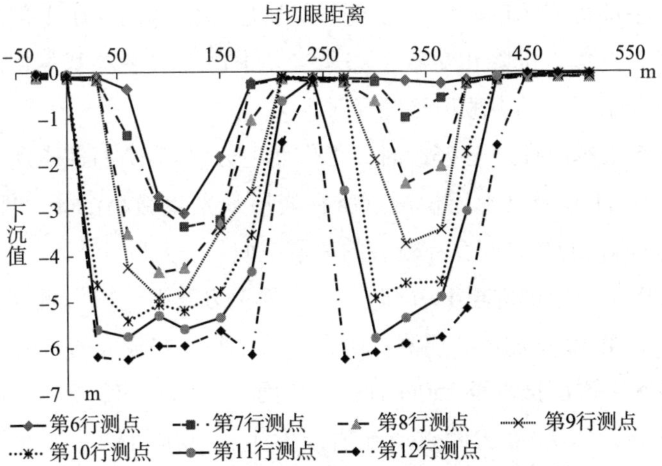

（h）5205工作面沿倾向推进到188m时覆岩沉降曲线

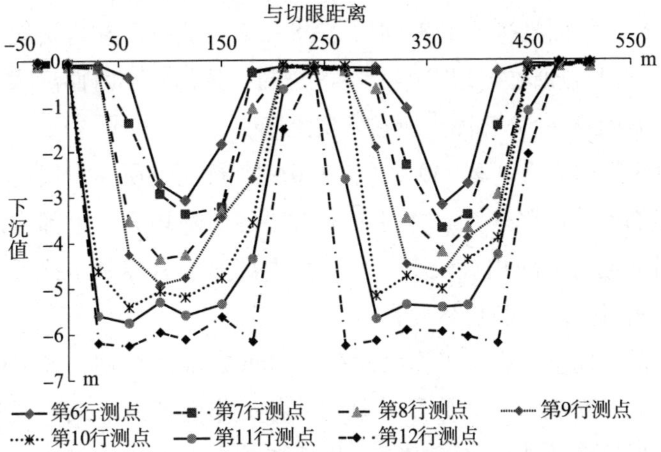

（i）5205工作面沿倾向推进到230m时覆岩沉降曲线

图 5-69　5^{-2}煤工作面沿倾向推进过程中上覆岩层沉降曲线（续）

(1)5204 工作面推进至 79m 时，工作面上方第 11、12 行测点所在岩层发生较大沉降，第 10 行及其上层位测点所在岩层只发生微小沉降，且第 11 层和第 10 层测点所在岩层之间存在较大的离层空间。

(2)5204 工作面推进至 150m 时，工作面上方第 10～12 行测点所在岩层均发生较大沉降，第 8、9 行测点所在岩层发生了基本协调一致的较小弯曲沉降。

(3)5204 工作面推进至 188m 时，第 8～12 行测点所在岩层均发生较大沉降，第 6、7 行测点所在岩层发生了基本协调一致的较小弯曲沉降，最大离层裂缝位置扩展到第 7、8 行测点所在岩层之间。

(4)5204 工作面推进至 230m 时，第 6～12 行测点所在岩层均发生较大的沉降，采场中部覆岩沉降较大，并且下部岩层的沉降均大于上部岩层，进风巷和回风巷附近覆岩沉降相对较小。采空区中部离层裂隙基本接近闭合，进风巷和回风巷附近采动裂隙仍然发育。

(5)5205 工作面推进至 75m 时，工作面上方仅第 12 行测点所在岩层发生较大沉降，第 11 行及其上层位测点所在岩层只发生微小沉降，且第 12 层和第 11 层测点所在岩层之间存在较大的离层空间。

(6)5205 工作面推进至 113m 时，工作面上方第 10~12 行测点所在岩层发生较大沉降，第 10 层和第 9 层测点所在岩层之间存在较大的离层空间。

(7)5205 工作面推进至 150m 时，工作面上方第 9~12 行测点所在岩层均发生较大沉降，第 7、8 行测点所在岩层发生了基本协调一致的较小弯曲沉降，最大离层裂缝位置扩展至第 8、9 行测点所在岩层之间。

(8)5205 工作面推进至 188m 时，第 8~12 行测点所在岩层均发生较大沉降，第 6、7 行测点所在岩层发生了基本协调一致的较小弯曲沉降，最大离层裂缝位置扩展到第 7、8 行测点所在岩层之间。

(9)5205 工作面推进至 230m 时，第 6~12 行测点所在岩层均发生较大沉降，采场中部覆岩沉降较大，并且下部岩层的沉降均大于上部岩层，进风巷和回风巷附近覆岩沉降相对较小。采空区中部离层裂隙基本接近闭合，进风巷和回风巷附近采动裂隙仍然发育。

采区倾向方向上，由于工作面间存在 20m 宽隔离煤柱，各工作面被一定宽度的煤柱隔开而成为非充分开采单元，各工作面开采形成了彼此独立的垮落带，隔离煤柱有效地分隔了相邻工作面垮落空间的横向贯通，同时也抑制了垮落空间的纵向扩展，使各工作面形成了非充分开采，导致上覆岩层下沉量较采区走向方向岩层下沉量小。由于工作面间留设的隔离煤柱的支撑作用，煤柱正上方覆岩下沉量很小，受煤层采动影响较小，第 10 列测点是相邻垮落空间覆岩沉降曲线的分界点。

5.3.5 隔离煤柱应力变化及稳定性评价

5.3.5.1 2^{-2}煤开采对煤柱的影响

2204 工作面沿倾向开采时，煤柱 1 应力随着工作面推进逐渐增大，最大应力集中系数为 1.9。2205 工作面开采中，推进距离为 0~105m 时，煤柱 1 压应力持续升高，最大应力集中系数达 2.7；推进距离为 105~230m 时，曲线斜率平缓，该段煤柱1应力保持稳定。2206工作面开采对煤柱1影响甚微，其支承压力随着工作面推进基本保持不变，如图5-70所示。

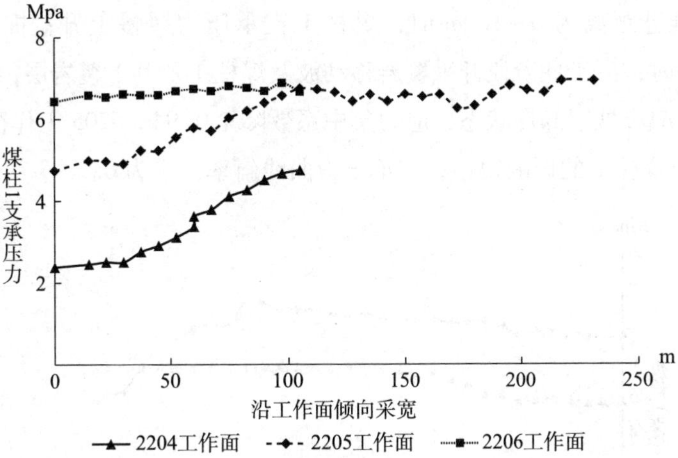

图5-70 煤柱1随2^{-2}煤工作面沿倾向开采时应力动态变化

图5-71为煤柱2应力动态变化图。从该图可以看出，2204工作面沿倾向开采时煤柱2压应力基本保持不变。2205工作面沿倾向开采时，推进距离为0~150m时，曲线斜率平缓，煤柱2支承压力略高于原岩应力状态；推进距离为150~230m时，煤柱2支承压力急剧上升，此阶段最大应力集中系数为2.1。2206工作面沿倾向开采时，煤柱2支承压力持续升高，此阶段最大应力集中系数达到3.0。

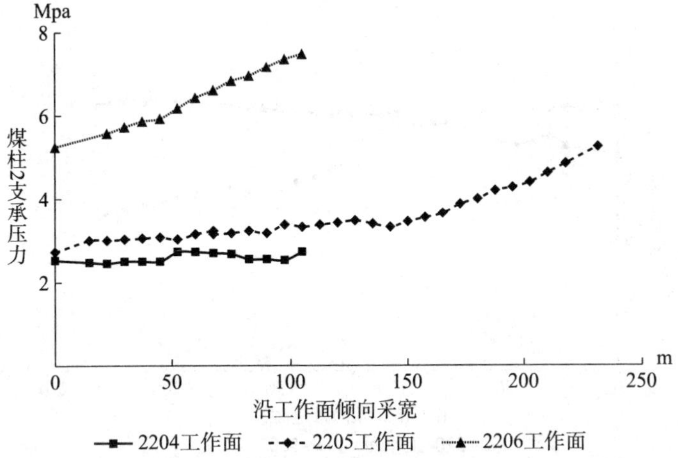

图5-71 煤柱2随2^{-2}煤工作面沿倾向开采时应力动态变化

5.3.5.2 5^{-2}煤开采对煤柱的影响

图 5-72 为煤柱 1 随 5^{-2}煤工作面开采时应力动态变化曲线。5204 工作面开采时，推进距离为 0~180m 时，煤柱 1 支承压力缓慢上升；推进距离为 180~230m 时，由于此阶段开采覆岩移动波及煤柱 1 及其上覆岩层，致使煤柱 1 支承压力减小处于卸压状态，应力集中系数降至 1.94。5205 工作面开采时，采动影响对煤柱 1 的影响很小，支承压力曲线斜率几乎为 0。

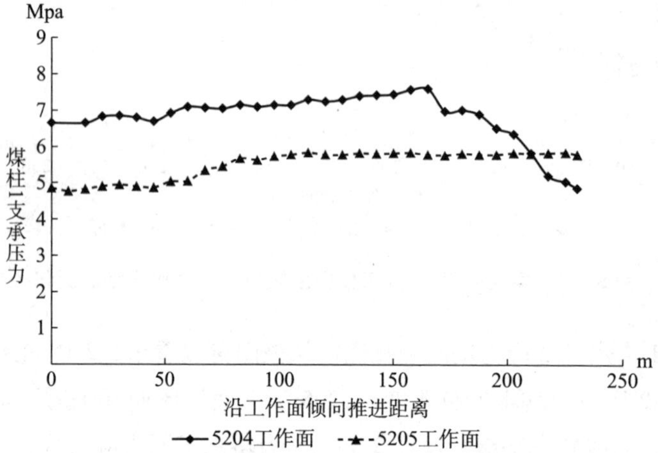

图 5-72　煤柱 1 随 5^{-2}煤工作面开采时应力动态变化曲线

图 5-73 为煤柱 2 随 5^{-2}煤工作面开采时应力动态变化曲线。5204 工作面沿倾向开采时，煤柱 2 压应力持续缓慢上升，最大应力集中系数为 3.34。

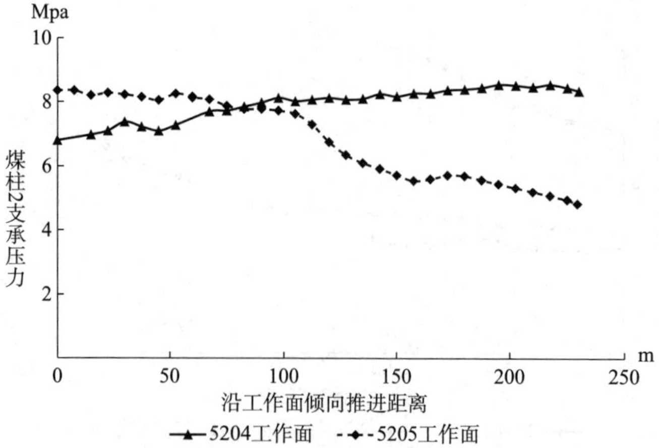

图 5-73　煤柱 2 随 5^{-2}煤工作面开采时应力动态变化曲线

5205 工作面沿倾向开采时，推进距离为 0~112.5m 时，煤柱 2 压应力基本保持不变；推进距离为 112.5~230m 时，由于此阶段开采覆岩移动波及煤柱 1 及其上覆岩层，致使煤柱 2 支承压力减小处于卸压状态，应力集中系数降至 1.93。

图 5-74 为煤柱 3 随 5^{-2}煤工作面开采时应力动态变化曲线。5204 工作面沿倾向开采时，推进距离为 0~90m 时，煤柱 3 的压应力变化较小，维持在原岩应力状态；推进距离为 90~230m 时，煤柱 3 支承压力持续增大，最大应力集中系数为 2.4。5205 工作面沿倾向开采时，推进距离为 0~105m 时，煤柱 3 支承压力急剧上升，最大应力集中系数高达 3.48。试验结果表明，5^{-2}煤工作面开采最终使煤柱 3 的支承压力大于其本身极限承载力，导致煤柱 3 处于破坏失稳状态。

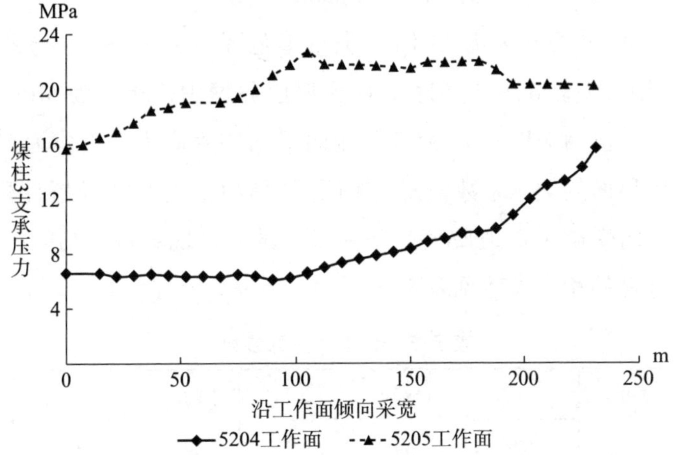

图 5-74 煤柱 3 随 5^{-2}煤工作面开采时应力动态变化曲线

5.4 隔离煤柱合理留设

相似材料模拟试验结果表明，隔离煤柱对控制覆岩运移及裂隙发育有重要作用。此外，隔离煤柱的合理留设不仅能提高煤炭资源采出率，还可以避开煤柱应力集中以提高巷道围岩稳定性，减轻覆岩与地表非均匀沉降，保护矿区地表生态[176]。

5.4.1 区段煤柱合理留设宽度理论计算

区段煤柱的两侧分别为回采空间和采准巷道，其掘进会在煤柱两侧产生各自的塑形区，在煤柱中央存在一定宽度的弹性核区。若弹性核区的宽度大于煤层开采高度的 2 倍，则煤柱处于稳定状态。根据塑性理论计算法，煤柱保持稳定状态的宽度[177]：

$$B=x_0+2M+x_1 \tag{5-1}$$

式(5-1)中，x_0 为采空区在护巷煤柱一侧形成的塑性区宽度，单位为 m；M 为采高，单位为 m；x_1 为巷道在护巷煤柱另一侧形成的塑性区宽度，单位为 m。

考虑开采扰动影响的煤柱两侧塑性区宽度计算公式[178]：

$$x_0=\frac{Md}{2\tan\varphi_0}\left\{\ln\left[\frac{C+\sigma_1\tan\varphi_0}{C+(\sigma_x\tan\varphi_0)/\beta}\right]^{\beta}+\tan^2\varphi_0\right\} \tag{5-2}$$

式(5-2)中，d 为开采扰动因子，其取值范围为 1.5~3.0，与开采扰动程度有关；φ_0 为内摩擦角，单位为°；C 为煤层黏聚力，单位为 MPa；σ_1 为煤柱极限强度，单位为 MPa；σ_x 为煤壁侧向平均约束应力，单位为 MPa；β 为塑性区与核区界面的侧压系数，按屈服区宽度最大的中性面位置计算。

根据大柳塔煤矿采矿地质生产条件以及试验、现场观测结果，区段煤柱塑性区宽度计算的相关参数见表 5-5。

表 5-5 煤岩体计算参数

煤层	M/m	d	C/MPa	φ/°	β	σ_1/MPa	σ_x/MPa
2^{-2}煤	4.2	3.0	1.2	30	0.3	14.5	0
5^{-2}煤	6.6	3.0	1.4	32	0.4	19.5	0

取煤柱两侧塑性区宽度 $x_0=x_1$，将各参数代入式(5-2)，得出 2^{-2}煤和 5^{-2}煤留设的区段煤柱的合理宽度分别为 18.6m 和 24.5m，与大柳塔煤矿现场实测结果基本一致[179]。

5.4.2 上下煤柱合理错距

现场生产实践表明，煤层群开采时，区段煤柱应该留设合理的煤柱错距，这不但能避免上、下煤层区段煤柱应力集中叠加，还可以减轻煤柱造成的覆岩与地表非均匀沉降，最大程度地保障煤矿安全生产。在煤层群下行式开采中，合理的煤柱错距应该使下煤层巷道处于上煤层煤柱应力集中区之外，并避免煤柱错距过大而使下煤层煤柱进入上煤层采空区压实区。根据物理模拟试验和生产实践，避开煤柱应力集中叠加的合理煤柱错距计算模型如图 5-75 所示。则避开上煤层煤柱应力集中的合理区段煤柱错距：

$$H\tan\varphi_1+b\leqslant L_\sigma\leqslant H\tan\varphi_2-a_2-b \tag{5-3}$$

式(5-3)和图 5-75 中，L_σ 为避免压力集中的合理煤柱错距，单位为 m；H 为上下煤层间距，单位为 m；a_1 为上煤层煤柱宽度，单位为 m；a_2 为下煤层煤柱宽度，单位为 m；b 为巷道宽度，单位为 m；φ_1 为减压区内夹角，单位为°；φ_2 为减压区外夹角，单位为°；L_1 为上煤层煤柱应力集中在下煤层的影响距离，单位为 m；L_2 为上煤层采空区增压区边界距煤柱水平距离，单位为 m。

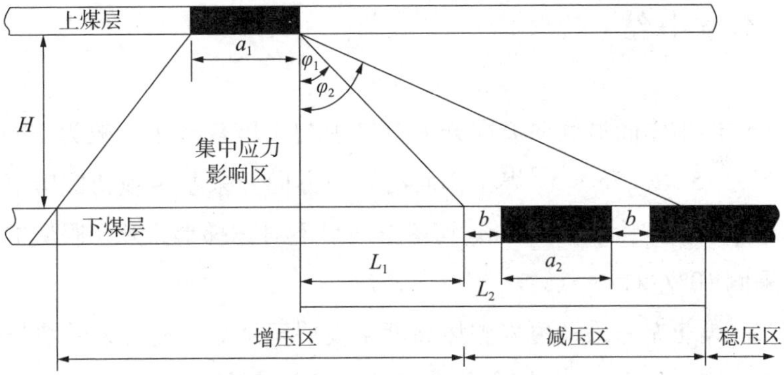

图 5-75　上下煤层煤柱错距计算模型

大柳塔煤矿三盘区的 52306 采掘工作面目前主采煤层为 5^{-2}煤层，煤层平均厚度 6.94m，地层平缓，倾角大多为 1°~3°，5^{-2}煤层巷道宽度 b=5m，5^{-2}煤层与上部 2^{-2}煤层平均间距 H=156.8m。根据理论计算得出，上、下煤层合理煤柱宽度分别为 a_1=18.6m，a_2=24.5m。根据物理模拟试验，2^{-2}煤层应力传递角 φ_1=30°，φ_2=60°。将上述参数代入式(5-3)得出 L_σ 的范围为：95.5m≤L_σ≤242.1m。

煤柱合理留设不但要避免煤柱应力集中，还应该控制覆岩与地表沉陷。物理模拟试验结果表明，上、下煤柱对齐时，覆岩与地表非均匀沉降明显，这会导致矿区生态的损伤。在煤层开采过程中，覆岩非均匀沉降是由覆岩结构自煤柱边界向采空区的回转运动造成的，非均匀沉降区范围取决于顶板回转角。黄庆享提出了基于均匀沉降的煤柱错距计算模型[180]：

$$L_s\geqslant\frac{M_1}{\tan\theta_1}+\frac{M_2}{\tan\theta_2} \tag{5-4}$$

式(5-4)中，M_1 为上煤层采高，单位为 m；M_2 为下煤层采高，单位为 m；

θ_1 为上煤层顶板至压实区的回转角，单位为°；θ_2 为下煤层顶板至压实区的回转角，单位为°。

根据相似材料模拟试验结果，2^{-2}煤层和 5^{-2}煤层顶板平均回转角 θ_1、θ_2 均取值为 10°，$M_1=4.2$m，$M_2=6.6$m，将参数代入式(5-4)得出减轻覆岩与地表非均匀沉降的煤柱合理错距 $L_s \geqslant 61.4$m。

综合考虑避免煤柱应力集中和控制覆岩与地表沉陷的煤柱错距，以及提高煤炭资源回采率，上下煤柱最佳错距为 95.5m。

5.5 本章小结

(1)2^{-2}煤工作面沿倾向方向开采直接顶初次垮落步距一般为 60m，周期垮落步距为 15~22.5m。5^{-2}煤工作面沿倾向方向开采基本顶初次垮落一般为 67m，周期垮落步距为 20~25m。垮落空间呈不对称梯形，开切眼侧的破断角大于开采侧 10°左右。

(2)2^{-2}煤非充分采动覆岩破坏高度未发展至地表，充分采动覆岩破坏高度发展至地表。模型三 5^{-2}煤充分采动覆岩破坏高度 144.8m，明显大于非充分采动覆岩破坏高度 35.5m，但不会导通 2^{-2}煤采空区。模型四 5^{-2}煤充分采动覆岩破坏高度达 148m，波及 2^{-2}煤采空区。

(3)采区倾向方向上，由于工作面间存在 20m 宽隔离煤柱，各工作面开采形成了彼此独立的垮落带，隔离煤柱有效地分隔了相邻工作面垮落空间的横向贯通，同时也抑制了垮落空间的纵向扩展。由于工作面间留设的煤柱的支撑作用，煤柱正上方覆岩沉降量很小，是相邻工作面上覆岩层沉降曲线的拐点。

(4)多煤层开采覆岩破坏主要受中间岩层岩性和上下煤层工作面布置方式(隔离煤柱留设位置)控制，中间岩层硬岩的厚度越大，则大采高开采覆岩垮落剧烈程度越高，对上煤层采空区的扰动程度越大。上、下煤层工作面间隔离煤柱对齐时比错开一定距离时应力集中系数更大，更易失稳破坏。

(5)根据煤柱应力动态变化，在 2^{-2}煤层和 5^{-2}煤层工作面间留设 20m 宽的 1#~4#煤柱，开采过程中应力最大值小于其极限抗压强度，煤柱处于稳定状态。理论计算出了 2^{-2}煤和 5^{-2}煤合理煤柱宽度分别为 18.6m、24.5m，得出了避开煤柱应力集中与控制地表均匀沉降的上下煤层煤柱最佳错距为 95.5m 的结论。

6 煤炭开采覆岩应力应变及破坏数值模拟分析

6.1 概述

神东矿区普遍采用超大工作面开采工艺，工作面长度达到300m以上，推进距离超过4000m，推进速度达到15m/d。与传统工作面相比，超大工作面具有一次开采面积大、一次采高大、推进速度快等特点，其采动覆岩应力应变及破坏响应规律有别于传统工作面。因此，研究超大工作面开采覆岩应力应变、移动变形及破坏规律能有效指导神东矿区采场支护系统设计及矿井动力地质灾害防治。

顶底板岩体在采动过程中从完整结构到受载荷作用破裂为块裂、碎裂和松散结构，其应力应变行为是一种非常复杂的非线性力学过程。利用目前一般的力学解析方法很难求解其复杂的全过程，物理模拟试验也需要耗费巨大的人力、物力。由于顶板岩体内部的复杂性和观测条件的困难性，顶底板岩体的移动变形与破坏过程的实际观测资料较少，通常只能通过勘探孔冲洗液漏失量情况判定导水裂隙带高度，这不但费用高，而且很难对复杂构造破坏带做出正确的判断。近年来数值分析方法逐渐引起采矿界的重视，并已被广泛应用于理论分析与矿山工程实践中。因此，本章以大柳塔矿J60#钻孔2^{-2}煤层与5^{-2}煤层及其顶底板沉积岩体结构为对象，采用有限差分软件FLAC^{3D}进行超大工作面开采覆岩应力—位移—破坏规律及其受控机制研究，以指导井下煤炭开采顶板岩层控制和地下水资源保护。

6.2 FLAC^{3D}程序简介

FLAC^{3D}(Three Dimensional Fast Lagrangian Analysis of Continua)是由美国Itasca公司研发推出的连续介质力学三维快速拉格朗日分析软件，是一种基于三维显示有限差分的数值分析方法。它将计算区域划分为若干四面体单元，每个单元在给定的边界条件下遵循指定的线性或非线性本构关系，如果单元应力使得材料屈服或产生塑性流动，则单元网格可以随着材料的变形而变形，目前已被广泛应用于岩土工程、采矿工程及地质工程等领域[181]。FLAC^{3D}包含11种材料本构模型：空单元模型、三种弹性模型以及七种塑性模型，常用的弹塑性模型主要有各向同性、Drucker-Prager模型、摩尔—库仑模型和应变硬化/软化模型。模型单元可以有不同的材料模型或参数，材料参数可以为线性分布或非线性分布。FLAC^{3D}的默认计算模式是静力模式，通过动态松弛方法获得表态解。另外，还有动力模式、蠕变模式、渗流模式和温度模式，各种模式间可以相互耦合，以模拟各种复杂的工程力学行为。作为有限差分软件，相对于其他有限元软件，FLAC^{3D}有以下优点：适合解决大变形非线性问题；完全动态运动方程使得其在模拟物理上的不稳定过程中不存在数值上的障碍；显示求解具有较快的非线性求解速度。

6.3 超大工作面开采覆岩应力应变及破坏模拟分析

6.3.1 数值计算模型建立

6.3.1.1 典型研究区选择

根据神东矿区典型煤岩层结构和现代开采技术条件，选择大柳塔煤矿作为典型研究区域。基于煤层覆岩岩性及组合结构特征，同时为了验证物理模拟试验中相似模型—试验结果，选择大柳塔煤矿B-B′地质剖面图中J60#钻孔煤岩层结构作为数值模拟计算地质模型，研究2^{-2}煤层超大工作面开采覆岩应力—应变分布及其下伏5^{-2}煤层超大工作面重复采动效应。

6.3.1.2 模型尺寸及边界条件

根据大柳塔煤矿工作面实际开采条件建立三维数值计算模型，如图 6-1 所示。模型中 X 轴为工作面走向方向，Y 轴为工作面倾向方向，Z 轴为相对底板参考层高度，计算模型的大小为 600m(长)×600m(宽)×284.3m(高)。由于煤层埋藏深度在 250m 以上，天然的应力场为自重应力场。边界条件确定如下：模型前后左右四个侧面固定水平方向的位移，模型底面固定垂直和水平方向的位移，上表面为自由面。模型共由 147600 个单元、156282 个节点组成。FLAC^{3D}数值模拟煤层开采的过程实行分布开挖，先开采 2^{-2}煤，后开采 5^{-2}煤，两层煤设计的回采工作面长度均为 360m，沿走向推进长度 400m。设计煤层每次开挖 10m，共开采 40 步。为消除边界效应对煤层开采的影响，开挖空间前后、左右分别留设 100m 和 120m 的边界保护煤柱。

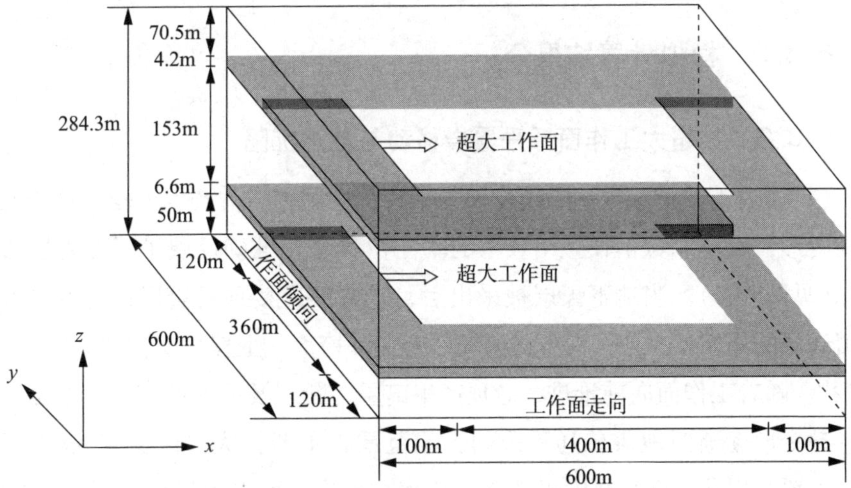

图 6-1 超大工作面开采三维数值计算模型

6.3.1.3 本构模型选择及材料参数

合理的岩土本构模型能够反映岩土材料的主要变形特性。在地下煤层开挖过程中覆岩变形破坏主要由剪应力与拉应力引起，FLAC^{3D}程序运行中 Mohr-Coulomb 屈服准则既考虑了剪切屈服，又考虑了拉伸截断，能较好地反映岩体的剪切及拉张破坏特性。因此，本数值计算采用 Mohr-Coulomb 本构模型。根据现场地质钻孔资料和岩石力学试验结果，岩体力学参数一般取岩石力学参数的0.1~0.25倍强度折减系数进行换算，各岩层的物理力学参数见表6-1。

表6-1 数值计算岩层物理力学参数

岩性	容重/(kN·m^{-3})	体积模量/GPa	剪切模量/GPa	黏聚力/MPa	内摩擦角/°	抗拉强度/MPa
松散层	17	1.2	0.4	1.0	38	0.5
粉砂岩	24.1	11.0	7.3	4.0	32	1.8
细砂岩	28	13.4	10.5	7.0	38	3.0
中砂岩	25.2	11.5	8.3	3.7	35	2.2
砂质泥岩	23	10	6	3.0	36	2.0
泥岩	20	8.7	4.7	2.6	30	1.5
2^{-2}煤	15	1.4	0.6	1.5	39	1.0
5^{-2}煤	26	2.8	1.2	1.6	38	1.0

6.3.2 模拟计算结果分析

6.3.2.1 超大工作面开采覆岩移动与地表沉陷

(1)覆岩下沉位移。超大工作面开采过程中周围岩体产生了较为复杂的移动与变形，FLAC^{3D}数值模拟结果中的垂向位移变化准确反映了上覆岩层移动情况(见图6-2)。当地下煤层被采出后，采空区直接顶板岩层在自重应力及上覆岩层的作用下，产生向下的移动、弯曲和垮落，上覆岩层位移云图呈“拱桥”状。随着工作面向前推进，老顶产生离层、断裂及周期性垮落，上覆岩层的移动变形逐渐向地表传递，采动影响范围也不断扩大。由于2^{-2}煤层埋藏浅、上覆基岩薄，开采影响迅速波及地表，覆岩位移发育形态由“拱桥”状演变为半个“火炬”状。同时，采空区底板发生底鼓且其底鼓位移量随工作面推进而逐渐增大，此阶段底板变形及破坏程度最大。

(2)开采沉陷特征。由于2^{-2}煤层埋藏浅、上覆基岩薄，上覆岩层仅存在单一关键层结构，基本顶初次破断后开采影响迅速波及地表，形成直达地表的裂隙发育和地表沉陷。随着工作面继续向前推进，地表的影响范围不断扩大，下沉值不断增加，在地表形成一个比开采范围大得多的下沉盆地。图6-3(a)为工作面推进200m的地表下沉等值线，从中可以看出工作面推进200m时，地表下沉值基本达到该地质采矿条件应有的最大值。此后开采工作面的

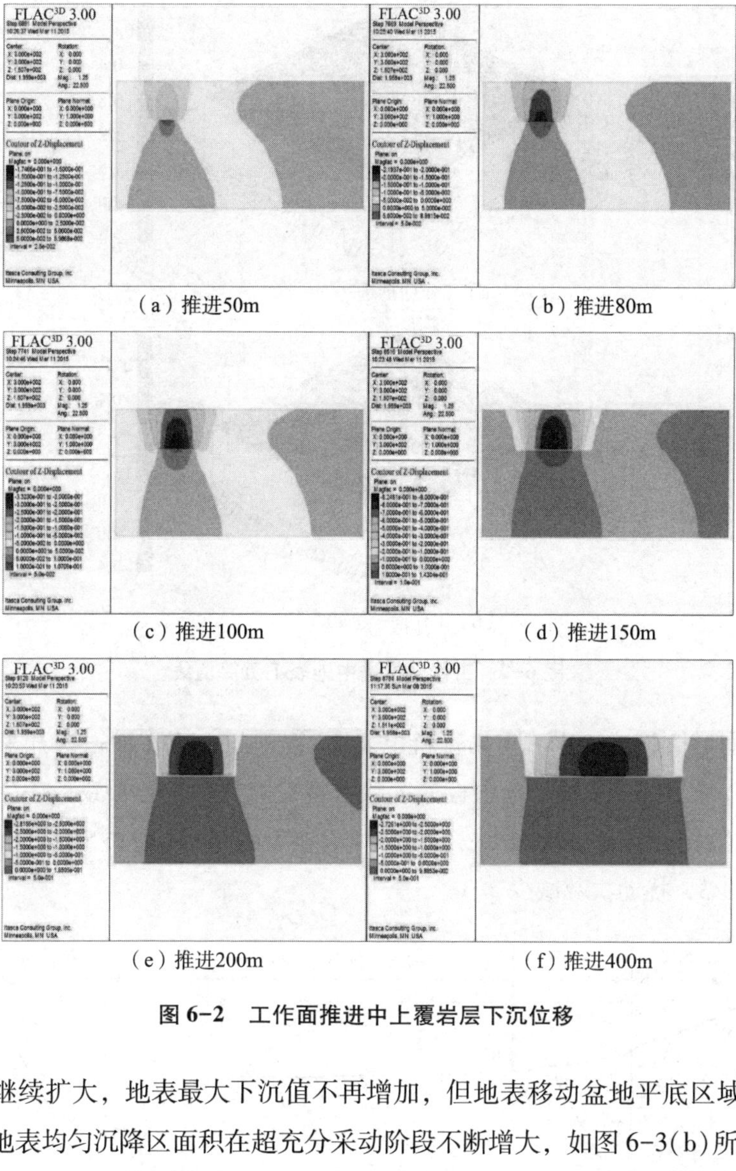

(a) 推进50m　(b) 推进80m

(c) 推进100m　(d) 推进150m

(e) 推进200m　(f) 推进400m

图 6-2　工作面推进中上覆岩层下沉位移

尺寸再继续扩大，地表最大下沉值不再增加，但地表移动盆地平底区域随之增大，即地表均匀沉降区面积在超充分采动阶段不断增大，如图 6-3(b)所示。

数值模拟及理论研究表明，超大工作面开采沉陷具有“连续+缓波”型沉陷特征(见图 6-4)，移动盆地在横向上由外向内可划分为三个区域。①拉伸区：位于移动盆地边界到采空区边界之间，地表下沉不均匀，地表移动向盆地中心方向倾斜，呈凸形，产生拉伸变形；②压缩区：采空区边界附近到最大下沉点之间，地表下沉值不等，地表移动向盆地中心方向倾斜，呈凹形，产生压缩变形；③均匀沉降区：位于移动盆地的中央部位，地表下沉均匀，其他

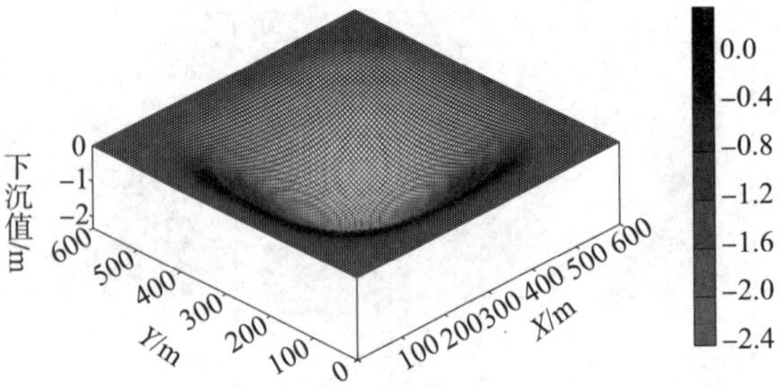

（a）工作面推进200m

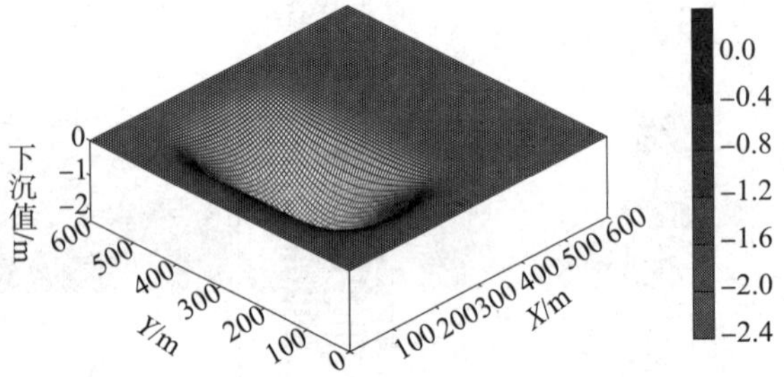

（b）工作面推进400m

图 6-3　工作面推进中地表下沉等值线

移动和变形值趋近于零。现场资料也表明[182]，超大工作面一次开采面积增加，沉降均匀范围增加，近顶板连续致密型裂隙均匀发育导致地表生态环境损伤程度减弱。相比传统方法，地表一次连续沉降面积增加 5 倍，沉陷时间减少约 1/3，扰动次数减少 2/3。

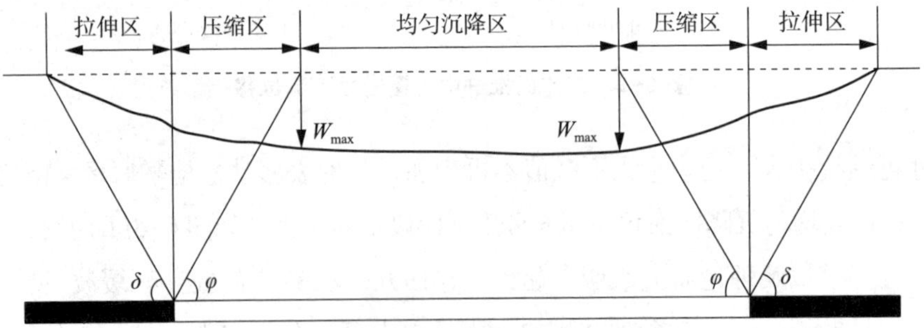

图 6-4　超大工作面地表移动盆地“三区”划分示意

注：φ 为充分采动角，δ 为移动边界角，W_{max} 为地表最大下沉值。

6.3.2.2　超大工作面周围应力分布

煤层开采前周围岩体处于应力平衡状态，煤层开采之后形成开采空间，采空区的形成引起周围煤岩体应力重新分布，开采后上覆岩体形成承重岩层，承受其重量并将其转移到采空区周围煤岩体上。无论是沿走向方向还是倾向方向，其应力分布规律都基本相似，即在采空区四周形成高于原始应力的支承压力区，而在采空区则形成应力小于原始应力的卸压区。采场周围煤岩体应力分布是随开采步骤的进行而不断调整变化的，图 6-5 为 2^{-2}煤层超大工作面推进 50~400m 时煤层内垂直应力分布三维视图。

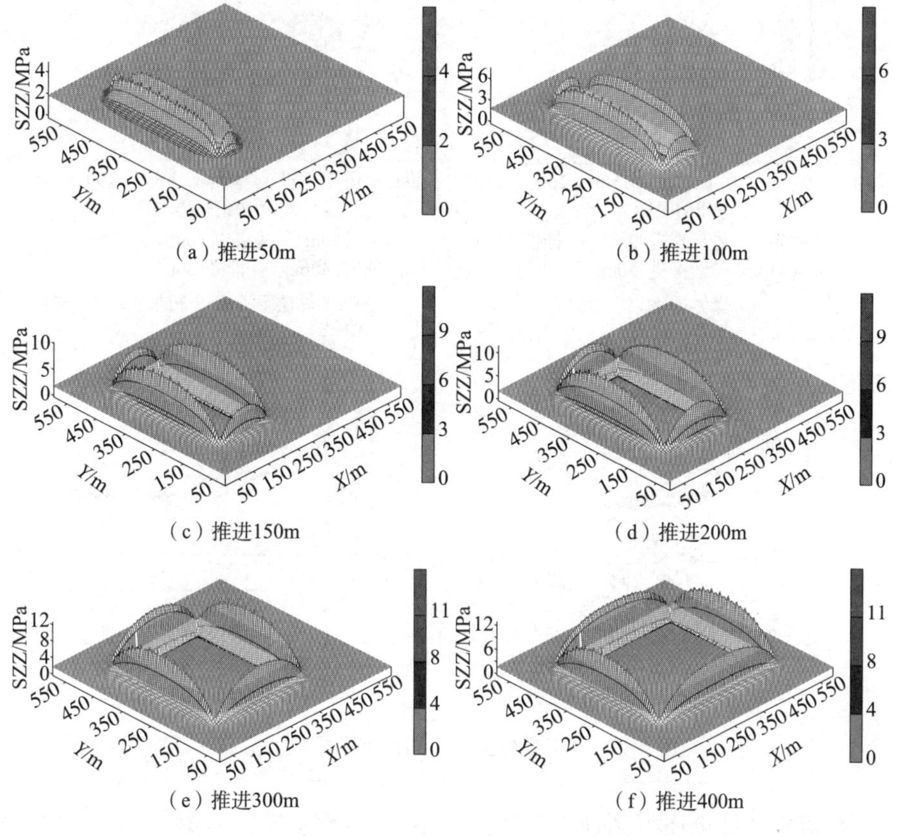

（a）推进50m　（b）推进100m

（c）推进150m　（d）推进200m

（e）推进300m　（f）推进400m

图 6-5　超大工作面煤层内垂直应力分布三维视图

提取 FLAC^3D^数值模拟结果中的各单元垂向应力值，可得到超大工作面开采后沿走向煤层顶板岩体应力分布曲线(见图 6-6)，可以将工作面前方顶板沿水平方向划分成 4 个区段。①原岩应力区：工作面前方 80m 以远，顶板岩体未受采动影响，应力保持原始应力状态；②应力微变区：工作面前方 40～80m 范围内，顶板受采动影响应力稍有增加；③超前支承压力区：工作面前方 10～40m 范围内，受采动影响剧烈，应力迅速增加并出现支承压力峰值；④超前屈服区：工作面前方 0～10m 内，工作面边缘煤体被压碎产生屈服破坏，承担上覆岩层载荷的能力减弱。同时，随着工作面推进，顶板支承压力峰值逐渐增加，采动影响范围也不断扩大，垂直应力曲线基本以采空区为中心呈对称分布。

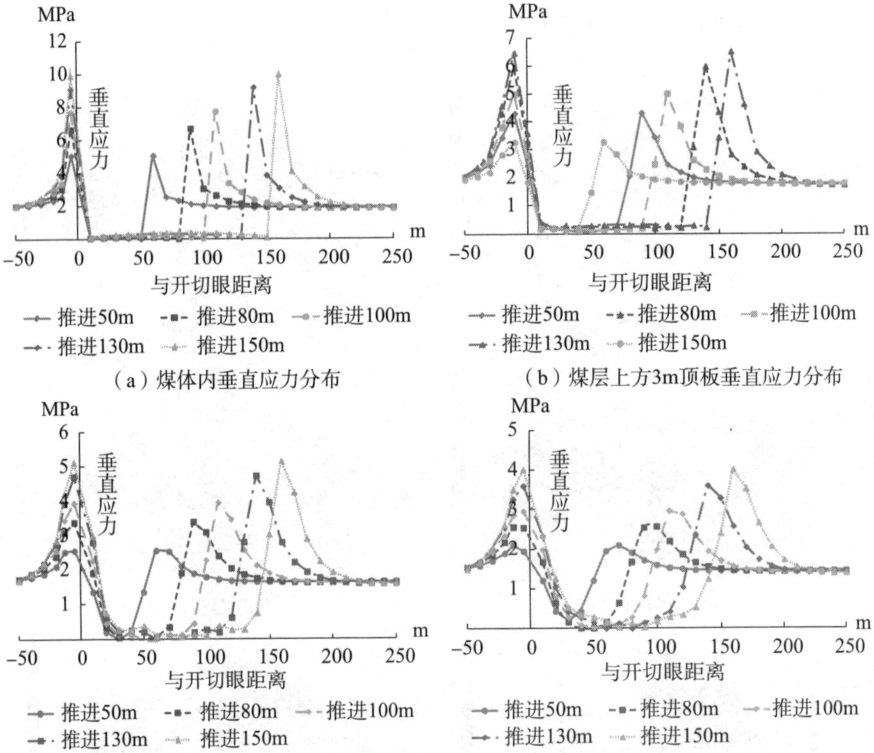

（a）煤体内垂直应力分布

（b）煤层上方3m顶板垂直应力分布

（c）煤层上方10m顶板垂直应力分布

（d）煤层上方15m顶板垂直应力分布

图 6-6　开采煤层上方不同高度顶板应力分布

数值模拟结果还得到顶板岩体内部不同深度的应力分布特征：距离煤层往上的高度越大，顶板岩体的应力变化幅度越小，即越远离采煤工作面，顶板岩体受到的采动影响越小。如当工作面推进 150m 时，煤体的超前支承压力峰值系数为 4.9，而煤层上方 3m、10m 和 15m 顶板支承压力系数分别为 4.9、3.2、2.6 和 2.1，呈逐渐衰减趋势。

图 6-7 为沿采空区倾向工作面后方顶板应力变化。从该图可以看出，采空区两侧支承压力区往外延伸 70m，在工作面后方，随着远离工作面，采空区两侧支承压力峰值逐渐升高，而中部顶板垂直应力逐渐恢复至接近原岩应力状态。在采空区两侧存在静态低应力区，即使煤层回采结束后应力仍保持在较低的状态。当邻近工作面开采时，应力叠加还会造成邻近侧煤岩体产生极高的应力集中，对巷道围岩稳定性影响十分显著。

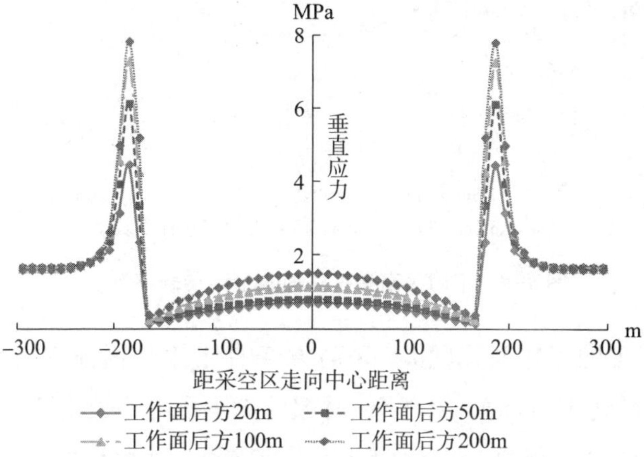

图 6-7　沿采空区倾向顶板应力分布

6.3.2.3　超大工作面开采覆岩应力—位移变化

传统综采工作面最大长度 L 小于 240m，最大推进距离约 2000m，采高 H 为 2.2～5.0m。综采工作面尺寸增加时，如长度 240～500m 和长度 3000～6000m 时，形成了超大工作面(超长工作面+超长推进距离)，使一次综采面积和资源回收率显著增加。为了揭示超大工作面开采覆岩应力、位移变化规律及其与传统工作面的差异，应用 $FLAC^{3D}$ 数值模拟软件，对不同长度和采高条件下回采工作面进行了开采模拟计算。图 6-8 为煤层开采岩移稳定后，不同工作面长度 L、采高 H 条件下工作面后 33m 煤层顶板上方 26m 处岩层下沉量分布。当 L 由 240m 增到 360m 时，采高 5m 时顶板下沉量由 1.18m 增至 1.41m，增加了 19.5%；采高 6m 时顶板下沉量由 1.31m 增大至 1.70m，增加了 29.8%；采高 7m 时顶板下沉量由 1.49m 增大至 2.13m，增加了 42.9%。结果表明，超大工作面与传统工作面相比顶板下沉量明显增加，且增加幅度随着采高的增加而变大。

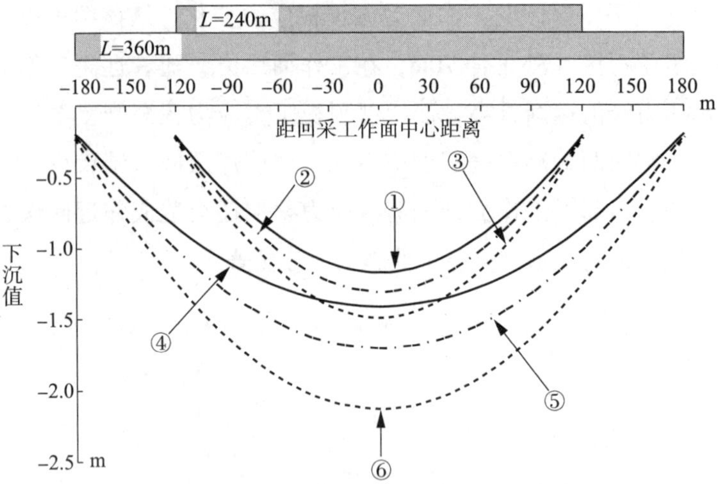

注：①5m/240m；②6m/240m；③7m/240m；④5m/360m；⑤6m/360；⑥7m/360m（H采高L工作面长度）

图 6-8　不同采高和工作面长度时覆岩下沉值

图 6-9 为不同工作面长度 L、采高 H 条件下工作面前方支承压力变化，当 L 由 240m 增到 360m 时，采高 5m 时超前支承压力峰值由 7. 20MPa 增大至 8. 22MPa，约增加了 14. 2%；采高 6m 时超前支承压力峰值由 7. 62MPa 增大至 9. 05MPa，约增加了 18. 8%；采高 7m 时超前支承压力峰值由 8. 16MPa 增大至 10. 37MPa，约增加了 27. 1%。结果表明，超大工作面与传统工作面相比超前支承压力峰值明显增加，且增加幅度随着采高的增加而变大。

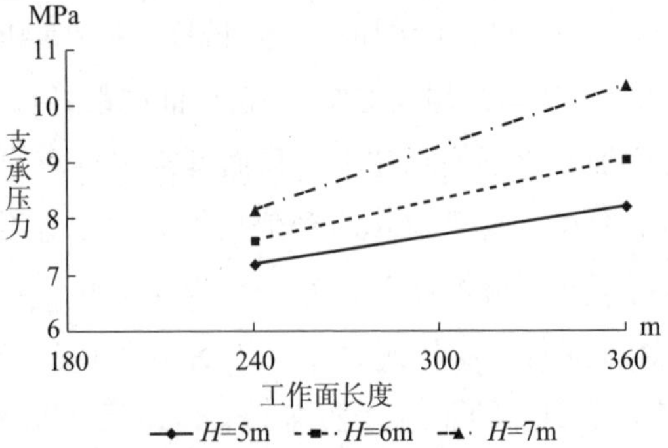

图 6-9　不同采高和工作面长度时超前支承压力峰值

综上所述，超大工作面与传统工作面相比，顶板岩层下沉量和超前峰值压力都显著增大，采高越大和工作面长度越大，顶板下沉量和超前支承压力峰值越大，这导致采场支护系统要求越高，围岩控制难度越大。

6.3.2.4 超大工作面重复采动影响规律

(1)覆岩位移变化特征。图 6-10 为 2^{-2}煤和 5^{-2}煤开采后覆岩位移场。通过比较可以看出，5^{-2}煤层充分采动后，覆岩位移场发生很大的变化，2^{-2}煤上覆岩层及地表的垂直和水平位移明显增加，5^{-2}煤开采后地表最大下沉值和水平位移较 2^{-2}煤开采后分别增加了 3.28m 和 0.98m，增加幅度达 144%和 130%。下部煤层采用超大工作面开采工艺，在重复扰动作用下，导致 2^{-2}煤采空区底板岩层弯曲下沉、失稳破坏及地面二次塌陷，上覆岩层与地表移动变形加剧。虽然初次采动后上煤层覆岩结构破坏，但重复采动后地表的垂直下沉和水平移动仍具有明显的对称性，数值模拟结果与相似模拟试验结果基本是一致的。

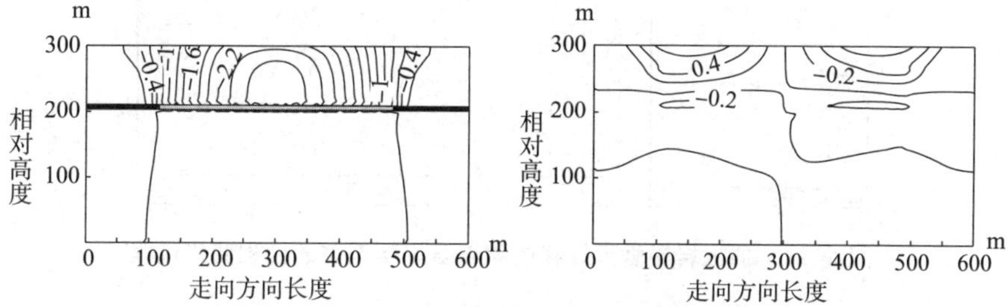

(a) 2^{-2}煤开采垂直和水平位移场

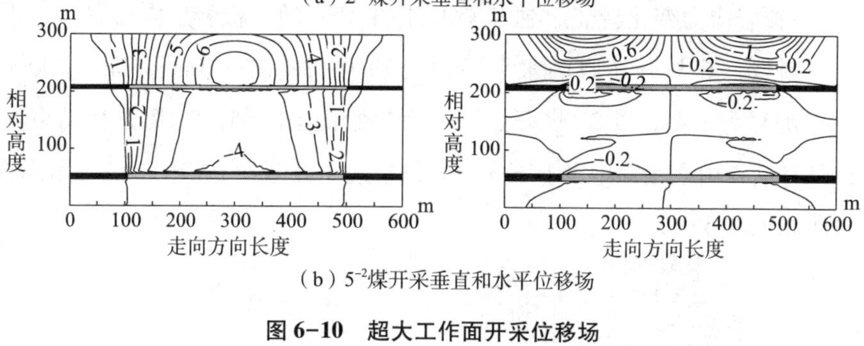

(b) 5^{-2}煤开采垂直和水平位移场

图 6-10 超大工作面开采位移场

在 2^{-2}煤层上方 6m 的顶板岩层内布置 5 个垂直位移监测点，其与开切眼的水平距离分别为-20m、0m、50m、100m 及 200m，编号为 1~5，以 2^{-2}煤开始开采为起始记录时刻，5^{-2}煤开挖结束为停止记录时刻，用来跟踪记录上下煤层开采过程中顶板垂直位移动态变化规律，记录曲线见图 6-11。从该图可以看出，2^{-2}煤层开采过程中，煤柱区 $1^{\#}$和采空区边缘 $2^{\#}$监测点位置顶板仅产生很小的垂直位移，分别为 0.12m 和 0.25m；越靠近采空区中心，顶板垂直位移越大，下沉速度越快，在工作面通过监测点后，顶板垂直位移逐渐趋于稳定，采空区中心 $5^{\#}$点的最终下沉量为 2.74m。在 5^{-2}煤层开始开采阶段，各监测点垂直位移基本没有变化，究其原因是采动覆岩垮落高度较低，主关键层结构稳定控制着上覆岩层运动，使得岩层移动变形尚未传递到监测顶板。此后随着时间推移工作面向前推进直至达到充分采动后，主关键层破断后覆岩充分垮落并波及 2^{-2}煤层直接底板，各监测点垂直位移均迅速增加，但增加幅度随着远离采空区中心而逐渐减小，采空区中心 $5^{\#}$点位置顶板下沉量增加到 5.7m。

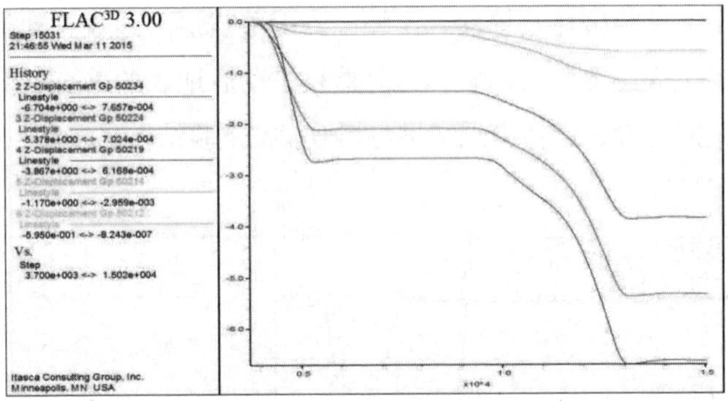

图 6-11　顶板岩层垂直位移监测点随煤层开采的全程变化过程

（2）覆岩应力变化特征。在 2^{-2}煤层上方 10m 的顶板岩层内布置 5 个垂直应力监测点，其与开切眼的水平距离分别为－30m、－10m、50m、100m 和 200m，编号为 1～5，以 2^{-2}煤开始开采为起始记录时刻，5^{-2}煤开挖结束为停止记录时刻，用来跟踪记录上下煤层开采过程中顶板垂直应力动态变化规律，记录曲线见图 6-12。

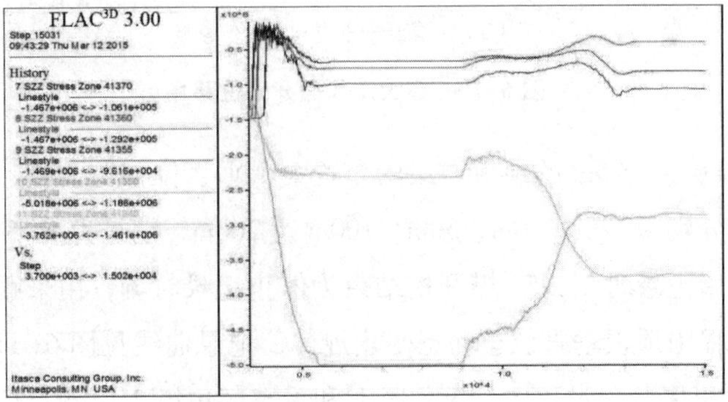

图 6-12　顶板岩层垂直应力监测点随煤层开采的全程变化过程

从图 6-12 可以看出，位于煤柱区的 $1^{\#}$ 和 $2^{\#}$ 应力监测点，随着工作面开采，应力先是处于增加的状态而后基本保持稳定，且距离开切眼远的垂直应力增加幅度较小。2^{-2} 煤层开采通过顶板 $3^{\#}$、$4^{\#}$、$5^{\#}$ 应力监测点后，顶板卸压后垂直应力急剧降低，随着工作面继续向前推进，由于垮落岩体的不断充填压实作用，顶板岩体应力又逐渐回升。在 5^{-2} 煤开采过程中，$1^{\#}$ 监测点继续处于应力增加状态，而 $2^{\#}$ 监测点应力处于下降状态，说明上部采空区边缘煤柱顶底板由原来的支承压力区变为 5^{-2} 煤采场的卸载压力区内，深部煤柱顶底板处于上下煤层采动相叠加的支承压力区内；位于采空区内的监测点在重复采动作用下垂直应力进一步降低，这必将导致顶板岩体内新的裂隙产生以及老的裂隙重新张开。

分析采动上覆岩体内最大主应力 σ_1 和最小主应力 σ_3 的分布规律，有助于判断岩体状态及其破坏形式。图 6-13 为煤层开采后采场覆岩最大主应力分布图(压应力为正)。从该图可以看出，采空区上覆岩体按受力状态可划分为三个区域：①双向拉应力区，$\sigma_1<0$，$\sigma_3<0$，分布于采空区直接顶板岩层内，当岩层内部拉应力超过岩体抗拉强度时，便产生断裂、冒落；②拉压应力区，$\sigma_1<0$，$\sigma_3>0$，位于采空区边界上方顶板岩层内，当岩体所受某一方向的拉应力高于抗拉强度时便产生张裂隙；③双向压应力区，$\sigma_1>0$，$\sigma_3>0$，位于煤柱区顶板和采空区上方一定高度岩层内，当煤岩体内承受的支承压力大于抗压强度时产生塑性变形。由于岩体的抗压强度远大于抗拉强度，①区和②区内岩层最容易发生拉伸破断或拉张裂隙，因此，$\sigma_1=0$ 等值线最大高度可以作为近似值来判别导水裂隙带的最大高度。

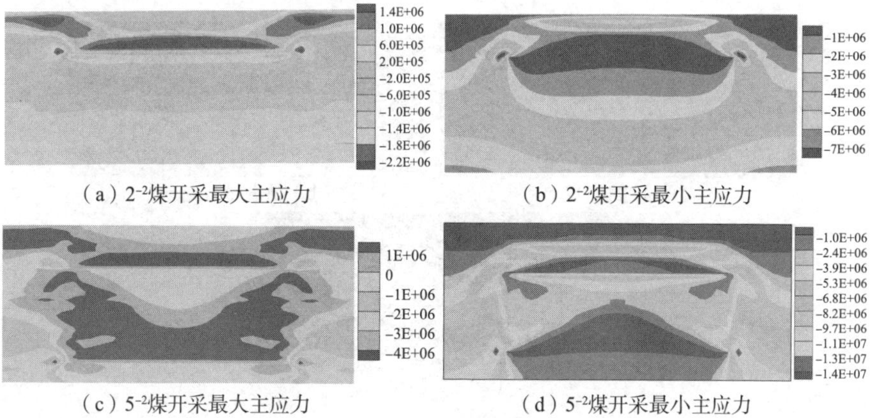

(a) 2^{-2}煤开采最大主应力　(b) 2^{-2}煤开采最小主应力

(c) 5^{-2}煤开采最大主应力　(d) 5^{-2}煤开采最小主应力

图 6-13　煤层开采上覆岩层主应力分布

2^{-2}煤层开采后，采空区边缘顶板岩层拉压应力区波及地表，表明覆岩采动裂隙贯穿上覆基岩。5^{-2}煤层充分采动后，其采空区边缘顶板岩层拉压应力区波及上部采空区，上下煤层覆岩导水裂隙带相连通。同时，在重复采动作用下，应力平衡状态再一次受到破坏，2^{-2}煤采空区中部覆岩最大主应力状态由压变为拉，引起上覆岩体再次产生变形和破坏，初次采动闭合的采动裂隙重新张开，并产生大量新的裂缝。

(3)覆岩破坏场分布特征。数值模拟结果中塑性区分布能够反映煤层开采后顶底板岩体破坏情况。待数值模拟中煤层开采完成后，取模型中部的走向塑性破坏区切片(见图6-14和图6-15)，以展示采空区上覆岩层破坏范围及破坏模式。从这两张图中可以看出，2^{-2}煤层开采112m时覆岩破坏高度达到34.5m，开采到135m时覆岩破坏高度达到地表。开采到480m时覆岩破坏范围进一步扩大，只形成了冒落带和裂隙带，没有弯曲下沉带。当5^{-2}煤层开采至155m、210m时，覆岩破坏高度分别为81m、105m。开采到280m时，顶板向上发生新的大面积垮落，层间岩层全部破断，覆岩破坏高度达到2^{-2}煤采空区。工作面推进到480m，覆岩破坏范围进一步扩大。采空区上覆岩体自下而上破坏类型表现为拉伸破坏、拉剪破坏和剪切破坏，而且各破坏区覆岩裂隙相互贯通。此外，从岩体破坏模式来看，5^{-2}煤层重复采动导致已破坏的2^{-2}煤采空区岩体进一步破碎。同时，为了确定5^{-2}煤开采覆岩破坏高度，当数值模拟中仅开采5^{-2}煤时，得出其导水裂隙带发育高度为179.5m。由此可见，数值模拟中5^{-2}煤层一次采全高开采，其覆岩采动导水裂隙高度远大于层间岩层厚度，导通上覆采空区。由此可见，数值模拟结果与相似模拟试验结果是一致的。

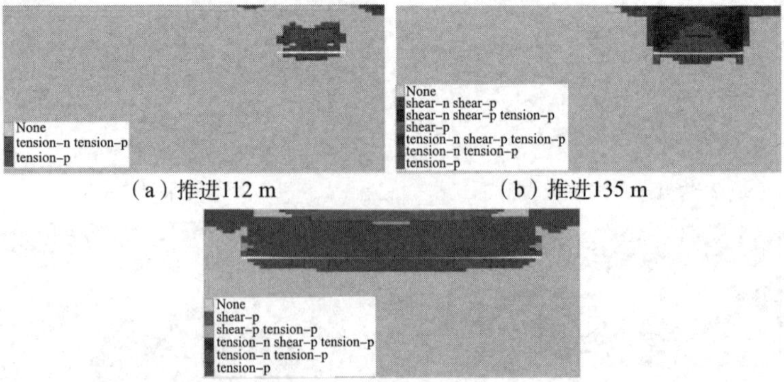

(a) 推进112 m　　(b) 推进135 m

(c) 推进480 m

图6-14　2^{-2}煤开采过程中覆岩破坏

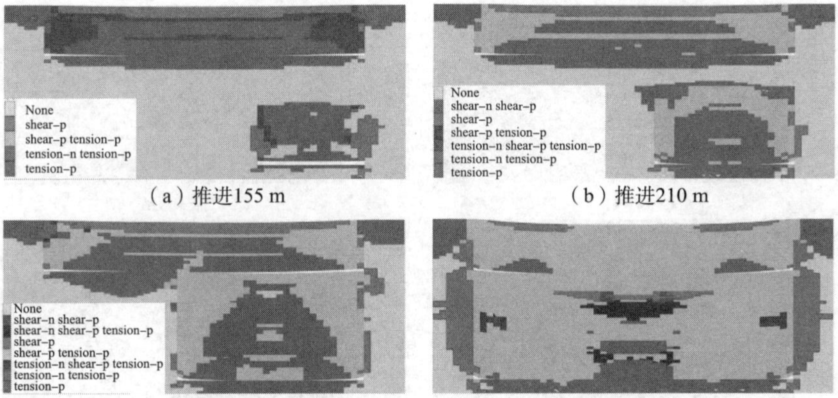

（a）推进155 m　（b）推进210 m

（c）推进280 m　（d）推进480 m

图 6-15　5^{-2}煤开采过程中覆岩破坏

6.3.3　超大工作面开采顶底板变形破坏控制因素

神东矿区超大工作面开采顶底板岩体变形破坏是一种复杂的地质及采动影响现象，其在采动矿压作用下，顶底板岩层产生冒落、裂隙及弯曲下沉的现象。神东矿区煤炭现代开采实践证明，煤层顶底板变形破坏受开采地质条件和开采工艺所控制，其中地质因素主要包括沉积岩体特性和地质构造等，开采因素包括工作面长度、采高、工作面推进速度及充填体强度等。下面采用 FLAC^{3D}数值模拟软件分别分析这些因素对煤层(2^{-2}煤)超大工作面开采条件下顶底板岩体位移与应力的影响规律。

6.3.3.1　采高

神东矿区以中厚—厚煤层为主，采高一般为 4~7m，属于大采高和特大采高。为研究采高对超大工作面顶底板岩体变形破坏的影响规律，计算了 4 种不同采高 H(4m、5m、6m、7m)时的顶底板岩体位移与应力变化规律。图 6-16 和图 6-17 为不同采高下上覆岩层垂直位移情况，可以看出采场上覆岩层下沉值随煤层采高的增加而增大，下沉曲线形态也随着采高的增加由平缓变得陡峭。当工作面推进 200m 时，采高 H 为 4~7m 的 4 种工况中老顶岩层的下沉值分别为 2.15m、2.71m、3.23m 和 4.23m，呈非线性增长，这直接反映出采高越大，覆岩活动越剧烈，采动变形及破坏越严重。

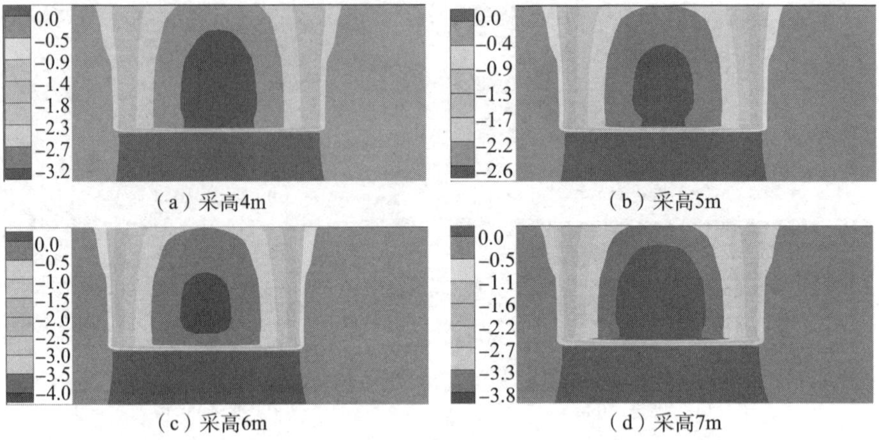

图 6-16　不同采高条件下上覆岩层垂直位移云图(单位：m)

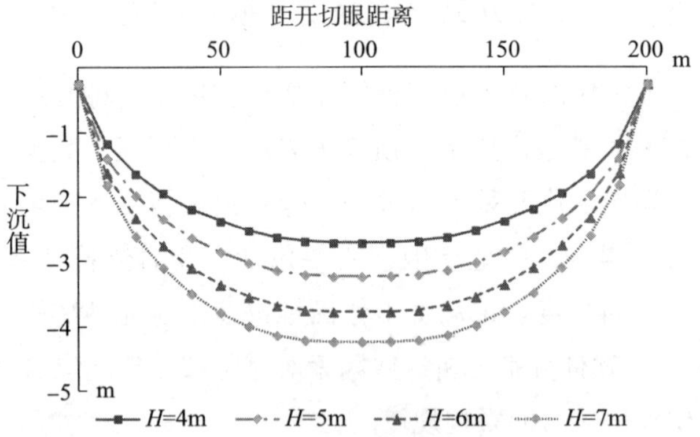

图 6-17　不同采高下老顶下沉值

回采工作面下方底板岩体鼓起量随着采高的增大逐渐增加(见图 6-18)，从采高 4～7m 的 4 种模型中，回采工作面底板岩体鼓起量依次分别为 186.3mm、204.8mm、222.3mm、238.9mm。煤柱区底板岩体的压缩位移受超前支承压力峰值的影响不断增加，一般在压缩区和膨胀区的交界处，底板岩体垂直错开位移越大，越容易产生剪切变形而发生剪切破坏。因此，超大工作面大采高开采，底板破坏深度及其鼓起量较大，底板岩体变形破坏严重。

图 6-19 为不同采高下工作面超前支承压力分布，当采高 H 从 4m 增加到 7m 时，工作面前方支承压力区范围及超前支承压力峰值增大，其距工作面煤壁的距离也不断增大。采高 H 为 3～7m 4 种模型中，工作面前方顶板内支承

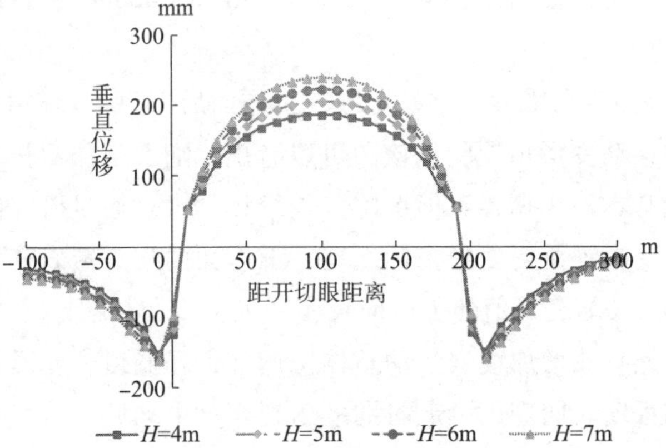

图 6-18　不同采高下底板垂直位移

压力峰值依次分别为 7.26MPa、7.68MPa、8.45MPa、9.56MPa，煤柱塑性区宽度依次分别为 2.5m、2.5m、5m、7.5m，采高 7m 与 4m 相比，煤壁破坏率增加约 2 倍，应力峰值增加 31.6%，峰值位置向煤壁深处前移 5m。因此，超大工作面大采高开采矿压显现剧烈，导致工作面煤壁稳定性差，易于片帮，支承压力向煤壁深处转移。

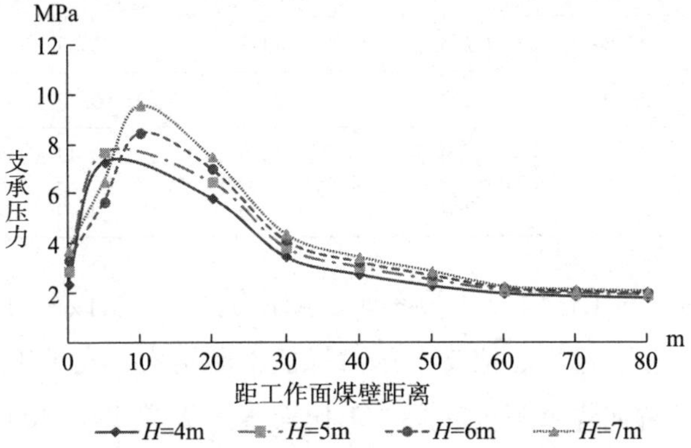

图 6-19　不同采高下工作面前方支承压力分布

6.3.3.2　工作面斜长

神东矿区结合自身的煤炭资源赋存条件和现代煤炭开采技术，目前普遍采用超大综采工作面，长度一般 300~400m，工作面推进距离一般 3000m 以上。覆岩移动盆地内移动和变形的指标与地表移动盆地相同，为系统研究超大采空区尺寸对围岩变形破坏的影响规律，在工作面推进距离相同的情况下，计算了4种不同工作面斜长（240m、300m、360m、400m）下的顶板移动和变形情况。

图6-20为当煤层采后岩移稳定时，工作面后方200m煤层顶板高度30m处岩层沿倾向移动变形情况。从该图可以看出，随着工作面长度的增加，采动覆岩下沉值基本不再增加，但沉陷范围继续增大。通过研究倾斜变形、曲率变形和水平变形等覆岩变形指标发现，工作面两端头覆岩变形最大，中部覆岩变形最小，覆岩变形值随工作面长度增大而变小（见表6-2），这说明加大工作面长度能有效增加覆岩运动整体协调性，降低覆岩变形量，减小采动覆岩结构损伤程度。同理，沿走向推进达到充分采动后，随着工作面推进长度继续增加，尽管开采面积继续扩大，但覆岩移动变形量不再增加，呈现均匀沉陷的趋势。总的来说，在等效的开采空间中，加大工作面一次开采面积，虽然覆岩移动变形范围增加，但能有效扩大采空区覆岩及地表均匀沉陷面积，减少地表扰动次数和控制覆岩结构损伤程度，这不仅使一次综采面积和资源回收率显著增加，还能使得覆岩及地表沉陷变形具备一定的自修复能力。

表6-2　顶板移动和变形最大值

工作面斜长/m	下沉值/m	水平移动/mm	倾斜变形/（$mm \cdot m^{-1}$）	曲率变形/（$mm \cdot m^{-2}$）	水平变形/（$mm \cdot m^{-1}$）
240	2.68	284.6	43.8	0.88	8.55
300	2.69	273.9	35.8	0.58	6.80
360	2.70	259.6	30.5	0.47	5.54
400	2.71	244.9	27.0	0.40	4.73

图6-21为不同工作面长度下超前支承压力分布。从该图可以看出，随着工作面长度增加，工作面超前支承压力峰值不断增大，支承压力影响区域增大，应力峰值位置向煤壁深处转移。工作面长度L为280~400m的4种模型中，工作面前方顶板内支承压力峰值依次分别为7.46MPa、8.58MPa、9.15MPa、10.36MPa，煤柱塑性区宽度依次分别为2.5m、5m、5m、7.5m，工作面长度400m与280m相比，煤壁破坏率增加约2倍，应力峰值增加38.8%，峰值位置向煤壁深处前移5m，支承压力区长度增加约30m。因此，超长工作面开采矿压显现剧烈，导致工作面煤壁稳定性差，易于片帮，支承压力向煤壁深处转移。

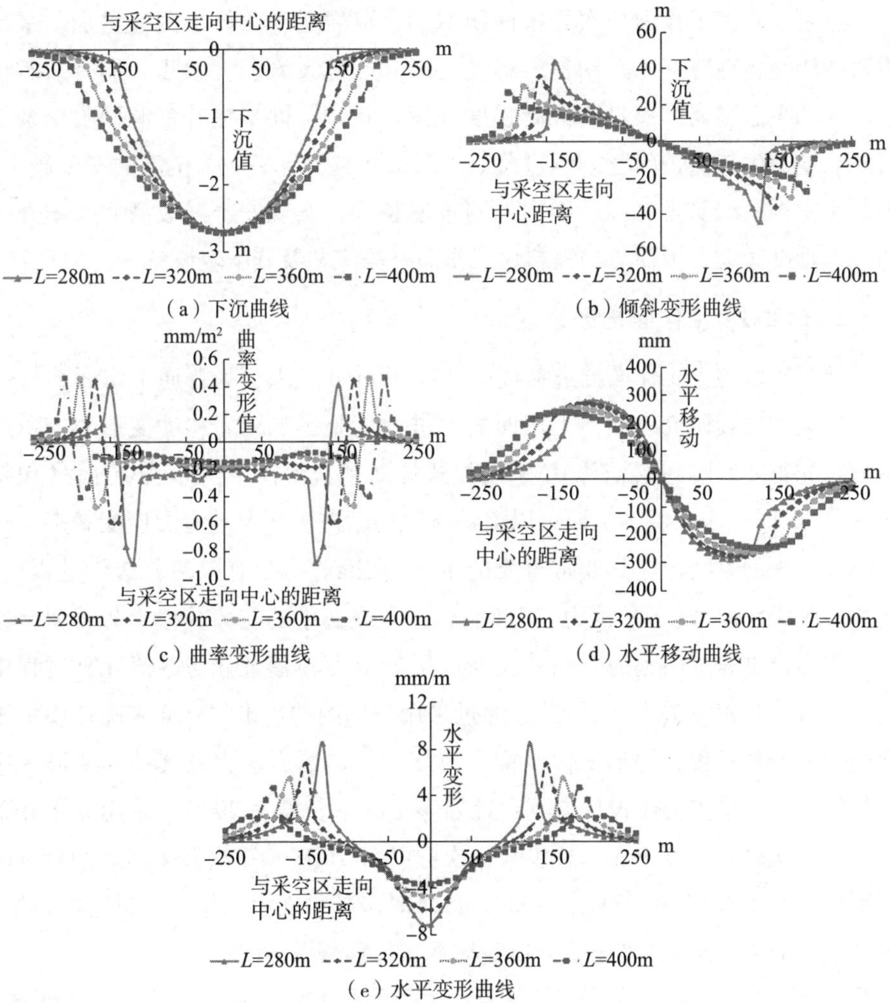

（a）下沉曲线

（b）倾斜变形曲线

（c）曲率变形曲线

（d）水平移动曲线

（e）水平变形曲线

图 6-20　不同工作面长度下基本顶移动变形曲线

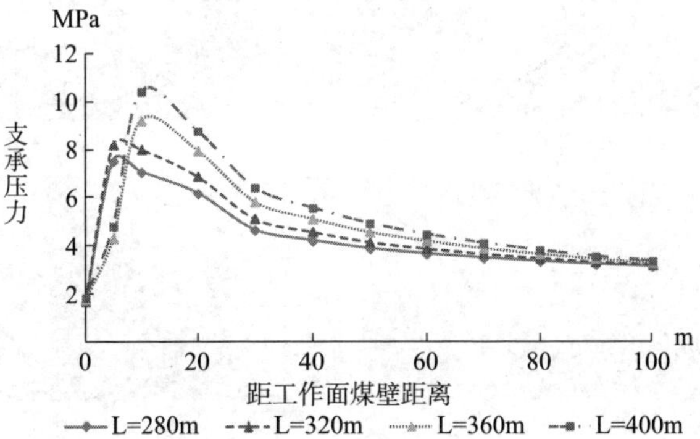

图 6-21　不同工作面长度下超前支承压力分布

总之，超大工作面一次开采面积增加，覆岩运动整体协调性增加，采动覆岩结构完整性较好，采动覆岩移动变形和裂隙发育程度较小，能有效解决中国西部生态脆弱区煤炭资源高强度开发过程中，同步提升资源回收率及水资源、地表生态保护问题；但超大工作面尺寸越大，一次采全高的高度越大，则采场支护系统要求越高，围岩控制难度越大，实现安全高效高回采率开采的技术难度越大，因而应加强超大工作面开采工艺及其配套设备、技术研究。

6.3.3.3 工作面推进速度

神东矿区超大工作面推进速度一般在15m/d以上，为普通工作面的2~4倍。理论和实践研究表明，工作面的推进速度是影响覆岩移动变形和支承压力分布的重要影响因素。FLAC采用显式算法来获得模型全部运动方程(包括内变量)的时间步长解，从而可以追踪材料的渐进破坏及其应力应变状态，这对研究开采的时间效应是非常重要的[183]。在准静力学有限差分迭代过程中，受扰动区域的应力(不平衡力)不断调整，与现实中的应力转移十分类似，鉴于工作面推进速度引起的时间效应造成围岩应力转移过程与数值计算过程中迭代步数的长短有关[184]。因此，通过采用不同的迭代步数step来间接模拟围岩的应力转移过程，揭示工作面推进速度对采动覆岩应力及其移动变形的影响规律。数值模拟方案设计如下：计划煤层开采长度为200m，采用分步开采方法，一次开采长度10m，分步开挖次数共计20次，一次开采计算步数step分别设计为100、300、600和1000，计算时步越少表示工作面推进速度越快。图6-22给出了不同开采速率下顶底板垂直位移分布云图。

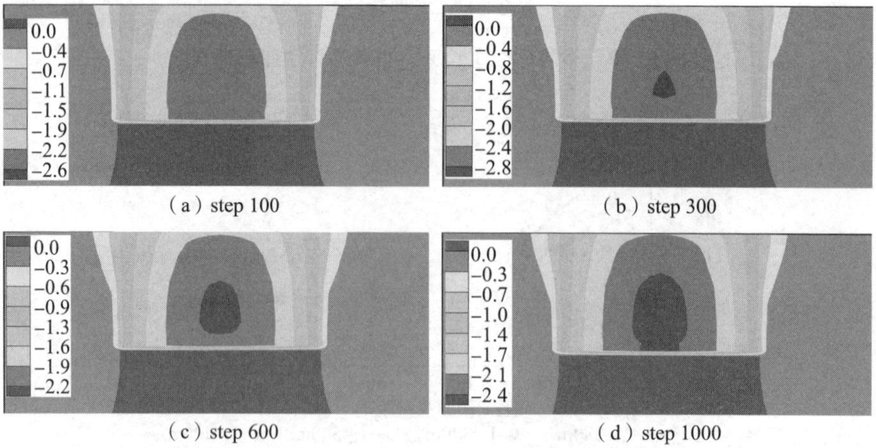

(a) step 100　(b) step 300

(c) step 600　(d) step 1000

图6-22　不同工作面推进速度下上覆岩层垂直位移(单位：m)

图 6-23 为不同工作面推进速度下覆岩下沉曲线。随着一次开采计算时间步的减少，采场上覆岩层下沉值逐渐减小，时间步 step 为 100~1000 的 4 种工况中，老顶最大下沉值依次分别为 2.23m、2.37m、2.51m 和 2.66m。可见，综采工作面控顶区覆岩运动与开采速率密切相关。当工作面推进速度较快时，即缩短了工作面每个循环的时间，岩梁在控顶区内停留的时间变短，覆岩变形时间缩短，因而覆岩移动变形量减少，这有利于减缓采动岩层运动、控制覆岩裂隙发育。总的来说，加快工作面推进速度是通过减小采动覆岩变形时间来增加覆岩均匀沉陷性，提高采动覆岩结构完整性的一种有效方法。

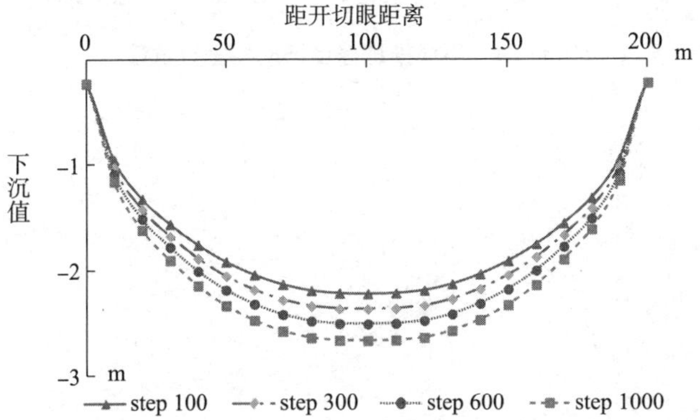

图 6-23　不同推进速度下采场老顶下沉曲线

另外，在时间步为 100~1000 的 4 种模型中，底板岩体最大底鼓量依次分别为 136.4mm、145.6mm、155.2mm 和 163.9mm，可以看出开采速率对工作面底板岩体的底鼓量也有很大影响(见图 6-24)。加快工作面推进速度，不仅可以减少支承压力对底板的作用时间，而且还能使垮落岩体在较短的时间内充填压实采空区底板岩体，底板未形成较大裂隙就会由膨胀状态变为压缩状态，有效控制了底板岩体的位移及变形量。

图 6-25 为不同工作面推进速度下前方支承压力分布。随着一次开采计算时间步 step 的减少，工作面前方煤层顶板岩体中超前支承压力峰值逐渐降低，时间步 step 为 100~1000 的 4 种工况中，工作面超前支承压力峰值依次分别为 6.82MPa、7.21MPa、7.98MPa 和 8.79MPa。这种现象的产生原因在于工作面推进速度越快，采场覆岩不能充分卸压，由于能量守恒，而在工作面前方形成较小的支承压力。但当工作面推进速度足够快时，支承压力分布几乎不再变化。

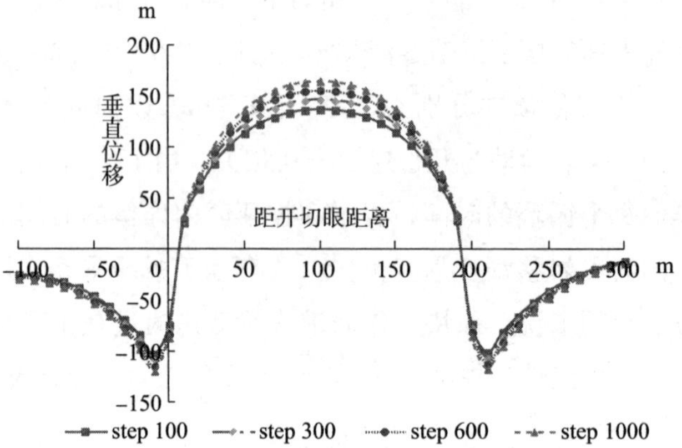

图 6-24　不同推进速度下底板垂直位移

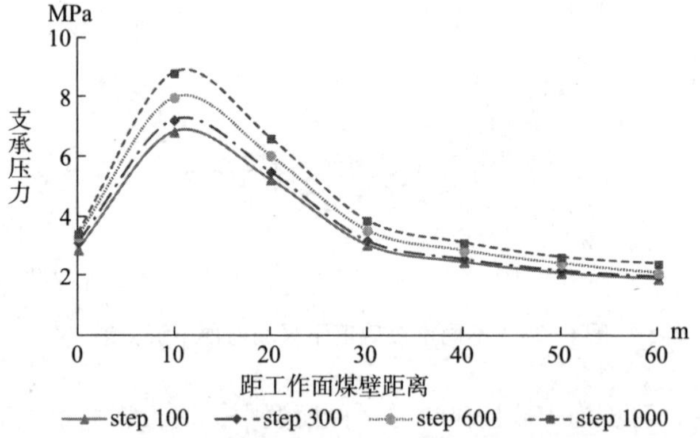

图 6-25　不同推进速度下工作面前方支承压力分布

6.3.3.4　沉积岩体特性

沉积岩体的强度是煤层开采后诱发顶底板移动变形大小的内在因素，岩层的强度主要取决于其弹性模量和泊松比，沉积岩体的强度越高，其弹性模量越大，泊松比越小。现场实测及模拟试验资料表明，沉积岩体的弹性模量对顶板稳定性和应力分布影响很大。假设煤系地层岩性相同，在其他条件相同的情况下，计算了 4 种不同岩层弹性模量（10GPa、15GPa、20GPa、25GPa）时的顶底板岩体采动位移与应力变化规律。图 6-26 和图 6-27 给出了不同弹性模量下采场上覆岩层垂直位移场和老顶下沉曲线，顶板岩体最大下沉值均出现在采空区中部，但随着岩体弹性模量的增大，采场顶板岩体至地表下沉值逐渐减小；从岩层弹性模量 E 为 10~25GPa 的 4 种模型中，工作面老顶最大下沉量依次分别为 3. 18m、2. 67m、2. 40m 和 2. 25m，呈递减状态，这意味着顶板岩体弹性模量越大，顶板移动变形量越小。

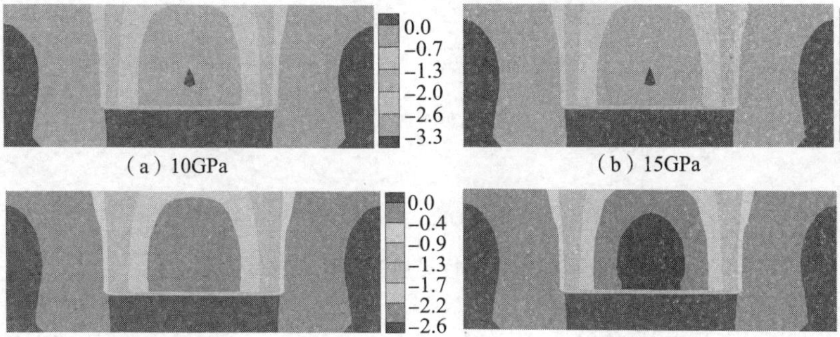

（a）10GPa （b）15GPa

（c）20GPa （d）25GPa

图 6-26 不同岩层强度时上覆岩层垂直位移分布（单位：m）

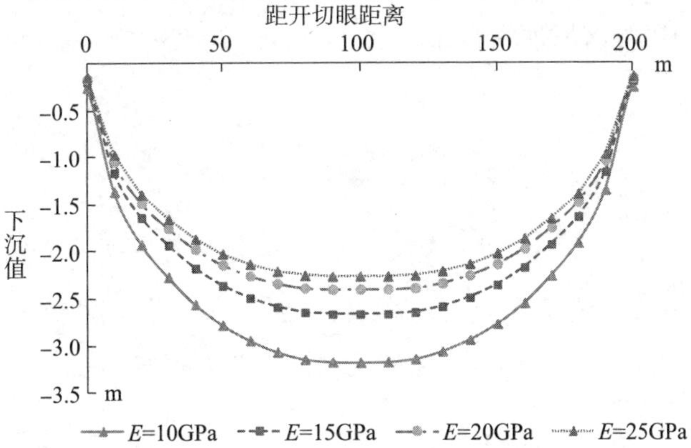

图 6-27 不同岩层强度时老顶下沉值

图 6-28 为工作面推进 200m 时不同岩层弹性模量下底板垂直位移。从该图可以看出，回采工作面下方底板岩体鼓起量随着岩体弹性模量的减小逐渐增加。从岩层弹性模量 E 为 10~25GPa 的 4 种模型中，回采工作面底板岩体底鼓量依次分别为 220. 9mm、151. 6mm、115. 8mm、93. 9mm。随着岩体弹性模量减小（即岩层变软时），煤柱区底板岩体的压缩位移逐渐增加。

图 6-29 为不同岩层弹性模量条件下工作面超前支承压力分布。随着岩层弹性模量的增加，工作面超前支承压力区范围及峰值不断变大，峰值距工作面煤壁的距离也不断增大。岩层弹性模量 E 为 10~25GPa 的 4 种模型中，工

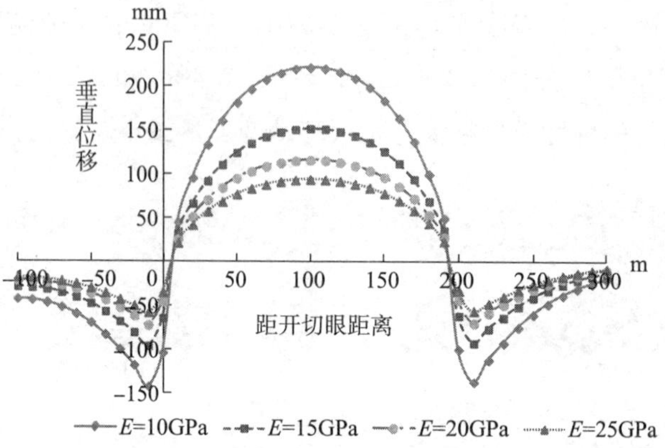

图 6-28　不同岩层弹性模量下底板垂直位移

作面前方顶板内支承压力峰值依次分别为 6.01MPa、6.63MPa、7.30MPa、8.06MPa，压力峰值位置距离工作面煤壁分别为 5m、5m、10m、10m；弹性模量 25GPa 与 10GPa 相比，应力峰值增加 34.1%，峰值位置向煤壁深处前移 5m，支承压力影响区增加约 20m。

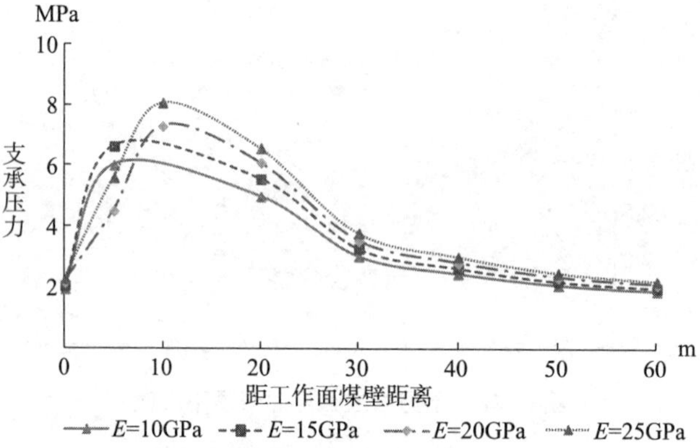

图 6-29　不同岩层弹性模量下顶板支承压力分布

但是，在评价煤层开采顶底板突水时，不仅要考虑沉积岩体强度的高低，还要考虑其岩性及隔水能力。除此之外，沉积岩体组合对采动岩体变形破坏也有很大的影响，顶板岩层的岩体力学性质及其稳定性并不是一层岩性所能代表的，而是多层沉积岩性的叠加组合决定的。

6.3.3.5　充填体强度

对于长壁开采工作面，如果采用充填采空区的方法管理煤层顶板，则由于充满开采空间的充填体能起到支撑煤层顶底板的作用，从而可以减小顶底板的位移及变形量，所以充填开采既可以减小煤层上覆岩层的破坏高度，也能减轻煤层底板岩层的破坏深度。在充填开采工艺一定的条件下，充填体强度对工作面上覆岩层活动及控制起着决定作用，直接影响着充填开采效果。计算了 4 种不同充填体弹性模量(50MPa、100MPa、200MPa、500MPa)下的煤层顶底板岩体位移与应力变化及采动覆岩破坏规律。图 6-30 给出了充填体弹性模量为 50MPa、100MPa、200MPa 和 500MPa 时顶底板岩层垂直位移分布云图。从该图可以看出，当采空区充填体的弹性模量控制着采场上覆岩层位移与变形，当 E<100MPa 时，顶板仍会产生断裂、垮落，但其过程较全部垮落法相对缓和；当 E>100MPa 时，顶板仅产生弯曲下沉而不形成垮落性破坏，导水裂隙带高度大大降低。

(a) E=50MPa

(b) E=100MPa

(c) E=200MPa

(d) E=500MPa

图 6-30 不同充填体弹性模量下上覆岩层垂直位移云图(单位：m)

图 6-31 为不同充填体弹性模量下老顶下沉值。随着弹性模量的增大采场老顶下沉值逐渐减小，且减小幅度逐渐衰减。从充填体弹性模量 50~500MPa 的 4 种模型中，老顶最大下沉值依次分别为 78.1cm、54.5cm、35.0cm 和 17.9cm。这说明充填体强度越大，充填体在经历覆岩垮落、压实及稳定过程中压缩变形越小，即提高了开采空间充填材料的充实率，有利于上覆岩层移动与破坏控制。

图 6-32 为不同充填体弹性模量下底板岩体鼓起量。随着弹性模量的增大采场底板岩体鼓起量逐渐减小，且减小幅度逐渐衰减。从充填体弹性模量 50~500MPa 的 4 种模型中，底板岩体最大鼓起量依次分别为 96.2mm、65.8mm、39.4mm 和 18.6mm。这说明充填体弹性模量越大，底板岩体卸压膨

胀程度越小，底板的位移及变形量越小。

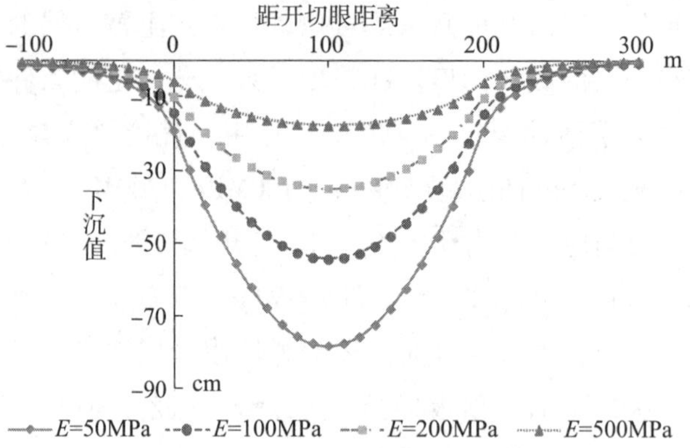

图 6-31　不同充填体弹性模量下老顶下沉值

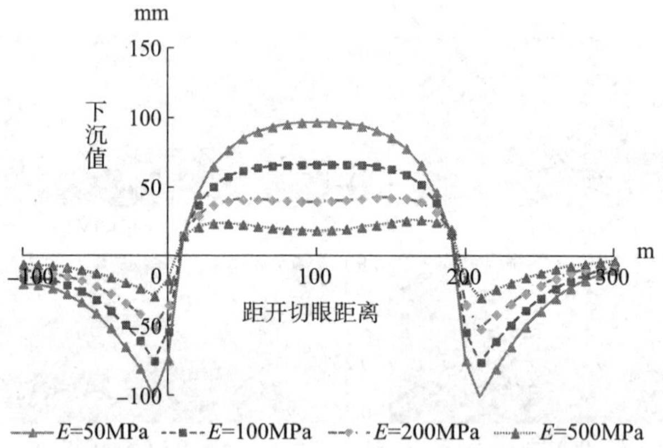

图 6-32　不同充填体弹性模量下底板垂直位移

图 6-33 为不同充填体弹性模量下顶板岩体垂直应力分布。随着弹性模量的增大，工作面超前支承压力逐渐减小，采场周围岩体应力分布更为均匀。从充填体弹性模量 50~500MPa 的 4 种模型中，底板岩体超前支承压力峰值依次分别为 6.47MPa、5.33MPa、4.29MPa 和 3.3MPa。长壁工作面充填开采，充填体与煤柱共同承受上覆岩体的重量，当充填体弹性模量越大，其承受上覆岩层的荷载越大，因而开切眼及工作面侧煤柱承受的载荷变小。

从以上分析可以看出，与全部垮落法采煤相比，采用充填法采煤可以大幅度地减轻顶底板的移近量和采面周围的支承压力。随着充填体的弹性模量越大，即充填越密实坚硬，开采后工作面超前支承压力峰值越小，工作面周围应力分布更为均匀，顶底板位移与变形越小。因此，充填体强度是充填采煤控制覆岩变形与破坏的关键，是衡量充填开采效果的最主要技术指标。

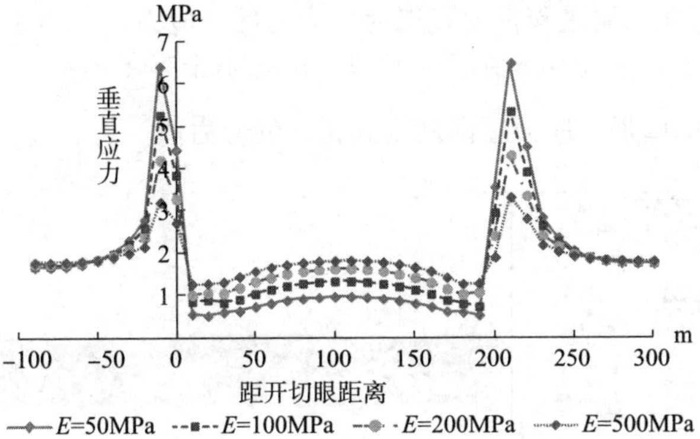

图 6-33　不同充填体弹性模量下顶板岩层应力分布

6.3.3.6　地质构造

地质构造，尤其是断层，是影响煤炭开采顶底板稳定性及矿山压力分布的重要因素。断层带内及其附近岩体完整性差，力学强度低，煤炭开采至断层附近时，顶底板稳定性及其应力分布特征与无断层时有很大差异。断层带附近煤层开采顶底板变形破坏特征除了与断层倾角、摩擦系数和落差等自身属性有关外，还取决于工作面的推进方向与断层倾向的关系。大柳塔矿 F2 断层总体走向 N67°W，倾向约 203°，倾角 70°，落差 20m，断层破碎带宽 5m。由于 F2 断层错断了整个煤系地层，采掘工程受到严重制约，建立了如图 6-34 的断层模型，研究工作面推进方向与 F2 断层倾向相同或相反时，周围岩体应力及变形破坏规律，并分析断层受采动影响活化可能性。

图 6-34　数值计算模型

由于断层的存在，初始应力场连续性被断层分割，产生了明显的扰动分区(图 6-35)。在断层破碎带内表现为低应力区，应力值仅为正常值的 25%~50%；断层两侧为高应力集中区带，应力值约为正常应力的 1.2~1.5 倍，随着与断层距离的增加，应力逐渐恢复到正常的应力值。

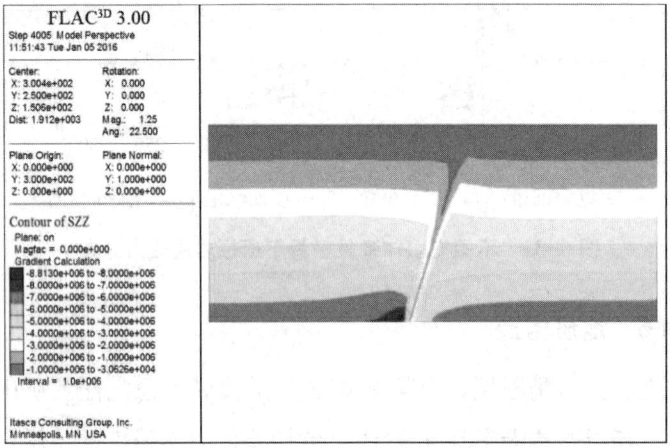

图 6-35 初始应力场

(1)工作面推进方向与断层倾向相反。图 6-36 和图 6-37 分别为工作面由断层上盘向断层推进时，推进至距断层不同距离下应力分布云图和超前支承压力分布。由图可看出，当工作面推进至距断层 80m 处时，超前支承压力峰值为 6.16MPa，峰值位置距煤壁约 12m；当工作面推进至距断层 50m 处时，超前支承压力峰值为 7.09MPa，压力峰值增加 15.1%，峰值位置距煤壁约 11m；当工作面推进至距断层 30m 处时，超前支承压力峰值为 7.88MPa，相对于上一次开采压力峰值增加 11.1%，峰值位置距煤壁约 10.5m；而当工作面推进至距断层 10m 处时，由于工作面进入断层破碎带低应力区，超前支承压力峰值为 6.9MPa，峰值位置距煤壁约 4.5m，较开采至距断层 30m 压力峰值降低 12.4%。

图 6-38 为工作面由断层下盘向断层推进时两盘在垂直方向的相对位移。推进至距断层 80m 处时，上下两盘相对位移仅有 0.8cm，采动对断层影响很小；随着工作面由上盘向断层推进，两盘相对位移缓慢增加，推进至距断层 10m 处时，两盘相对位移急剧增大为 30.2cm，表明采动影响使得断层上下两盘错动，即断层活化。断层活化会造成上盘岩体裂隙发育、完整性差，采动岩体变形破坏特征发生明显变化。随着工作面推进至断层面附近，周期来压步距变小，冒落带高度增大，容易产生冒顶事故和其他矿井动力地质现象。

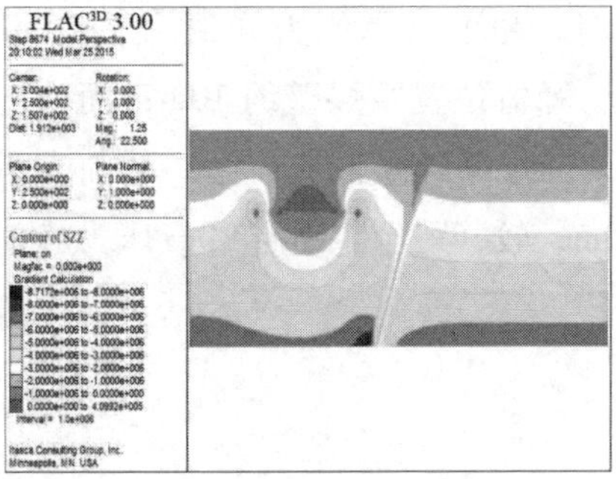

（a）推进至距断层80m

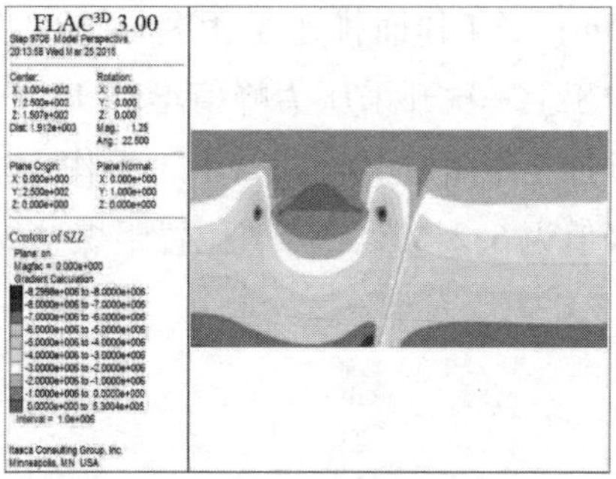

（b）推进至距断层50m

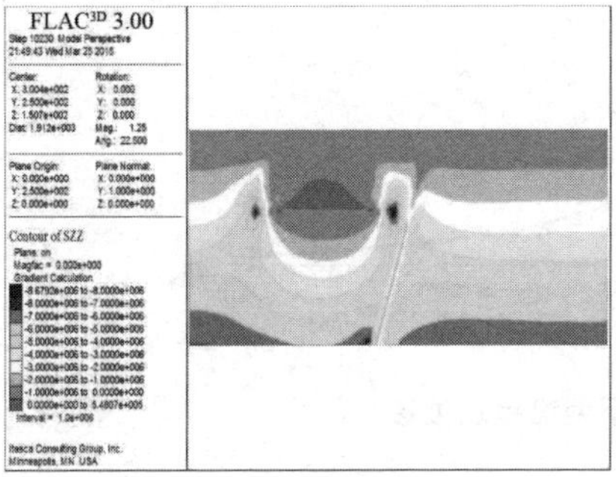

（c）推进至距断层30m

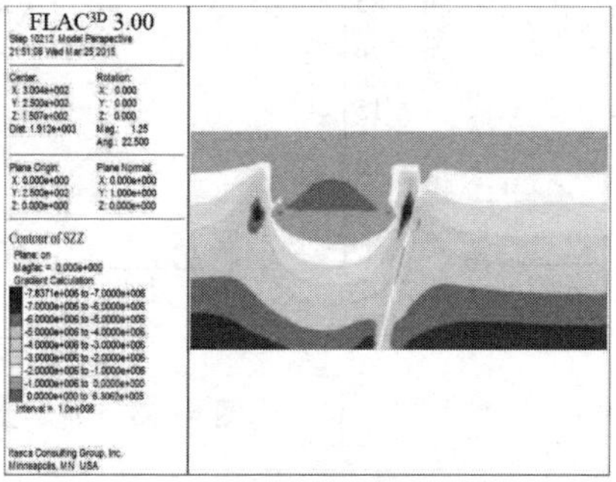

（d）推进至距断层10m

图 6-36　工作面推进过程中垂直应力云图

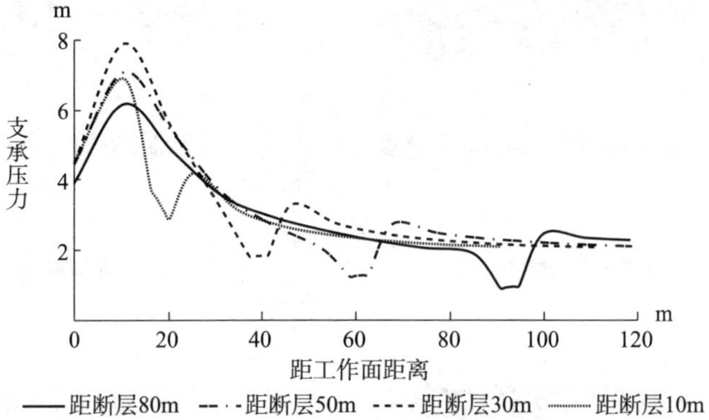

图 6-37　工作面距断层顶板超前支承压力

（2）工作面推进方向与断层倾向相同。图 6-39 和图 6-40 分别为工作面由断层下盘向断层推进时，推进至距断层不同距离下应力分布云图和超前支承压力分布。从图中可看出，当工作面推进至距断层 80m 处时，超前支承压力峰值为 5.06MPa，峰值位置距煤壁约 13m；当工作面推进至距断层 50m 处时，超前支承压力峰值为 6.36MPa，压力峰值增加 25.7%，峰值位置距煤壁约

12.5m；当工作面推进至距断层 30m 处时，超前支承压力峰值为 7.22MPa，相对于上一次开采压力峰值增加 13.5%，峰值位置距煤壁约 10m；而当工作面推进至距断层 10m 时，由于工作面进入断层破碎带低应力区，超前支承压力峰值为 6.25MPa，峰值位置距煤壁约 5m，较开采至距断层 30m 压力峰值降低 13.4%。

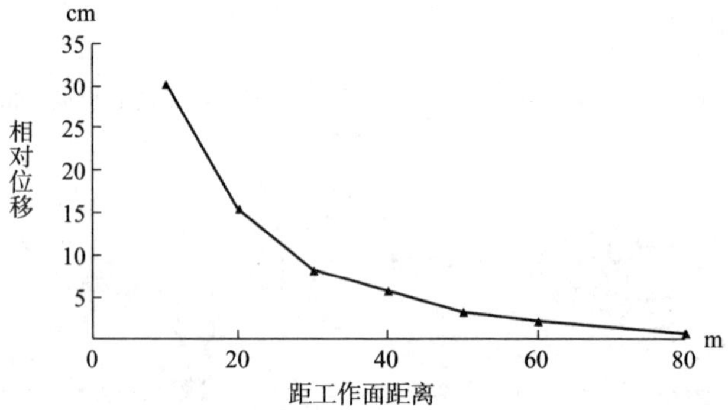

图 6-38 断层上下两盘错动位移

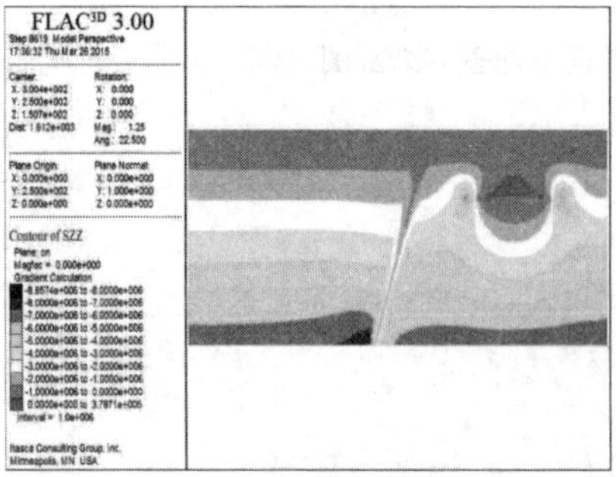

（a）推进至距断层80m

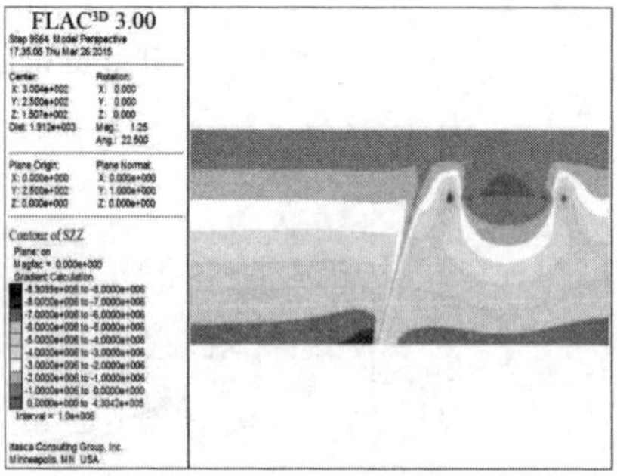

（b）推进至距断层50m

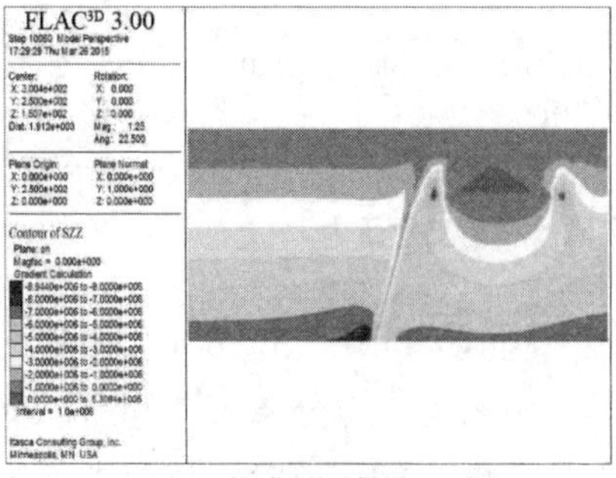

（c）推进至距断层30m

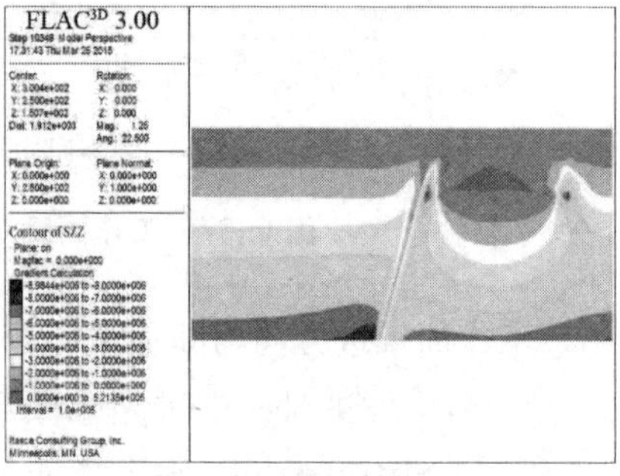

（d）推进至距断层10m

图 6-39 工作面推进至距断层不同距离下应力分布云图

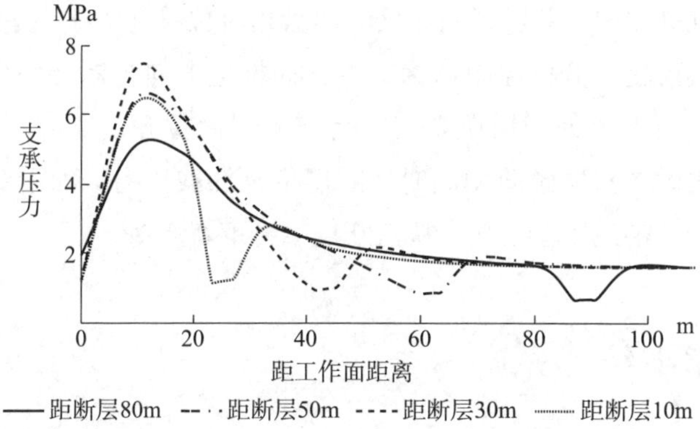

图 6-40 工作面顶板超前支承压力

图 6-41 为工作面由断层下盘向断层推进时两盘在垂直方向的相对位移。从图中可以看出，两盘相对位移在工作面靠近断层过程中变化较小，推进至距断层 10m 处时，两盘相对位移只有 4.1cm，这表明采动影响未造成断层活化。工作面推进至断层面附近，周期来压步距和冒落带发育不会出现异常现象。

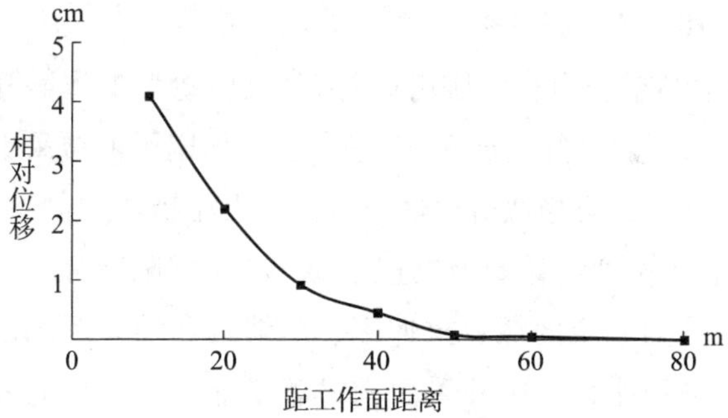

图 6-41 断层上下两盘相对位移

从上述结果可以看出，在采区存在断层的情况下，工作面推进方向与断层倾向相同或相反时，工作面前方煤岩体支承压力变化特征相似：当工作面距离断层较远时，煤岩体超前支承压力峰值随着工作面推进逐渐增大，且峰值压力位置向工作面煤壁移近；当工作面开采至断层破碎带附近，断层与工作面煤壁之间的煤柱类似于条带煤柱，断层附近煤岩体被弱化，煤柱应力超过抗压强度极限发生破坏，导致煤岩体承担上覆岩层载荷的能力较小，一部分采动附加压力便向断层后方煤岩体内转移。断层破碎带及其两侧岩体应力分布呈“马鞍”形，这是由采动应力场和初始应力场共同决定的。

工作面推进方向与断层倾向相反时两盘相对位移远大于二者方向相同时，更易造成断层活化。分析原因认为，工作面推进方向与断层倾向相反时，上盘卸载压力，而下盘处于增压状态，易使断层面拉开，造成断层重新活动；工作面推进方向与断层倾向相同时，断层下盘卸载压力，而上盘处于增压状态，使得两盘紧密地压在一起，从而断层不易重新活动。

6.4 本章小结

(1)揭示了超大工作面的覆岩应力与位移变化规律：超大工作面与普通工作面相比顶板下沉量明显增加，且增加幅度随着采高的增加而变大，当 L 由 240m 增到 360m 时，采高 5m、6m 和 7m 时的工作面后 33m 煤层上方 26m 处老顶岩层下沉值分别增加 19.5%、29.8%、42.9%；超大工作面与普通工作面相比超前支承压力峰值明显增加，且增加幅度随着采高的增加而变大；当 L 由 240m 增到 360m 时，采高 5m、6m 和 7m 时的工作面超前支承压力峰值分别增加 14.2%、18.5%、27.1%。

(2)数值模拟结果表明，大柳塔矿井 5^{-2}煤层超大工作面开采时，覆岩采动裂隙能够贯通层间岩层并连通 2^{-2}煤采空区，加剧了上覆采空区上覆岩层结构失稳及地表沉陷，这与相似材料模拟试验结果相吻合。

(3)超大工作面开采沉陷具有“连续+缓波”型沉陷特征，移动盆地在横向上由外向内可划分为三个区域：拉伸区、压缩区和均匀沉降区。超大工作面与传统工作面开采相比，一次开采面积显著增加，岩层与地表均匀沉降区的面积和范围明显变大。

(4)通过 FLAC^{3D}数值软件模拟了开采因素和地质因素对超大工作面开采顶底板移动变形与应力的影响规律。计算结果表明，采高和工作面长度越大，采场支护系统要求越高，围岩控制难度越大，表现为超前支承压力峰值越大，煤壁破坏率呈非线性急剧增加，支承压力影响区域向煤柱深处转移；加大工作面长度和加快工作面推进速度能增加覆岩运动整体协调性，降低覆岩移动变形量，有效增加上覆岩层均匀沉降区面积；断层的存在导致初始的应力场扰动，形成断层带低应力区及高应力集中区，并在回采过程中引起顶板剧烈运动，煤壁与断层之间的煤柱内形成较高的应力梯度，工作面推进方向与断层倾向相反时较二者方向相同时，更易引起断层活化。

7 煤炭开采工作面围岩渗透性分布规律研究

7.1 概述

在煤炭长壁垮落式采煤过程中，开采空间周围岩体原有的应力平衡状态受到破坏，引起围岩应力重新分布，从而导致围岩产生移动、变形和破坏，这不仅改变了采场围岩裂隙场分布，还改变了岩体的渗透性及地下水的流动状态。总之，煤炭开采导致煤岩体力学平衡条件和水力学特性发生变化，引起岩层变形和渗透性同步发生变化。当采动顶底板渗透性增加区波及含水层时，就会造成地下水涌入矿井，甚至会有工作面突水的危险。因此，研究煤炭开采中顶底板岩层渗透性分布规律及其受控机制，是进行煤炭开采突水防治和地下水资源保护迫切需要解决的问题。

采动岩层的内部结构、应力—应变状态往往是复杂的，它们大部分情况下是未知的，这给研究采动岩层渗透性分布规律带来很大困难。但是，数值模拟方法能够分析和解决煤炭开采过程中岩层变形和地下水流动问题，可以获得一些现场无法观测的现象和规律。因此，本章以大柳塔矿井典型工作面为例，采用有限差分方法耦合渗透性与应力应变的三维关系，模拟了回采工作面的采动影响特征，获得了采动围岩应力场、应变场及破坏场分布，并进行了煤炭开采工作面围岩渗透系数场分布评价。在此基础上，进一步模拟了地质因素和开采因素对采动围岩渗透性分布的影响特征，分析了煤炭开采中顶底板岩层渗透性动态变化规律，并探讨了采空区渗透性恢复与地表下沉值的关系。

7.2 采动围岩渗透性分布的数值模拟分析

7.2.1 数值计算模型建立

为了研究神东矿区煤炭开采对煤层顶底板变形破坏及渗透性的影响，应用 FLAC^{3D}数值模拟软件，对长壁综采工作面回采进行了数值模拟计算。地质模型以大柳塔矿井地质剖面图 299$^{\#}$钻孔 5^{-2}煤层为对象，5^{-2}煤层的埋深为 125m，煤层厚度为 5.0m，煤岩层结构及其物理力学参数见表 7-1。

表 7-1 煤岩层物理力学特性参数

岩性	深度/m	容重/(kN·m^{-3})	体积模量/GPa	剪切模量/GPa	泊松比	内聚力/MPa	内摩擦角/°	抗拉强度/MPa
松散层	0~15	17	0.04	0.02	0.3	0.02	20	0.1
粉砂岩	16~30	24.1	5.33	3.2	0.25	1.6	32	2.0
细砂岩	31~50	24.1	8.45	5.81	0.22	1.8	32	1.8
泥岩	51~60	24.3	5.0	3	0.25	1.7	28	1.5
中砂岩	61~70	28	7.28	5.46	0.2	2	36	3.0
砂质泥岩	71~80	24.1	5.33	3.2	0.25	1.6	32	2.0
中砂岩	81~104	24.1	8.45	5.82	0.22	1.8	32	1.8
细砂岩	105~116	28	7.28	5.46	0.2	2	36	3.0
砂质泥岩	117~125	24.1	5.33	3.2	0.25	1.6	32	2.0
5^{-2}煤	126~130	13	3.71	1.91	0.28	1.2	43	1.2
泥岩	131~140	24.3	5.0	3	0.25	1.7	28	1.5
细砂岩	141~180	28	7.28	5.46	0.2	2	36	3.0

根据大柳塔煤矿典型工作面实际开采条件，建立三维数值计算模型，如图 7-1 所示。模型的大小为 400m(长)×500m(宽)×180m(高)。由于煤层埋藏深度在 150m 以上，天然的应力场为自重应力场。边界条件确定如下：模型前后左右四面固定水平方向的位移，模型底面固定垂直方向的位移，上表面为

自由面。计算模型中围岩本构关系选择 Mohr-Coulumb 模型，模型共由 108000 个单元、115005 个节点组成。FLAC^{3D}数值模拟煤层开采的过程实行分布开挖，工作面倾向长度为 300m，沿走向推进 200m。设计煤层每次开挖 10m，共开采 20 步。为消除边界效应对煤层开采的影响，开挖空间前后、左右均留设 100m 的边界保护煤柱。

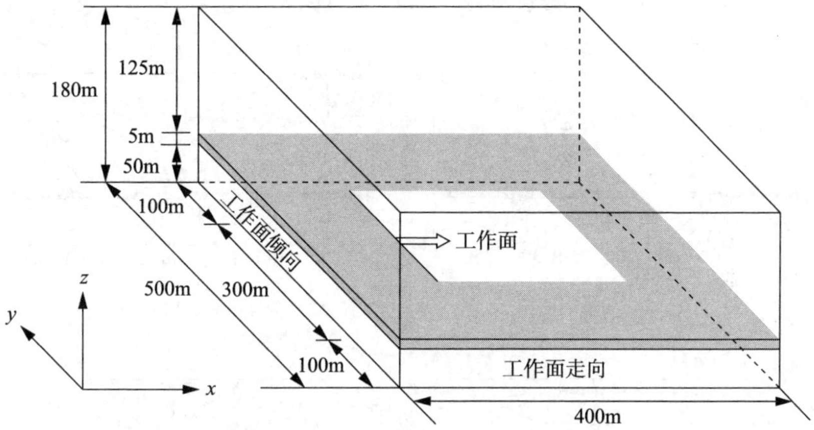

图 7-1 工作面开采三维数值计算模型

7.2.2 采动围岩应力—渗透性耦合研究

7.2.2.1 采动围岩应力场分布

煤层开采之后形成开采空间(采空区)。采空区的形成不仅引起周围煤岩体垂直应力发生变化，水平应力状态也显著改变(见图 7-2)。煤层顶底板岩体垂直应力在工作面前方出现前支承压力区，包括原始应力区、应力缓慢升高区和应力明显升高区，工作面后方出现卸载压力区。工作面前方 90m 以远，应力处于稳定状态；工作面前方 40~80m 范围内，应力有所上升，但上升幅度较小；工作面前方 10~40m 范围内，受采动影响剧烈，应力迅速升高，最大支承压力峰值距离煤壁约为 10m，为原始应力的 2.7 倍；工作面后方采动卸压顶底板应力一直处于下降趋势，并出现应力最低值。随着与开采煤层垂直距离增加，采动影响程度减弱，顶底板应力集中系数逐渐减小。

采空区覆岩受力状态按最大水平主应力 $\sigma_H(\sigma_H=\sigma_x)$ 和最小水平主应力 σ_h

($\sigma_h=\sigma_y$)的大小、方向及性质在纵向上可划分为 3 个区段(拉应力为负)。①双向拉应力区：$\sigma_H<0$，$\sigma_h<0$，分布于采空区冒落带岩体内；②拉压应力区：$\sigma_H<0$，$\sigma_h>0$，主要分布于裂隙带岩层内；③双向压应力区：$\sigma_H>0$，$\sigma_h>0$，分布于整体移动带岩层内。剪应力以工作面的中垂线呈对称分布，在开切眼和停采线侧出现剪应力集中现象，开切眼的斜上方、斜下方和停采线的斜上方、斜下方剪应力集中现象明显，大致呈“蝶状”分布。

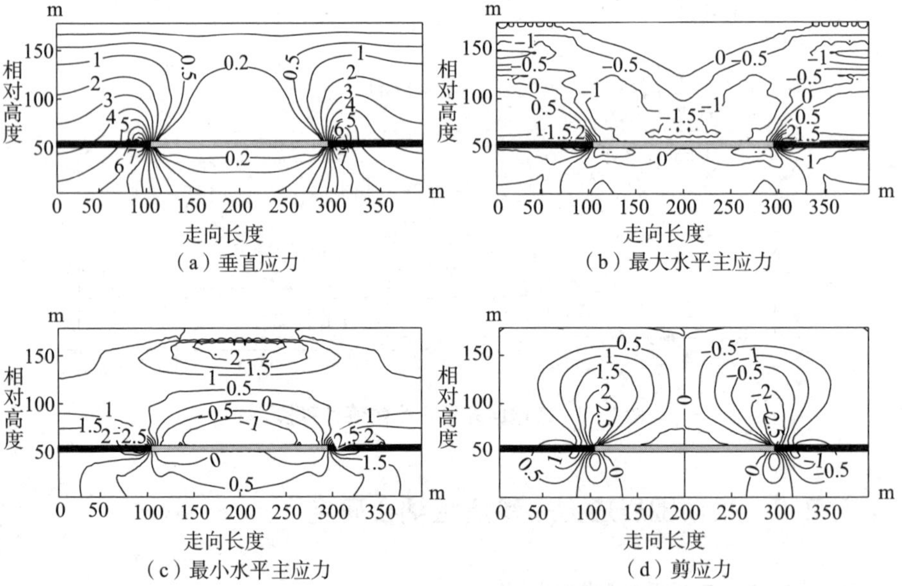

图 7-2 工作面推进 200m 时围岩应力场分布(单位：MPa)

7.2.2.2 采动围岩破坏区分布

数值模拟结果中塑性区分布能够反映煤层开采后顶底板岩体破坏情况。图 7-3 为工作面推进不同距离时顶底板岩体破坏区分布。从该图可以看出，表土层由于抗拉和抗剪强度很低而产生大面积破坏，采空区两侧岩层以剪切屈服为主，中部表现为拉伸破坏，其形态类似于两头高中间低的“马鞍”形，顶底板岩体破坏带在采区两侧最大。随着工作面的推进，顶底板岩体采动破坏区域范围逐渐增大，工作面推进 200m 时达到充分采动，顶板岩体最大破坏高度为 97m，底板最大破坏深度为 20m。

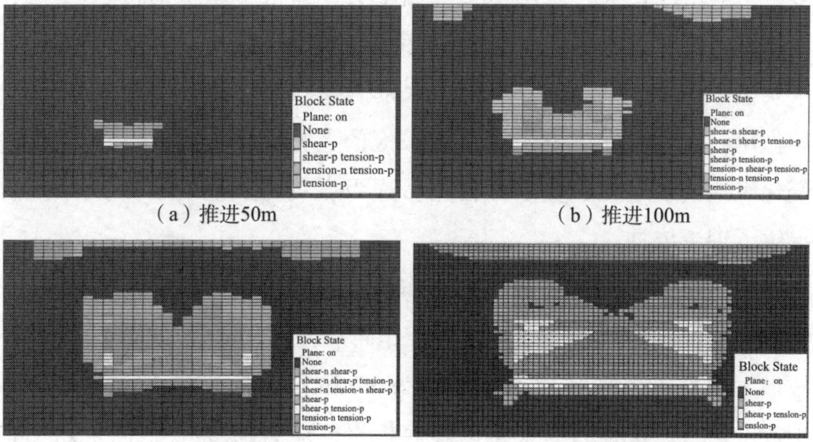

（a）推进50m （b）推进100m

（c）推进150m （d）推进200m

图 7-3 工作面推进过程中顶底板塑性区分布

7.2.2.3 采动围岩渗透性分布

假设式(3-43)中沿 x、y、z 方向各裂隙参数均相等，计算时根据实际观测资料，设 $E_r=2\times10^4$MPa，$K_n=10^3$MPa/m，$s=1.0$m，$b=0.001$m，结合数值计算得出的岩体应力变化量 Δx、Δy 和 Δz，分别计算出煤层开采后顶底板岩体垂直和水平方向的渗透系数变化。图 7-4 至图 7-7 为工作面推进 50m、100m、150m 和 200m 时的围岩渗透系数场。从图中可以看出，煤层顶底板岩体渗透性较采前发生了较大的变化：煤层开采后采空区顶底板岩体渗透性明显增加，随着与开采煤层垂直距离的增加岩体渗透系数增加幅度逐渐减小，切眼附近的渗透系数比正常回采阶段的渗透系数大。采空区两侧煤柱区顶底板岩体渗透性显著降低，采空区正上方近地表岩土体位于双向水平压缩区，其垂向渗透性也有所减小。

煤层开采后围岩沿不同方向的渗透性变化存在较大差异，工作面围岩水平方向渗透性增加幅度和增加区范围较垂直方向渗透性要大得多，即沿水平方向因采动造成的渗透性增加的幅度更大。水平方向渗透性增加区位于采空区的正上方和正下方，其分布形状近似椭圆形，水平方向渗透性增加区的最大高度出现在采空区中部的正上方。垂直方向渗透性增加区的范围不仅分布在采空区的正上方及正下方，还延展到开采区边界斜上方、斜下方 30m 以外，其分布形状近似呈“马鞍”形；垂直方向渗透性增加区的最大高度较水平方向小得多，一般出现在采空区两侧边界斜上方，而采空区中部覆岩渗透性增加区高度略低，这与顶板导水裂隙带和底板岩体破坏带的发育形态是一致的。当含水层位于煤层开采区的侧向时，采动岩体水平渗透性变化对地下水运移起主导作用；而当含水层位于煤层开采区的上方或下方时，采动岩体垂向渗透性变化对地下水运移起决定性作用。这为煤炭开采地下水保护和矿井突水防治提供了理论依据。

从图中还可以看出，随着回采工作面推进距离增大，采动岩体的渗透性增加量较煤层开采初期逐渐减小，如工作面推进至50m和100m时，采空区中部顶板最大水平渗透系数比值 K_y/K_{y0} 为17和15，但工作面推进至200m时 K_y/K_{y0} 降低至11。这是因为采空区顶底板岩体应力随着开采距离及时间的增加逐渐恢复接近至初始应力状态，采动裂隙逐渐压实闭合，顶底板岩体的渗透性在应力恢复作用下逐渐减小，这与现场煤矿注水试验结果相符合。

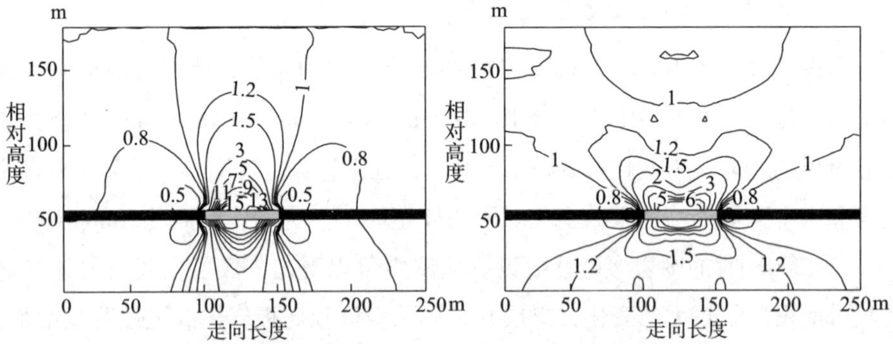

（a）水平渗透系数比（K_y/K_{y0}）　（b）垂直渗透系数比（K_z/K_{z0}）

图7-4　工作面推进50m时围岩渗透系数比等值线

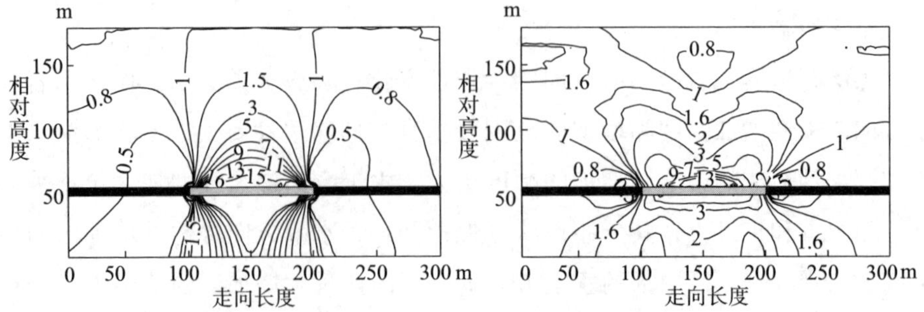

（a）水平渗透系数比（K_y/K_{y0}）　（b）垂直渗透系数比（K_z/K_{z0}）

图7-5　工作面推进100m时围岩渗透系数比等值线

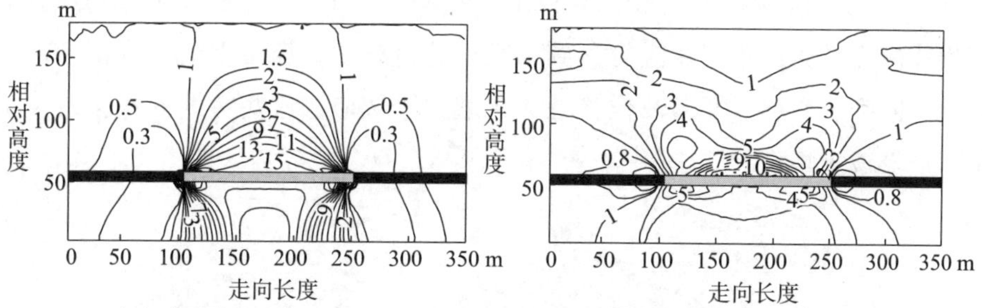

（a）水平渗透系数比（K_y/K_{y0}）　　（b）垂直渗透系数比（K_z/K_{z0}）

图 7-6　工作面推进 150m 时围岩渗透系数比等值线

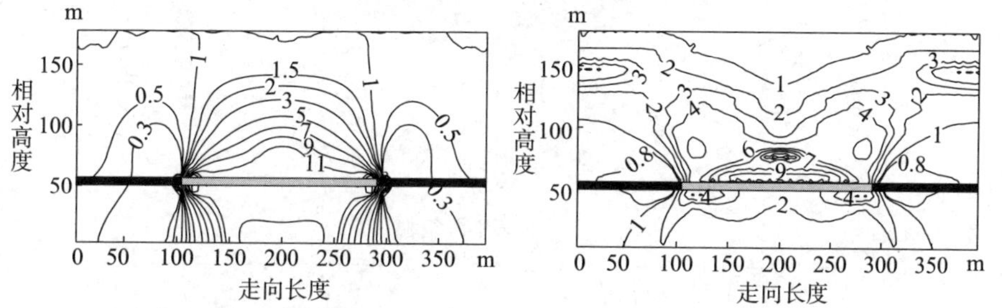

（a）水平渗透系数比（K_y/K_{y0}）　　（b）垂直渗透系数比（K_z/K_{z0}）

图 7-7　工作面推进 200m 时围岩渗透系数比等值线

比较工作面推进过程中顶底板岩体采动破坏最大高度范围与顶板垂直及水平方向渗透性增加区的范围可以看出，煤层顶底板岩体破坏区范围比岩体渗透性增加区范围小。这表明即使岩体没有发生采动破坏，但采动导致岩体应力变化也会致使其渗透性增加。因此，在矿井突水防治及煤炭开采地下水保护中不能仅以岩体的破坏与否来判断其渗透性变化，而是应当以顶底板岩体实际的渗透性变化作为留设安全煤岩柱的依据。例如，我国煤炭行业从 20 世纪 50 年代末期就已经开始采用钻孔冲洗液漏失量观测方法测定导水裂隙带高度。

7.2.3　采动围岩应变—渗透性耦合研究

7.2.3.1　采动围岩应变场分布

图 7-8(a)描述了该模型中工作面开采 200m 时的地表下沉盆地，图 7-8(b)绘出了 $Y=250$m 垂直剖面下沉等值线图，数值模拟结果显示地表下沉系数

为0.51，与大柳塔煤矿实测地表下沉系数基本一致。在煤层开采过程中，周围岩体应力重新分布，在应力达到新平衡的过程中，煤层上覆岩层不断产生冒落、断裂、离层、变形及位移等一系列力学效应，这些特性变化会诱发上覆岩层形成大规模的应变。

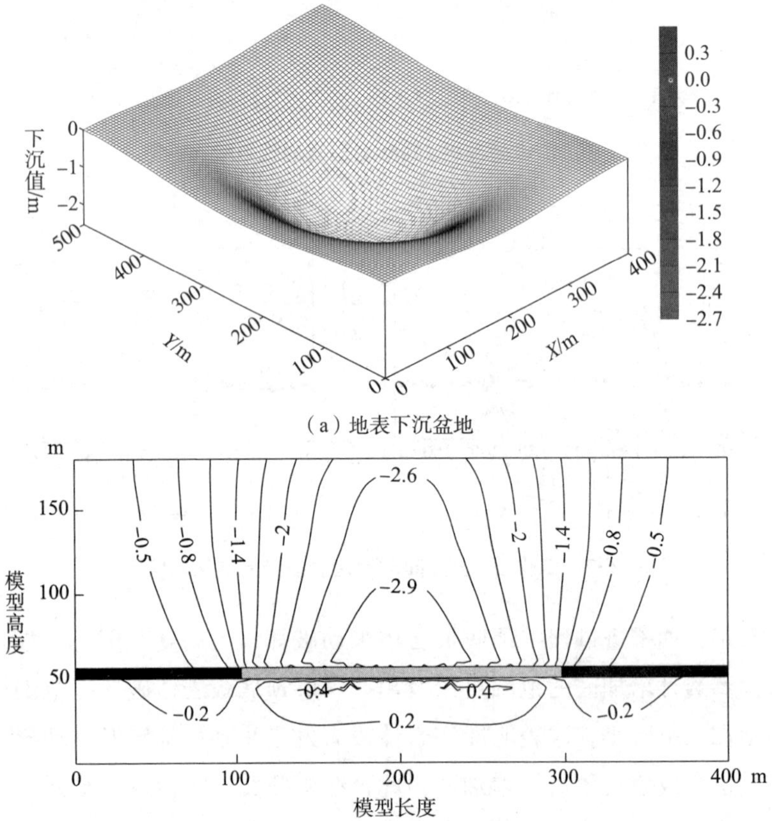

（a）地表下沉盆地

（b）Y=250m垂直剖面下沉等值线

图7-8 煤层开采引起的沉陷示意图(单位：m)

由于三维计算模型是以工作面走向和倾向中心线呈对称分布的空间模型，因此仅取工作面的1/4对称空间为研究对象。图7-9描述了由地表沉陷剖面而得出的采动空间不同剖面应变场分布(拉伸应变为正值)。从该图可以看出，开采诱发的比较显著的上覆岩层拉伸变形出现在回采工作面前方深度较浅处，而开采诱发的更为显著的拉伸变形出现在回采工作面后方，尤其是在垮落带和支承压力区内的剪碎带；开采诱发的垂直压缩变形出现在回采工作面周围支承压力区内，而水平压缩变形不仅出现在支承压力区，还出现在整体移动带内。

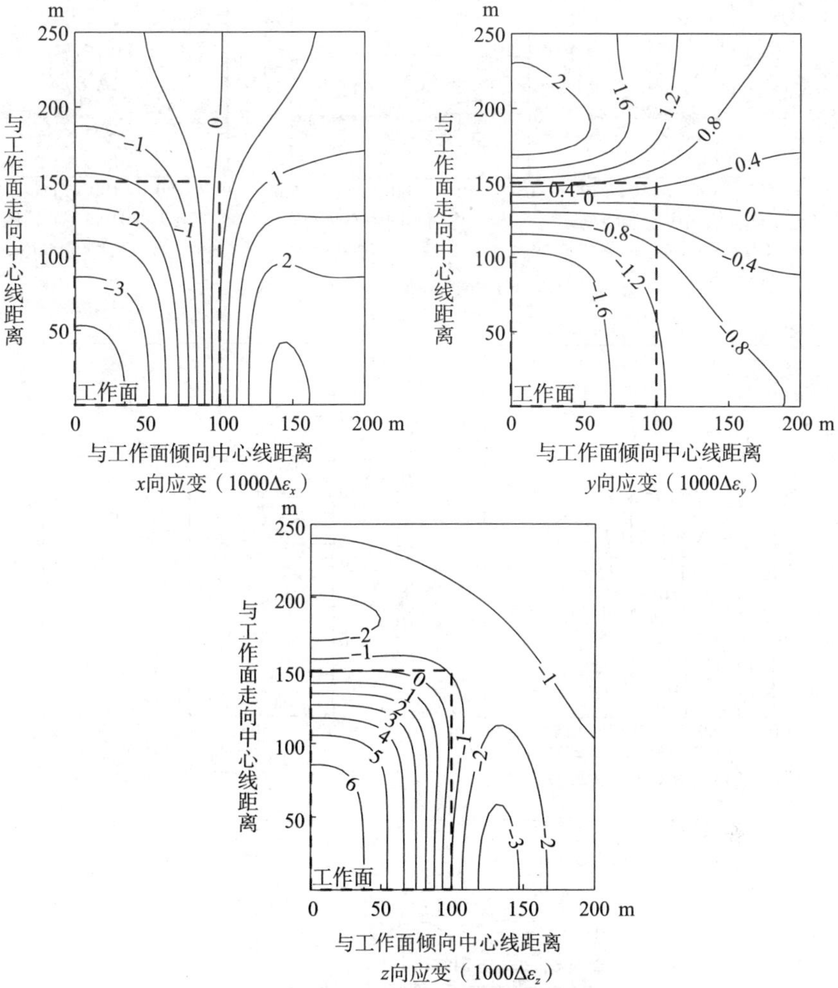

（a）开采煤层上方65m岩层水平剖面的三向应变

图 7-9 采动空间不同剖面的应变等值线

在回采工作面推进过程中，采动诱发的顶底板岩层应变形式为采前压缩—采后拉伸—重新压缩，且三种应变形式随着工作面推进而重复出现。采动岩体在压缩区与拉伸区的交界处容易产生剪切变形而发生剪切破坏，处于拉伸变形状态的岩层则容易产生离层裂缝及垂直裂隙。

7.2.3.2 采动围岩渗透性分布

采用有限差分方法耦合岩体渗透系数与应变的三维关系式(3-48)，根据开

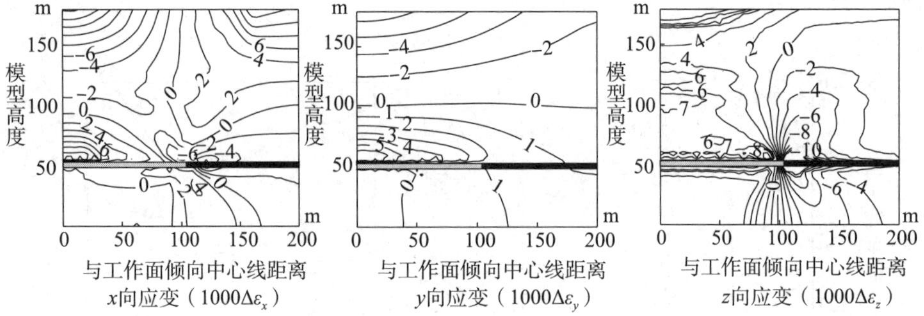

（b）Y=250m垂直剖面的三向应变

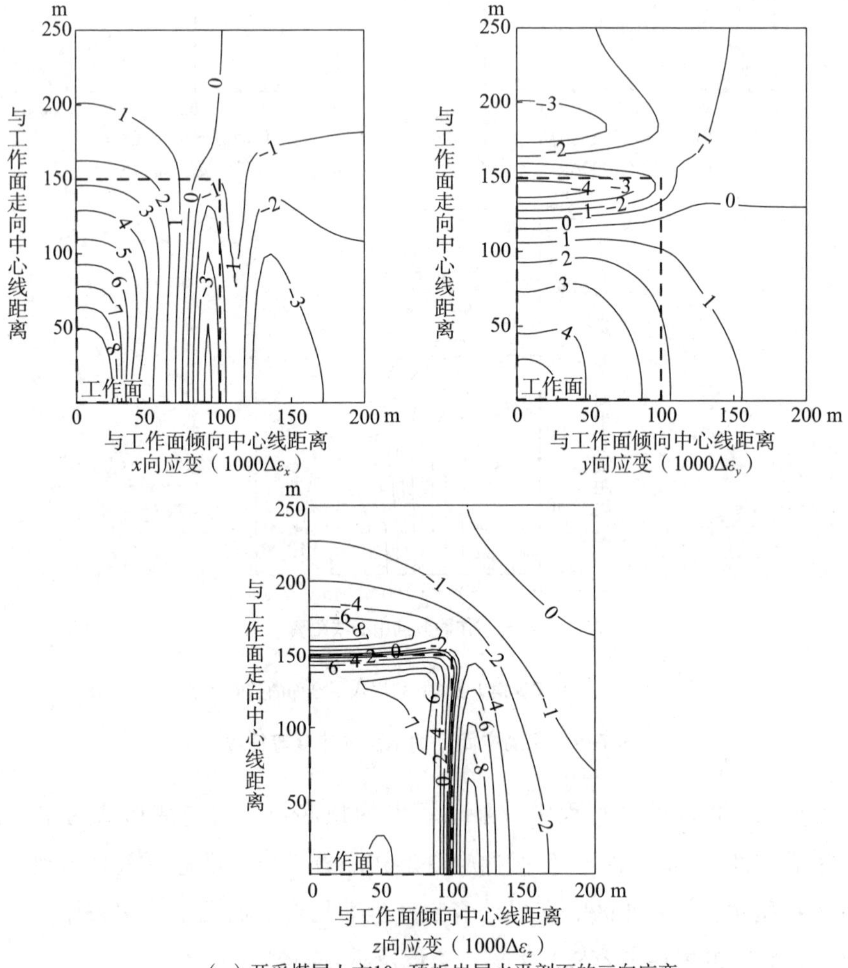

（c）开采煤层上方10m顶板岩层水平剖面的三向应变

图 7-9　采动空间不同剖面的应变等值线(续)

采诱发应变场和采前渗透系数场，确定采后工作面围岩渗透系数场。假设式(3-48)中沿 x、y、z 方向各裂隙参数均相等，计算时根据实际观测资料，取 $s=1.0\text{m}$，$b=0.001\text{m}$，$R_m=0.75$。图 7-10 为采动空间不同剖面采后与采前渗透系数比值等值线图。从该图可以看出，工作面后方冒裂带渗透系数显著增大，其增大幅度随距开采煤层距离的增加而减小；渗透性增加区还出现于回采工作面前方深度小于 100m 的浅部以及支承压力带上方的剪碎带内，但渗透系数增大幅度较工作面后方要小得多。工作面前方支承压力区煤岩体渗透系数减小，渗透性明显减小区约 50m；弯曲下沉带岩层渗透性受采动影响较小，其隔水性不变。

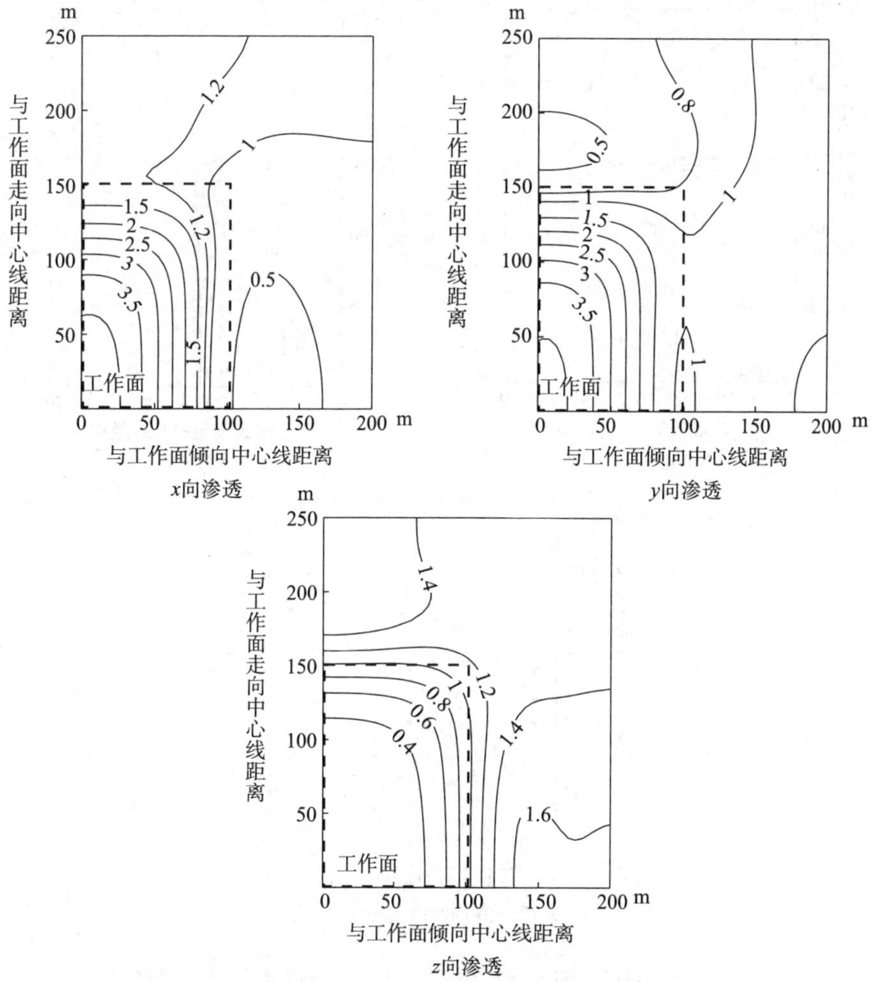

（a）开采煤层上方65m岩层水平剖面的三向渗透系数比等值线

图 7-10 采动空间不同剖面岩层的采后与采前渗透系数比等值线

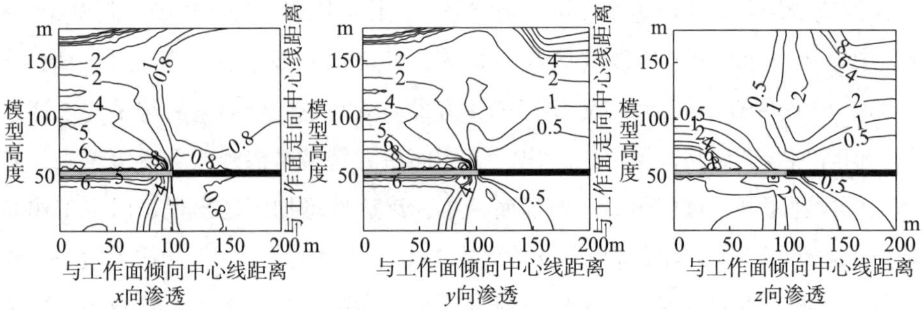

（b）*Y*=250垂直剖面的三向渗透系数比等值线

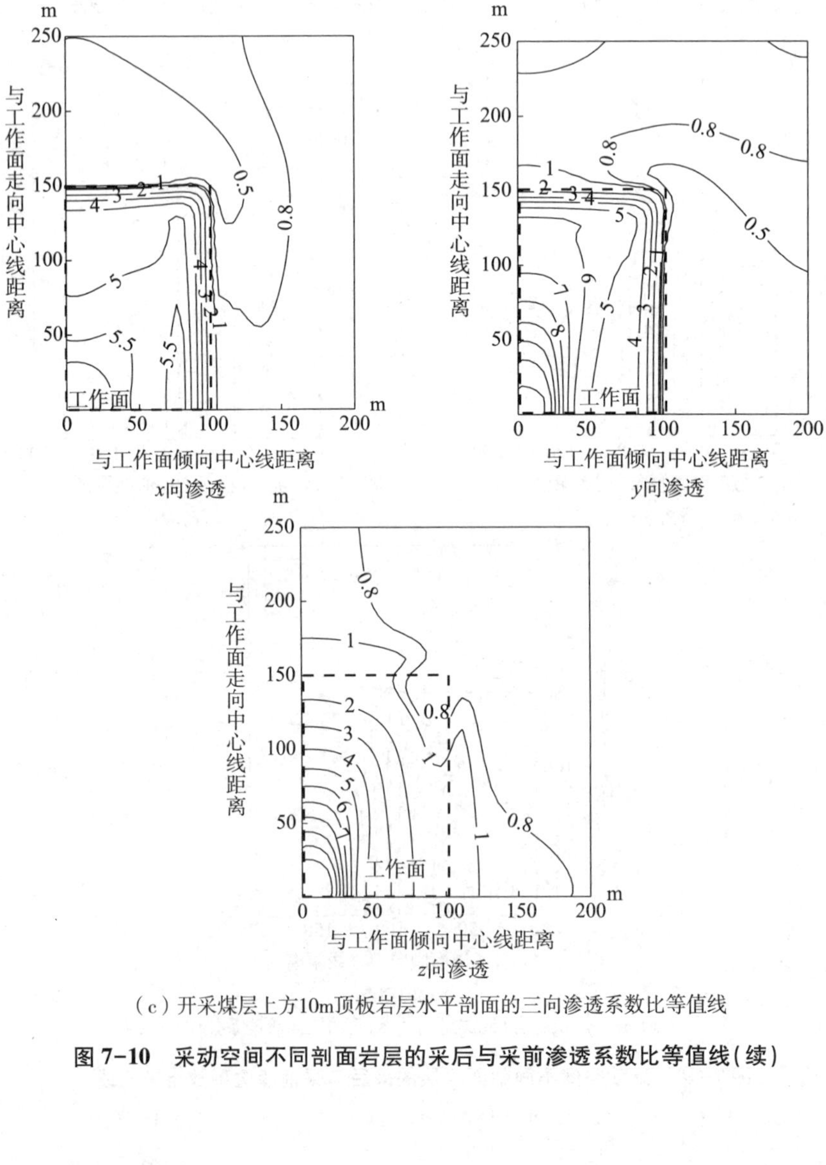

（c）开采煤层上方10m顶板岩层水平剖面的三向渗透系数比等值线

图 7-10　采动空间不同剖面岩层的采后与采前渗透系数比等值线（续）

煤炭开采上覆岩层变形制约着其渗透性变化，在拉伸变形区岩层会产生水平或竖向张开裂隙，从而渗透性增强，隔水性遭到破坏；压缩变形区岩层的渗透性基本不改变，常作为水体下开采的保护层。位于拉伸变形区的采动岩体，其垂直渗透系数较水平渗透系数增加的幅度及增加区的范围小很多，即沿水平方向因采动造成的渗透性增加的幅度更大。当水体位于煤层开采区的侧向时，采动岩体水平渗透性变化对工作面涌水起主导作用；而当水体位于煤层开采区的上方或下方时，采动岩体垂向渗透性变化对工作面涌水起决定性作用。

7.2.4 对比分析

对以上两种渗透性分布评价结果比较后可以发现，渗透性增加区有明显不同。基于渗透系数—应力关系计算的渗透性增加区只出现于回采工作面后方冒裂带内；而基于渗透系数—应变关系计算的渗透性增加区不仅出现于回采工作面后方冒裂带，还出现于回采工作面前方深度小于100m的浅部以及支承压力带上方的剪碎带内。

从岩石全应力应变渗透性试验结果中可以得出两种渗透性分布评价结果差异的本质原因，岩石的渗透系数一般不是常数，而是随全应力—应变过程岩石内部结构演化而不断发生变化的。岩石渗透系数在全应力—应变过程中的具体变化规律为：在弹性变形阶段，随着轴向应力的增加，孔隙、裂隙被压密，渗透系数随应力增加而变小，此阶段渗透系数—应力方程能正确反映渗透系数的变化。当岩石进入塑性变形阶段后，随着轴向应力的增加，岩石中的孔隙、裂隙迅速增加，渗透性将变大，此时再使用渗透系数—应力方程就不能正确反映渗透系数的变化，因为渗透系数—应力耦合关系是保证岩石孔隙、裂隙结构系统不变情况下假设只发生弹性变形提出的。因此，使用应力相关的渗透系数方程是有一定的局限性的，岩石的渗透系数在全应力—应变过程中看作应变的函数更加合理。

在近水体采煤评价煤层顶底板岩层渗透性分布时，应同时考虑开采诱发的应力场与应变场分布，将两种渗透性分布评价结果相结合作为煤矿突水灾害防治及地下水资源保护的基础和依据。

7.2.5 控制因素

煤炭开采导致工作面顶底板应力发生变化，进而导致岩体渗透性变化，使其不仅受煤岩层力学性质、地质构造等地质条件影响，还受工作面长度、采高、推进速度和采煤方法等开采因素所控制。下面通过比较不同工况条件下采空区顶板高度20m岩层的应力分布及渗透系数变化，分别分析这些地质因素和开采因素对采空区上覆岩层渗透性的影响。

7.2.5.1 岩层力学性质

岩层的力学性质是影响煤层开采后诱发围岩应力重分布的内在因素。岩层的强度主要取决于其弹性模量，一般高弹性模量岩层受开采影响后卸载压力量较低弹性模量岩层要大，变形破坏严重，如图7-11(a)所示。计算了4种不同岩层弹性模量(5GPa、10GPa、15GPa、25GPa)时的煤层顶板岩层采后与采前渗透系数比值(K/K_0)，如图7-11(b)所示。从该图可以看出，随着岩层弹性模量的减小，顶板岩层采后与采前渗透系数比值逐渐减小。

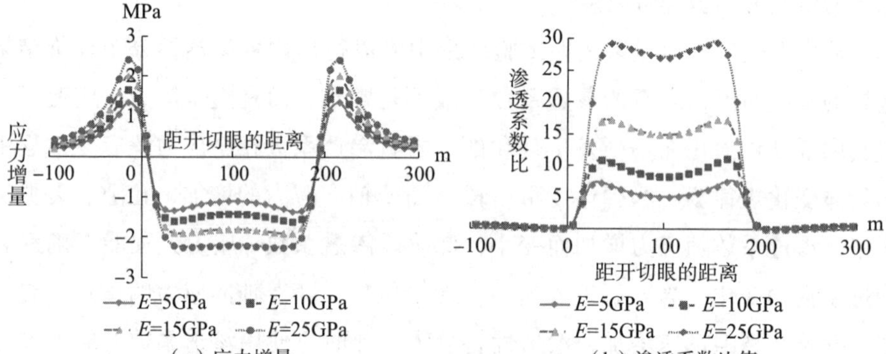

(a) 应力增量 (b) 渗透系数比值

图7-11 不同岩层弹性模量下顶板岩层应力增量及渗透系数比值分布曲线

随着岩层弹性模量的减小，煤层顶板岩层垂向渗透系数增加区的范围越来越小。在采高5m、工作面长度300m及推进长度100m情况下，从岩层弹性模量5~25GPa的4种模型中，顶板岩层垂向渗透系数增加区高度依次分别为60m、68m、79m、95m。因此，在其他条件一定的前提下，顶板岩体弹性模量越高，采动后渗透性增加幅度和增加区高度越大，近含水层开采时越容易引发地下水渗流。

7.2.5.2 断层

断层的渗透性很大程度上受断层力学性质影响。根据安德森断层形成应力机制，通常正断层的围压较小，导致其断裂面的张裂程度很大，并且断层破碎带孔隙裂隙发育好，渗透及导水性强。而逆断层通常是在高围压条件下形成的，断层破碎带宽度小且孔隙裂隙发育较差，渗透及导水性弱。因此，在工作面开采过程中遇到正断层时更容易造成地下水涌入开采空间。但是，在特定情况下，在后期地质构造运动的作用下，一些压性逆断层会变成张性正断层，从而导致断层性质的复杂化，断层带内不同空间的渗透及导水性差异显著。

根据岩石渗透空间的结构特点，断层破碎带在倾向上具有明显的分带性，由断层面中心向外可以划分为构造岩带、断裂影响带和正常围岩带。田开铭和万力[185]对不同力学性质断层破碎带裂隙发育程度及渗透性状况做了定性分析和总结(见表 7-2)。

表 7-2 不同力学性质断层破碎带分带特征及渗透性

断层性质	横剖面分带	
	构造岩带	断层影响带
张性	由压碎岩、碎块岩、断层角砾岩组成，结构较疏松，胶结较弱，孔隙较大，孔隙率较高，渗透性和含水性较强	张裂隙发育，但裂隙带延伸不长，渗透性和含水性较强
压性	由断层泥、糜棱岩、断层角砾岩等组成，孔隙极小，孔隙率低，渗透性很小，起隔水作用	影响带较宽，支断层、节理及破劈理较发育，渗透性和含水性较强
扭性	由糜棱岩、断层角砾岩等组成，孔隙细小，孔隙率较低，渗透性较小，起相对隔水作用	岩石受牵引较强，扭节理密集，并常有“S”形及反“S”形张扭性节理，渗透性和含水性较强

尽管煤矿区断层影响带在原始状态条件下不导水，且具有一定的起始渗透阻力，但是在采动影响下，一旦采场围岩裂隙连通断层和含水层，渗流便以绝对优势发生在这些连通性裂隙中，含水层水体渗透至顶底板的构造裂隙中并不断侵蚀形成导水通道[186]。若顶底板岩层存在导水断层时，开采遇到断层时水体会沿断层带直接进入工作面，引发断层突水。图 7-12 为工作面由断层上盘推进至断层附近时水平渗透系数与采前渗透系数之比(K_h/K_{h0})的等值线图。由该图可以看出，断层的存在改变了渗透系数场的分布，断层上盘一

定范围内越靠近断层渗透性增加幅度越大，而断层下盘岩层渗透性有所减小。因此，在采动矿压、水压力等因素影响下断层带与工作面之间的岩体很容易产生渗透破坏，进而构成强渗通道，导致断层突水的发生。

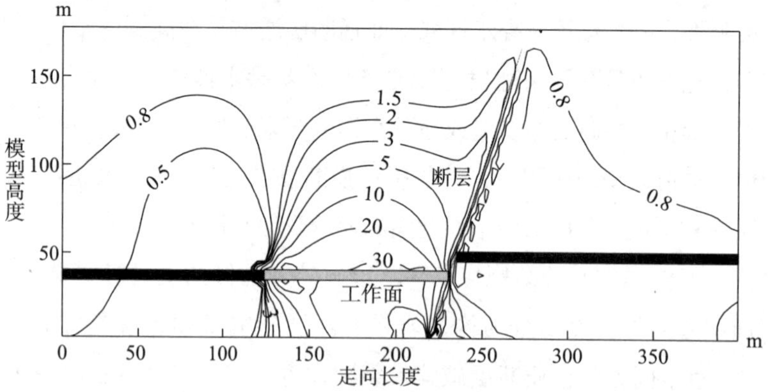

图 7-12　断层附近开采水平渗透系数比(K_h/K_{h0})等值线

7.2.5.3　采高

在特定开采地质和开采工艺条件下，采高是控制采空区上覆岩层变形破坏程度的地质因素之一，采空区上覆岩层变形破坏程度随着采高的增加而增大。导水裂隙带范围内岩层渗透性远大于自然渗透性，导水裂隙带发育越高，采动渗透性增加区的范围也就越大。在其他条件相同的情况下，采空区上覆岩体内部相同位置上的卸压量随采高的增大而增加，如图 7-13(a)所示。根据式(3-42)可知，岩体应力增量(采动应力与原岩应力之差)决定了采后岩体的渗透系数值。图 7-13(b)为不同采高下采后与采前顶板岩层渗透系数比值分布曲线。由该图可知，采空区顶板岩层渗透系数增加区的范围近似为“M”形，采后岩层渗透系数随采高的增大而呈非线性增加。

除此之外，随着采高的增加，煤层顶板岩层垂向渗透系数增加区的范围也越来越大。因此，采用限制煤层一次开采高度可以减小顶板岩体采动引起的渗透性增加区的范围，这对于避免工作面突水有工程上的意义。在工作面长度 300m 及推进长度 100m 情况下，从采高 4~7m 的 4 种模型中，顶板岩层垂向渗透系数增加区高度依次分别为 75m、82m、93m、111m。通过回归分析可知，采动引起的顶板垂向渗透系数增加区的高度 h_k 与采高 H 存在如下关系：

$$h_k = 63.618e^{0.1302H} \quad (R^2 = 0.977) \tag{7-1}$$

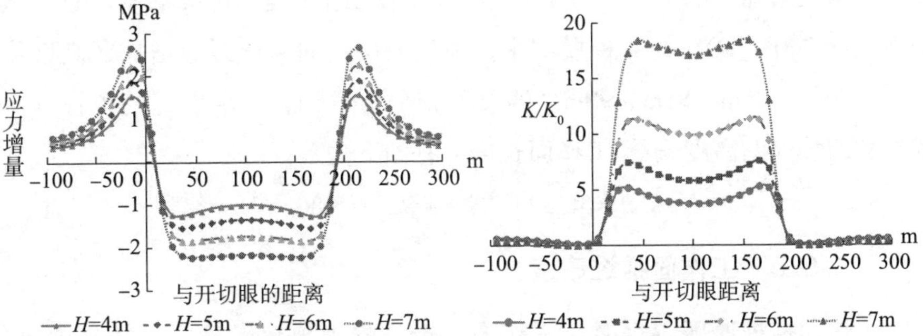

（a）应力增量　（b）渗透系数比值

图 7-13　不同采高下顶板岩层应力增量及渗透系数比值分布曲线

7.2.5.4　工作面长度

在采煤方法及采高一定的条件下，工作面长度越大，其周围的支承压力越大，从而回采工作面围岩的变形破坏越严重。在其他条件相同的情况下，采空区上覆岩体内部相同位置上的卸压量随工作面斜长的增大而增加，如图7-14(a)所示。根据式(3-42)计算出不同工作面长度下采后与采前顶板岩层渗透系数比值分布曲线，如图 7-14(b)所示。由该图可知，上覆岩层采后与采前渗透系数比值随工作面斜长增大而呈非线性增加，且工作面长度对采动覆岩渗透性的影响要明显小于采高。

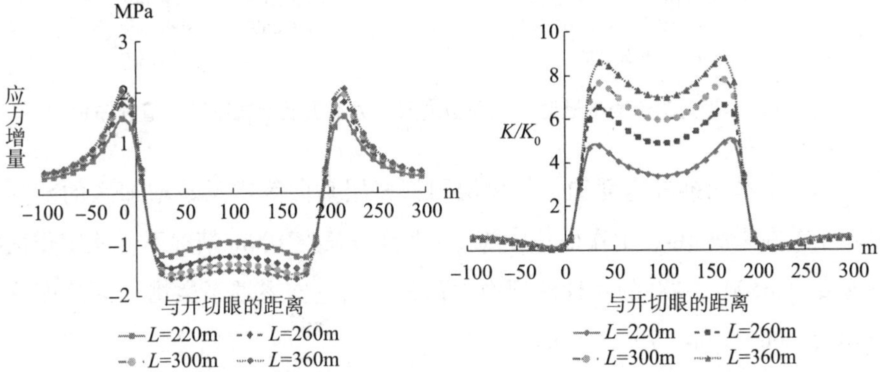

（a）应力增量　（b）渗透系数比值

图 7-14　不同工作面长度下顶板岩层应力增量及渗透系数比值分布曲线

随着工作面倾斜长度的减小，煤层顶板岩层垂向渗透系数增加区的范围越来越小，因而采用长度较小的工作面开采煤层时可以减小顶板岩体采动引起的渗透性增加区的范围。在采高 5m 及工作面推进至 100m 的情况下，从工作面长度 240～360m 的 4 种模型中，顶板岩层垂向渗透系数增加区高度依次分别为 71m、75m、81m、90m。通过回归分析可知，采动引起的顶板垂向渗透系数增加区的高度 h_k 与工作面长度 L 有如下关系：

$$h_k = 43.7e^{0.002L} \quad (R^2 = 0.980) \tag{7-2}$$

7.2.5.5 工作面推进速度

工作面推进速度越慢时，工作面推进过程中顶板岩体应力转移越充分，顶板卸压量越大，如图 7-15(a)所示。图 7-15(b)为不同工作面推进速度下顶板岩层渗透系数变化。从该图可知，随着工作面推进速度加快，采空区顶板岩层渗透系数增加量明显减小；但当推进速度增加到一定程度后，顶板岩层渗透系数增加量几乎不再变化。

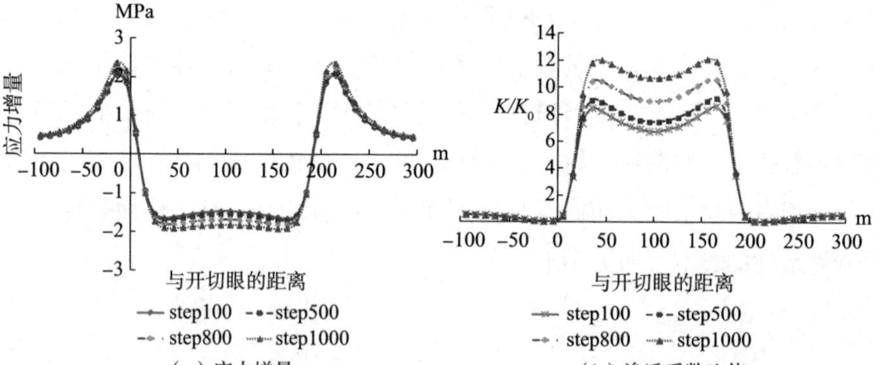

(a) 应力增量　　(b) 渗透系数比值

图 7-15　不同工作面推进速度下顶板岩层应力增量及渗透系数比值分布曲线

随着工作面推进速度加快，煤层顶板岩层垂向渗透系数增加区的范围越来越小。在采高 5m、工作面长度 300m 及推进长度 100m 情况下，从工作面推进速度 step100～1000 的 4 种模型中，顶板岩层垂向渗透系数增加区高度依次分别为 75m、75m、79m、83m。

7.2.5.6 采煤方法

对于长壁开采工作面，如果采用充填采空区的方法管理煤层顶板，则由于充满开采空间的充填体能起到支撑煤层顶底板的作用，减小了顶底板卸压量，从而可以减轻顶底板的变形破坏；而且充填体的弹性模量越大，即充填越密实坚硬，开采后工作面顶底板卸压量越小，变形破坏越小，见图 7-16(a)。根据顶板应力变化量，计算出不同充填体弹性模量下顶板岩体渗透系数变化曲线，如图 7-16(b)所示。从该图中可以看出，与全部垮落法采煤相比，采用充填法采煤可以大幅度地减小顶板渗透性增加量，并且随着充填体弹性模量的增加，采空区顶板岩体渗透系数增加量逐渐减小。

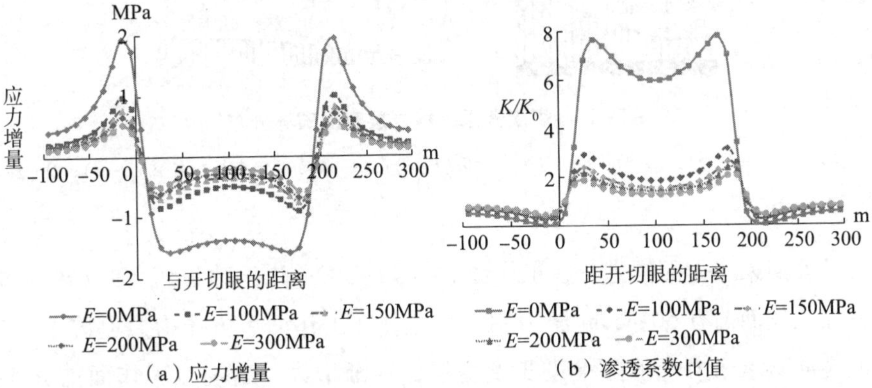

图 7-16　不同充填体弹性模量下顶板岩层应力增量及渗透系数比值分布曲线

充填开采能大幅度降低煤层顶板岩层垂向渗透系数增加区的范围，且垂向渗透系数增加区的高度随着充填体弹性模量的增大而逐渐减小。在采高 5m、工作面长度 300m 及推进长度 100m 情况下，从充填体弹性模量 0～300MPa 的 5 种模型中，顶板岩层垂向渗透系数增加区高度依次分别为 75m、49m、41m、36m、30m。

7.3　煤炭开采中顶底板岩层渗透性动态变化

随着采煤工作面推进，自开切眼开始推进至老顶初次来压阶段，以及正常回采时基本顶的周期来压阶段，采场的矿山压力显现以及顶底板岩层的变形破坏规律基本一致。随着采煤工作面的推进，在基本顶初次来压以后，基本顶岩层中所形成的力学结构将始终经历“稳定—失稳—再稳定”的变化，能量则遵循“聚集—释放—聚集”的发展变化过程。随着工作面的开采，在横向上采空区及其围岩可以划分为 4 个区，即原岩应力区、支承压力区、采动矿压直接破坏区和应力恢复区，如图 7-17 所示。

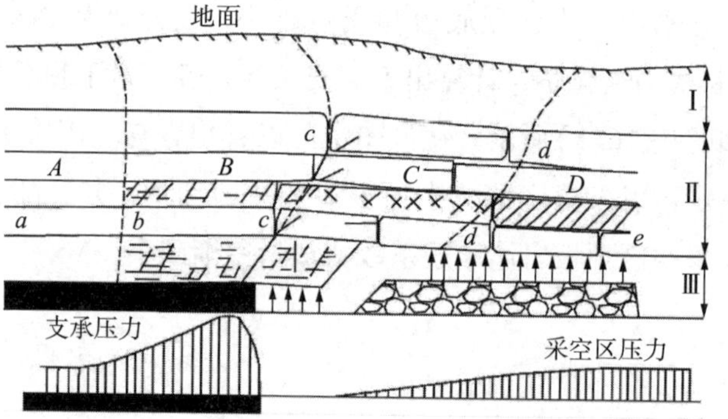

图 7-17　煤炭开采上覆岩层变形破坏分布

注：A—原岩应力区（a~b）；B—支承压力区（b~c）；C—采动矿压直接破坏区（c~d）；D—应力恢复区（d~e）。

随着回采工作面推进，在工作面前方 90~100m 煤层顶板压力开始缓慢升高，在工作面前方 50~60m 压力明显增加，在工作面后方压力急剧降低。工作面超前支承压力峰值随推进长度增加而逐渐增大，出现在工作面前方 5~15m，一般为原始应力的 2~4 倍，且随工作面倾斜长度和采高的增加而增大。回采工作面围岩应力状态是动态变化的，工作面前方的支承压力区和工作面卸载压力区和工作面后方的应力恢复区“三区”在煤层开采过程中交替出现，如图 7-18(a)所示。

利用式(3-42)分别计算出工作面推进过程中顶板岩体垂直水平方向的渗透系数变化，如图 7-18(b)所示。由该图可以看出，煤层顶底板岩体的渗透性随着回采工作面推进而呈规律性变化。在煤炭开采过程中，原岩应力区(A 区)中岩体处于原岩应力状态(弹性应力状态)，未受采动影响，其渗透性通常较小。当岩体由原岩应力区(A 区)进入支承压力区(B 区)后，在工作面超前支承压力的作用下，其应力也逐渐变大，渗透性一般随着应力增加而降低，渗透性的下降幅度受控于岩性及应力增量。当岩体由支承压力区(B 区)过渡到采动矿压直接破坏区(C 区)后，岩体由于采动影响发生变形破坏，岩体结构因采动卸压产生了很大的变化，渗透性急剧增加，通常该区内岩体渗透性达到最大，渗透性突变是突水致灾的根源。应力恢复区(D 区)内的岩体在工作面后方采空区压力作用下，其应力又缓慢回升，并逐渐恢复至接近原岩应力状态，其渗透性随着应力的增加又逐渐减小，但仍远大于采前初始渗透性。

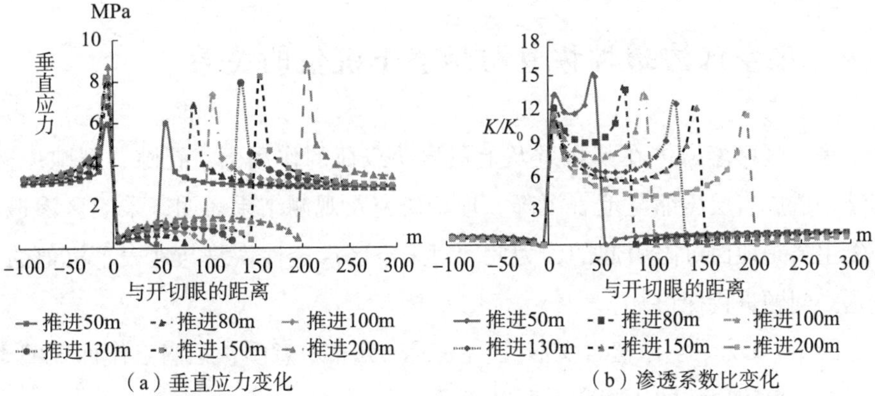

图 7-18　煤炭开采中煤层顶板垂直应力与渗透性变化

采动围岩的应力变化量 Δx、Δy 和 Δz 可通过数值模拟计算得出，之后根据式(3-43)可计算出不同方向的围岩渗透系数变化量。例如，图 7-19(a)为数值计算得到的煤层顶板 10m 高处的渗透系数变化值与工作面推进距离的关系，其具有采前渗透系数减小，采后渗透系数增大，并随着工作面继续推进渗透系数又逐渐变小的规律。数值模拟结果与煤矿现场煤层底板注水试验结果相符合，位于工作面开采前方底板的注水钻孔，其注水量减小；位于工作面后方底板的注水钻孔，其注水量逐渐增大。之后，随着工作面的远离及采空区冒落矸石的逐渐压实，位于此阶段的注水钻孔的注水量又逐渐减小，但不能完全恢复到初始值，如图 7-19(b)所示。

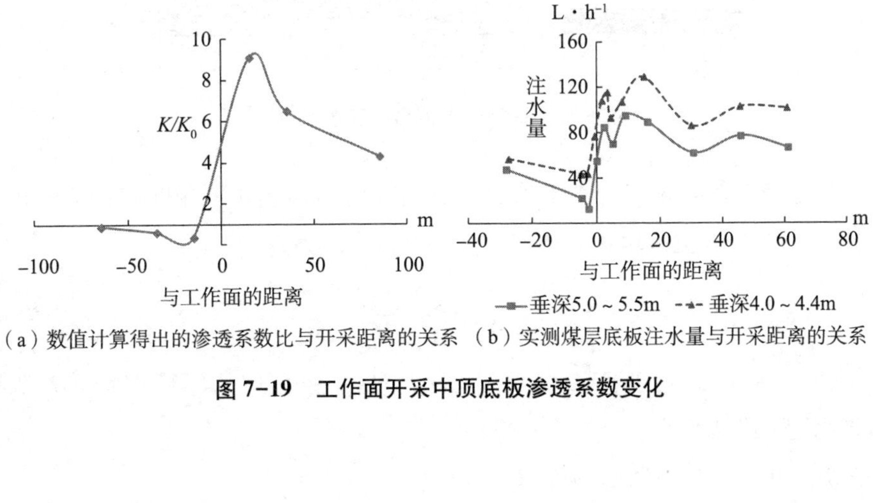

图 7-19　工作面开采中顶底板渗透系数变化

7.4 采空区渗透性恢复与地表下沉值的关系

采空区垮落岩体在其自重及上覆岩层载荷的作用下，孔隙、裂隙压密，其结果造成岩层压缩与地表沉降。理论研究及观测结果表明，采空区渗透性恢复主要是地面沉陷引起的，为此，对采空区渗透性恢复与地表下沉值的关系这一问题进行探讨。

图7-20为采空区覆岩变形及“上三带”分布示意图，距离工作面煤壁 X_{cd} 处采空区垮落岩体的压缩变形可以表示为：

$$S_{gm}=S_m+S_f-S_s \tag{7-3}$$

式(7-3)中，S_{gm} 为距离工作面煤壁 X_{cd} 处采空区垮落岩体的压缩变形量；S_m 为 X_{cd} 处地表下沉量；S_f 为裂隙带沿纵向方向的扩张量；S_s 为老顶岩层弯曲下沉量。

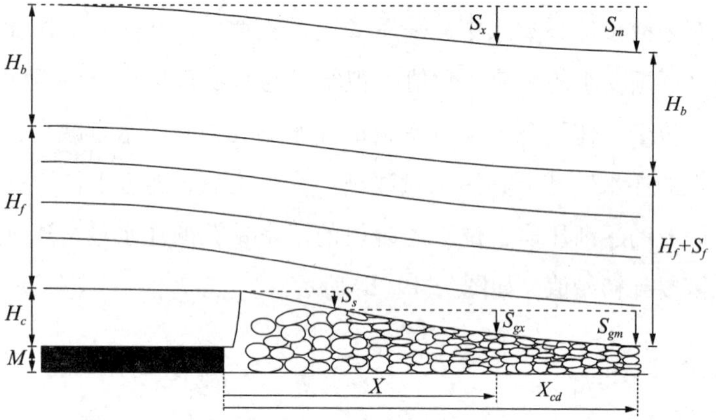

图7-20 采空区上覆岩层变形示意[187]

冒落带垮落岩体应变水平取决于其与煤壁距离、开采深度和冒落岩体力学性质。X_{cd} 处采空区垮落岩体的应变量可以表示为：

$$\varepsilon_{gm}=\frac{S_{gm}}{H_c+M} \tag{7-4}$$

式(7-4)中，ε_{gm} 为距离煤壁 X_{cd} 处采空区垮落岩体的压缩应变；H_c 为冒落带高度；M 为采高。

开采单一煤层冒落带高度 H_c 可用式(7-5)计算：

$$H_c=\frac{M-S_s}{k-1} \tag{7-5}$$

式(7-5)中，k 为冒落岩石的碎胀系数。

将式(7-3)和式(7-5)代入式(7-4)可得：

$$\varepsilon_{gm}=\frac{(S_m+S_f-S_s)(k-1)}{Mk-S_s} \tag{7-6}$$

Salamon 提出采空区垮落岩体的压缩应变与覆岩压力存在如下关系：

$$\varepsilon_{gm}=\frac{\sigma_v}{E_0+(\sigma_v/\varepsilon_m)} \tag{7-7}$$

式(7-7)中，σ_v 为覆岩压力，$\sigma_v=\gamma H$，γ 为上覆岩层容重，H 为工作面开采深度；E_0 为采空区冒落岩石的初始切线弹性模量，$E_0=\frac{10.39\sigma_c^{1.042}}{k^{7.7}}$，$\sigma_c$ 为岩石的单轴抗压强度；ε_m 为冒落岩石的最大应变，其与碎胀系数的关系式为 $\varepsilon_m=\frac{k-1}{k}$。

式(7-7)可以进一步写成下列形式：

$$\varepsilon_{gm}=\frac{\gamma H(k-1)}{E_0(k-1)+\gamma Hk} \tag{7-8}$$

采空区冒落岩石及其覆岩压实作用下地表产生下沉，联立式(7-6)和式(7-8)，即可得到距离工作面煤壁 X_{cd} 处的地表下沉值：

$$S_m=\frac{\gamma H(Mk-S_s)}{E_0(k-1)+\gamma Hk}-S_f+S_s \tag{7-9}$$

裂隙带沿纵向方向的扩张量的经验公式为：

$$S_f=\frac{0.4M}{c_3M+c_4} \tag{7-10}$$

式(7-10)中，c_3、c_4 为与岩性有关的参数。

老顶岩层弯曲下沉量可由式(7-11)确定：

$$S_s=0.05M^{1.2} \tag{7-11}$$

当顶板岩层强度较低，煤层采高较小时，可以将式(7-9)中 S_f 与 S_s 忽略不计。

将式(7-11)代入式(7-8)可得：

$$\varepsilon_{gm}=\frac{\gamma H(Mk-0.05M^{1.2})(k-1)}{[10.39\sigma_c^{1.042}(k-1)/k^{7.7}+\gamma Hk](Mk-0.05M^{1.2})} \tag{7-12}$$

如果仅仅考虑单向(纵向)应变的作用，前文 3.3 节中应变和渗透系数变

化之间的三维关系式(3-48)可简化成

$$K_x = K_{x0}\{(1-[1+(b_z/s_z)^{-1}(1-R_m)]\Delta\varepsilon_z\}^3 \tag{7-13}$$

为了方便计算，根据采动岩体裂隙参数测量结果，取值 $b_z = 1.7\text{cm}$，$s_z = 1\text{m}$，$R_m = 0.833$，则式(7-13)可以进一步简化为：

$$\Delta K = (1-10.8\Delta\varepsilon_z)^3 \tag{7-14}$$

式(7-14)中，ΔK 为变形后与变形前渗透系数比值。

将式(7-12)代入式(7-14)，即可得到距离煤壁 X_{cd} 处采空区最大渗透恢复系数 ΔK_d(岩体压实后与初始采动破坏时渗透系数比值)：

$$\Delta K_d = \left\{1-\frac{10.8\gamma H(Mk-0.05M^{1.2})(k-1)}{[10.39\sigma_c^{1.042}(k-1)/k^{7.7}+\gamma Hk](Mk-0.05M^{1.2})}\right\}^3 \tag{7-15}$$

式(7-15)中，ΔK_d 为岩体压实后与初始采动破坏时渗透系数比值，$0<\Delta K_d \leqslant 1$，其值越小意味着采动岩体渗透性恢复程度越好。

距离工作面煤壁 X 处采空区垮落岩体的压缩应变与地表下沉值的关系式为：

$$\varepsilon_X = \frac{[S_X+0.4M/(c_3M+c_4)-0.05M^{1.2}](k-1)}{Mk-0.05M^{1.2}} \tag{7-16}$$

式(7-16)中，S_X 为距离工作面煤壁 X 处地表下沉值。

将式(7-16)代入式(7-14)，即可得到采空区压实区范围内不同位置渗透恢复系数与地表下沉值间的关系表达式：

$$\Delta K_d = \left\{1-\frac{10.8[S_X+0.4M/(c_3M+c_4)-0.05M^{1.2}](k-1)}{Mk-0.05M^{1.2}}\right\}^3 \tag{7-17}$$

从上述公式可以看出，采空区渗透性恢复与地面下沉值、采高、采动破碎岩体的碎胀系数、岩性、煤层埋深等密切相关，采动岩体渗透恢复系数随着采空区逐渐压实而不断减小，即采动岩体渗透性在压实过程中逐渐接近采前渗透状态，但不能完全恢复。

根据开采地质及采煤资料，299#钻孔 5^{-2}煤层采高 M 为 5m，采空区垮落岩体碎胀系数 k 为 1.23。由前文 7.2 节中数值模拟计算可以得到 5^{-2}煤层开采沿工作面倾向地表下沉分布曲线，在此基础上，将相关参数代入式(7-17)可以得出采空区垮落岩体渗透恢复系数沿工作面倾向分布曲线，如图 7-21 所示。由该图可以看出采空区垮落岩体渗透恢复系数由工作面中心位置向两侧逐渐增大，即地表下沉值越大，渗透恢复系数越小。例如，距工作面中心位置 100m 处垮落岩体渗透恢复系数为 0.0529，减小到了初始采动破坏时的 1/19；

而工作面中心位置的垮落岩体渗透恢复系数仅为0.000675，减小到了初始采动破坏时的1/1481。这表明越靠近工作面中心位置，垮落岩体压实程度越好，其渗透性较初始采动破坏时减小幅度越大。

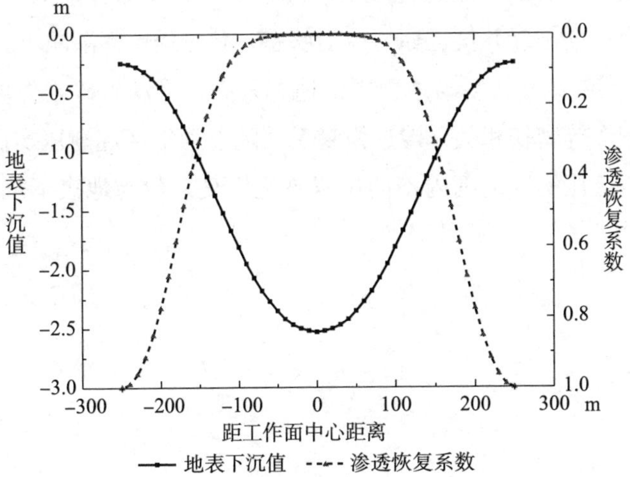

图7-21　地表下沉值与垮落岩体渗透恢复系数之间的关系

7.5　本章小结

(1)煤炭开采工作面围岩渗透性增加区范围要大于岩体破坏区范围，工作面围岩水平方向渗透性增加幅度和增加区范围较垂直方向渗透性要大得多。水平方向渗透性增加区位于采空区的正上方和正下方，其分布形状近似椭圆形，最大高度出现在采空区中部的正上方；而垂直方向渗透性增加区的范围不仅分布在采空区的正上方及正下方，还延展到开采区边界斜上方、斜下方30m以外，其分布形状近似呈“马鞍”形，最大高度一般出现在采空区两侧边界斜上方。工作面围岩渗透性受地质因素和开采因素所控制，垂向渗透性增加区的最大高度随着工作面倾斜长度和采高的增加呈指数函数关系增大。

(2)煤炭开采上覆岩层变形制约着其渗透性变化，上覆岩层渗透性增加区不仅出现于回采工作面后方垮落带，还出现于回采工作面前方深度小于100m的浅部以及支承压力带上方的剪碎带内，但回采工作面后方的渗透系数增大值比其前方的要大得多。

(3)煤层顶底板岩体的渗透性随着回采工作面推进而呈规律性变化，在煤炭开采过程中处于原岩应力区和超前压力压缩区的煤岩体，在工作面前方超前支承压力的作用下渗透性较小；处于采动矿压直接破坏区的煤岩体，其渗透性相应增大，一般最大渗透性就出现在该区；处于岩体应力恢复区内的煤岩体，其应力逐渐恢复并接近原岩应力状态，其渗透性逐渐减小。

(4)采空区渗透性恢复与地面下沉值、采高、采动破碎岩体的碎胀系数、岩性、煤层埋深等密切相关，渗透恢复系数随着采空区逐渐压实而不断增大，推导出了采空区压实区范围内不同位置渗透恢复系数与地表下沉值之间的关系式。

8 煤炭开采上覆岩层渗透性评价及应用

8.1 概述

煤炭开采导致围岩应力场重新分布，应力的变化不仅导致岩体产生大量新裂隙，而且致使岩体中原有的裂隙扩展或闭合，这样会造成岩体孔隙率发生变化，其结果导致岩体渗透性变化。现场试验及理论研究结果表明，采动岩体渗透性增加，会导致地下水涌入采掘工作面，引起地下水流失、矿井涌水量增加，甚至矿井突水等，这将严重影响煤矿安全生产和地下水资源保护利用。在煤矿顶板突水危险性评价方面，国内外学者相继进行了深入研究，取得了一系列卓有成效的成果[188-190]，但大多是基于矿压、水压和隔水介质条件等，而较少考虑采动覆岩渗透性变化对地下水流动及矿井突水的控制。

在煤炭开采过程中，一方面，采动覆岩渗透性增加引起上覆含水层地下水渗流，渗透性突变时使矿井突水致灾；另一方面，采空区垮落岩体孔隙—裂隙不仅形成地下水渗流的通道，也为矿井水井下赋存提供了储水空间，如神华集团充分利用煤矿采空区垮落岩体孔隙率大和渗透性好的特点，改造采空区为地下水库储存矿井水以保护利用地下水资源，开辟了实现保水采煤新的技术途径。因此，建立煤炭开采上覆岩层渗透性评价理论与方法，对采空区冒裂带岩体渗透性进行评价，对煤矿工作面突水防治和地下水资源保护都具有重要理论与实际意义。

本章着重研究了煤炭开采过程中上覆岩层孔隙率和渗透性空间分布特征，构建了采空区冒裂带岩体孔隙率及渗透性分布模型，建立了煤炭开采上覆岩层渗透性评价理论与方法，揭示了煤炭开采上覆岩层渗透性分区、分带特征，并对研究区煤炭开采上覆岩层渗透性进行了评价。基于采空区孔渗性评价，提出了煤矿采空区储水量计算模型，计算了大柳塔井田 2^{-2}煤层采空区的储水量，为神东矿区煤矿地下水库保护利用地下水资源提供了理论基础。

8.2 煤炭开采上覆岩层渗透性评价理论与方法

8.2.1 采空区冒裂带岩体渗透性分布规律

8.2.1.1 采空区垮落岩体渗透性横向分布规律

(1)岩石孔隙率及渗透系数。岩石破碎以后的体积较整体状态下增大，这种性质称为岩石的碎胀性。煤层开采后采空区冒落岩石具有一定的碎胀性，其碎胀系数为岩石破碎后处于松散状态下的体积与岩石破碎前处于整体状态下的体积之比[191]。破碎岩体的孔隙率可以由破碎状态下岩块间的孔隙体积与总体积之比来表示。根据破碎岩体孔隙率和碎胀系数的定义可知，两者之间存在如下关系：

$$n=1-1/K_p \tag{8-1}$$

式(8-1)中，n 为破碎岩石的孔隙率；K_p 为破碎岩石的碎胀系数。

考虑煤层顶板岩层的原始孔隙率 S_0，则自由堆积状态下采空区冒落岩石的总孔隙率为：

$$n_{m0}=1-1/K_{\mathrm{p}}+S_0 \tag{8-2}$$

式(8-2)中，n_{m0}为自由堆积状态下冒落岩石的总孔隙率，S_0 为顶板岩层原始孔隙率。

当工作面回采结束后，随着时间的推移，冒落带岩块在其自重和上覆荷载作用下渐趋压实，碎胀系数变小，最终剩余的碎胀系数称为残余碎胀系数 K'_p。常见岩石的碎胀系数和残余碎胀系数如表 8-1 所示[192]。因此，压实过程中随时间变化的冒落岩石孔隙率 $n_m(t)$ 为：

$$n_m(t)=1-\frac{1}{K'_p(t)}+S_0 \tag{8-3}$$

式(8-3)中，$K'_p(t)$为随时间变化的冒落带岩石碎胀系数。

表 8-1　常见煤系岩石的碎胀系数和残余碎胀系数

岩性	碎胀系数 K_p	残余碎胀系数 K'_p
碎煤	<1.2	1.05
泥质页岩	1.4	1.1
砂质泥岩	1.6~1.8	1.1~1.15
砂岩	1.5~1.8	1.03~1.1
中硬砂岩	1.3~1.5	1.03~1.08

在著名的 Kozeny 理论中，多孔介质由毛细管集合和各种截面来描述，分别应用 Navier-Stokes 方程可以求得多孔介质的渗透系数[193]：

$$K=cn^3d^2(\rho g/\mu) \tag{8-4}$$

式(8-4)中，c 为颗粒平均尺寸及形状的常数；n 为孔隙率；d 为球形颗粒直径。

从式(8-4)可以看出，孔隙率是影响多孔介质渗透系数的重要因素。实际的多孔介质是由不同尺寸或胶结或松散的颗粒组成的，胶结的颗粒其孔隙率取决于胶结程度，而松散介质的孔隙率决定于颗粒的形状、尺寸及其排列形式。

Kozeny-Karman 提出了类似式(8-4)的计算渗透系数的公式。它表明孔隙率对渗透系数有一个重要的控制作用，即渗透系数随孔隙率的增加而增大[194]，即：

$$K=\frac{n^3}{(1-n)^2}\times\frac{d^2}{180}\left(\frac{\rho g}{\mu}\right) \tag{8-5}$$

(2)基于顶板下沉的采空区冒落岩石渗透性分布模型。煤层开采后，若采空区直接顶岩层的垮落厚度为 $\sum h$，则垮落后堆积的高度为 $K_p\sum h$，它与老顶岩层之间可能留下的空隙 Δ 为：

$$\Delta=\sum h+M-K_p\sum h=M-\sum h(K_p-1) \tag{8-6}$$

此时，沿走向方向回采工作面前后的岩层情况如图 8-1 所示。

当 $M=\sum h(K_p-1)$，即 $\Delta=0$ 时，冒落的直接顶将充满采空区。此时，老顶一般的弯曲下沉量较小，常可以忽略不计。因此，采空区冒落岩石的碎胀系数与采厚、直接顶冒落厚度之间的关系式为：

$$K_p=\frac{M+\sum h}{\sum h} \tag{8-7}$$

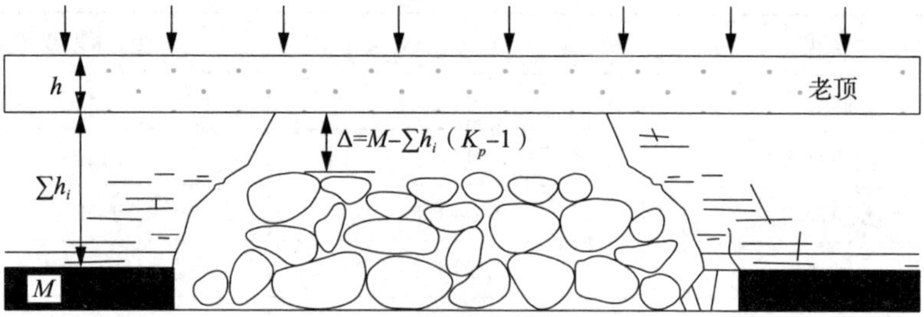

图 8-1　冒落岩石充填采空区示意

将式(8-7)代入式(8-2)，可得到采空区冒落岩石的最大孔隙率：

$$n_{\max}=\frac{M}{M+\sum h}+S_0 \tag{8-8}$$

冒落的直接顶岩层充满采空区时，直接顶岩层垮落厚度 $\sum h$ 基本等于采空区冒落带高度 H_m，则式(8-8)可进一步写为：

$$n_{\max}=\frac{M}{M+H_m}+S_0 \tag{8-9}$$

为了描述采空区冒落带松散岩体的渗透性，将冒落带岩体看作均匀排列的孔隙介质，如图 8-2 所示，则其渗透性可用孔隙率与渗透系数之间的关系式(8-5)进行描述。

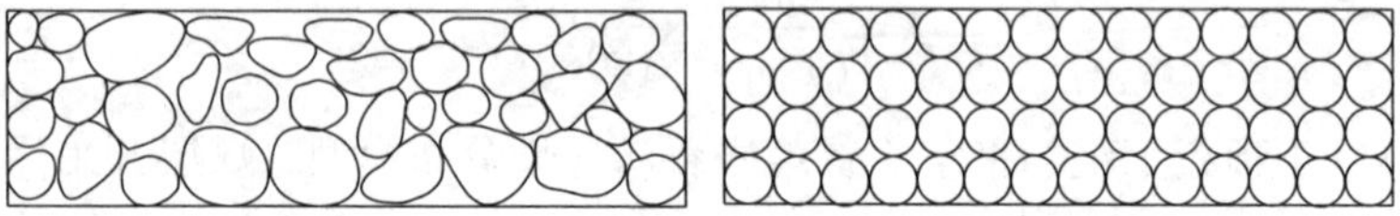

（a）冒落带松散岩体　　（b）理想化多孔介质模型

图 8-2　冒落岩体的理想化孔隙介质模型

将式(8-9)代入式(8-5)，即得到采空区冒落岩石最大渗透系数：

$$K_{\max}=\frac{\left(\frac{M}{M+H_m}+S_0\right)^3}{\left(\frac{H_m}{M+H_m}-S_0\right)^2}\times\frac{d_m^2}{180}\left(\frac{\rho g}{\mu}\right) \tag{8-10}$$

式(8-10)中，$K_{\max}$ 为采空区冒落带岩石的最大渗透系数；d_m 为采空区冒落岩块的平均直径。

随着工作面的推进，采空区冒落岩石上方老顶岩层在其自重及上覆载荷的作用下产生弯曲下沉，导致冒落岩石渐趋压实，碎胀系数变小。若采空区冒落岩石上方老顶岩层的下沉位移为 S_x，则冒落带岩石压实过程中碎胀系数为：

$$K_p=\frac{M+H_m-S_x}{H_m} \tag{8-11}$$

将式(8-11)代入式(8-2)，可得到采空区冒落岩石压实过程中的孔隙率：

$$n_m=\frac{M-S_x}{M+H_m-S_x}+S_0 \tag{8-12}$$

根据采动上覆岩层的岩体结构“砌体梁”力学模型和现场移动观测可发现，若上覆岩层达到“砌体梁”结构的稳定平衡时，其下沉曲线符合负指数函数关系：

$$S_{xi}=W_{mi}(1-e^{-\frac{x}{2l_i}}) \tag{8-13}$$

式(8-13)中，S_{xi}为与工作面煤壁距离为 x 处的第 i 岩层下沉位移；W_{mi}为第 i 层岩层移动基本稳定后的下沉量，$W_{mi}=M-\sum h_i(K_{p'_i}-1)$，$M$ 为采高，$\sum h_i$ 为第 i 层岩层距煤层顶板的距离，$K_{p'_i}$ 为 $\sum h_i$ 内岩石的残余碎胀系数；l_i 为第 i 层岩层的极限跨距，$l_i=2h_i(\sigma_{ti}/3q)^{\frac{1}{2}}$，$\sigma_{ti}$ 和 h_i 分别为第 i 层岩层的极限抗拉强度和厚度，q 为第 i 层岩层所承受的载荷。

将式(8-13)代入式(8-12)，可得采空区冒落岩石压实过程中的孔隙率：

$$n_m=\frac{M-W_{mi}(1-e^{-\frac{x}{2l_i}})}{M+H_m-W_{mi}(1-e^{-\frac{x}{2l_i}})}+S_0 \tag{8-14}$$

将式(8-14)代入式(8-5)，可得到采空区冒落岩石压实过程中的渗透系数：

$$K_m=\frac{\left[\dfrac{M-W_{mi}(1-e^{-\frac{x}{2l_i}})}{M+H_m-W_{mi}(1-e^{-\frac{x}{2l_i}})}+S_0\right]^3}{\left[\dfrac{H_m}{M+H_m-W_{mi}(1-e^{-\frac{x}{2l_i}})}-S_0\right]^2}\times\frac{d_m^2}{180}\left(\frac{\rho g}{\mu}\right) \tag{8-15}$$

(3)基于现场经验公式的采空区冒落岩石渗透系数分布。根据现场测定数据、裂隙“O”形圈理论及经验公式[195]，选择回采工作面煤壁宽度中心点作为坐标原点，以采空区走向方向为 x 轴，采空区倾向方向为 y 轴，建立采空区冒落带岩体孔隙率三维分布函数：

$$n_x = 0.2e^{-0.0223}x + 0.1 \tag{8-16}$$

$$n_y = e^{-0.15(\frac{L}{2}\pm y)} + 1 \tag{8-17}$$

$$n_m = n_x n_y = (0.2e^{-0.0223}x + 0.1)[e^{-0.15(\frac{L}{2}\pm y)} + 1] \tag{8-18}$$

式(8-16)至式(8-18)中，n_x、n_y 分别为采空区走向和倾向方向的孔隙率；L 为工作面倾斜长度。

将式(8-18)代入式(8-5)，则可得到采空区冒落岩石渗透系数三维分布函数：

$$K_m = \frac{\{(0.2e^{-0.0223}x + 0.1)[e^{-0.15(\frac{L}{2}\pm y)} + 1]\}^3}{\{1-(0.2e^{-0.0223}x + 0.1)[e^{-0.15(\frac{L}{2}\pm y)} + 1]\}^2} \times \frac{d_m^2}{180}(\frac{\rho g}{\mu}) \tag{8-19}$$

8.2.1.2 采空区冒裂带岩体渗透性纵向分布规律

采空区上覆岩层在纵向方向上，随着距离开采煤层高度的增加，采后破裂岩块的块度逐渐变大，其残余碎胀系数由开采煤层自下而上呈对数函数规律逐渐减小。根据第3章物理模拟试验结果可知，采空区破裂岩体裂隙率 f_r 随着距开采煤层高度 h 的增加而逐渐变小，且二者服从对数函数关系。现场测试试验也证实了这一观点，如阳泉一矿采空区现场观测资料表明，采空区破碎岩体的平均碎胀系数 K 与距开采煤层高度 h 之间的关系式为[196]：

$$K = 1.083 - 0.017\ln h (h < 100m) \tag{8-20}$$

根据物理模拟试验和现场观测资料，采空区上覆破碎岩体的碎胀系数在纵向上并不是常数，而是由开采煤层自下而上呈逐渐减小趋势，且满足对数函数的衰减规律[197-198]，其分布形式为：

$$K_h = K_0 - \lambda \ln(h+1) (h \leqslant H_f) \tag{8-21}$$

式(8-21)中，K_h 为距开采煤层高度 h 的岩体破裂后的碎胀系数；K_0 为采空区底界破碎岩体的碎胀系数；λ 为衰减系数；H_f 为导水裂隙带高度。

采空区冒落带岩体碎胀系数沿纵向方向变化很小，可近似认为不随高度而变化[199]；裂隙带岩体碎胀系数沿纵向方向遵循对数函数的衰减规律。由于煤矿采空区冒落带和裂隙带之间没有明显的分界线，可以认为裂隙带底界破碎岩体的碎胀系数与冒落带岩块的残余碎胀系数相等，即 $K_0 = K'_p$。

综上，根据破碎岩石孔隙率和碎胀系数的关系式(8-1)，并考虑岩层的

原始孔隙率 S_0，则采空区冒裂带范围内不同高度破裂岩体的孔隙率为：

$$\begin{cases} n_m = 1-1/K'_p+S_0(0\leqslant h\leqslant H_m) \\ n_l = 1-\dfrac{1}{K'_p-\lambda\ln(h-H_m+1)}+S_0(H_m\leqslant h\leqslant H_f) \end{cases} \tag{8-22}$$

式(8-22)中，n_m 为冒落带岩石孔隙率；n_l 为裂隙带岩体孔隙率。

根据煤炭开采覆岩破坏的“上三带”定义可知，裂隙带顶界岩体(裂隙带与弯曲下沉带临界接触位置)不存在或极少存在采动裂隙，其碎胀系数等于 1，因而可得到衰减系数 λ，即：

$$\lambda=\frac{K'_p-1}{\ln(H_f-H_m+1)} \tag{8-23}$$

将式(8-22)代入式(8-5)可得到采空区冒裂隙带内不同高度破碎岩体的渗透系数的计算公式：

$$\begin{cases} K_m=K_0=\dfrac{(1-1/K'_p+S_0)^3}{(1/K'_p-S_0)^2}\times\dfrac{d_m^2}{180}(\dfrac{\rho g}{\mu})(0\leqslant h\leqslant H_m) \\ K_l=K_0\dfrac{(1/K'_p-S_0)^2}{(1-1/K'_p+S_0)^3}\dfrac{\left[1-\dfrac{1}{K'_p-\lambda\ln(h-H_m+1)+S_0}+S_0\right]^3}{\left[\dfrac{1}{K'_p-\lambda\ln(h-H_m+1)-S_0}\right]^2}(H_m\leqslant h\leqslant H_f) \end{cases} \tag{8-24}$$

式(8-24)中，K_m 为冒落带岩石渗透系数，也称为采空区初始渗透系数 K_0；K_l 为裂隙带岩体渗透系数；S_0 为岩石原始孔隙率。

8.2.2 采空区平均孔隙率和渗透系数计算方法

煤层采出后，采出煤层体积一部分转化为采动岩体碎胀后增加的那部分体积，其余部分体积则通过上覆岩层移动变形传递到地表，转化为地表下沉盆地体积。考虑上覆岩层内原始孔隙体积，假定采空区平均孔隙率为 $\bar{n}$，则存在下述关系式：

$$\bar{n}H_fLD=V_1-V_2+V_3 \tag{8-25}$$

式(8-25)中，V_1 为采出煤层体积，$V_1\approx MLD$，M 为煤层采厚，L 为采空区走向长度，D 为采空区倾向长度；H_f 为导水裂隙带高度；V_2 为地表下沉的体积，$W_{\max}$为地表最大下沉值，$V_2\approx W_{\max}LD$；V_3 为冒裂带范围内岩层原始孔隙体积，$V_3 \approx S_0(H_m+H_l)LD$。

对式(8-25)求解推导出采空区平均孔隙率估算公式：

$$\bar{n}=\frac{M-W_{\max}}{H_f}+S_0 \tag{8-26}$$

从式(8-26)可知，随着地表下沉量和导水裂隙带高度的增加，采空区平均孔隙率逐渐减小。

将式(8-26)代入式(8-5)，即可得到采空区冒裂带范围内平均渗透系数$\bar{K}$：

$$\bar{K}=\frac{\left(\frac{M-W_{\max}}{H_f}+S_0\right)^3}{\left(1-\frac{M-W_{\max}}{H_f}-S_0\right)^2}\times\frac{d^2}{180}\left(\frac{\rho g}{\mu}\right) \tag{8-27}$$

因此，可通过对地表下沉量和“三带”发育高度的观测，利用式(8-27)确定采空区平均孔隙率和平均渗透系数，来估算采空区积水量或预测煤矿采空区游离气资源量。

8.2.3 煤炭开采上覆岩层渗透性分区分带特征

8.2.3.1 采空区冒裂带岩体渗透性沿纵向分带

为了评价煤炭开采顶板突水溃砂危险性，对采空区冒裂带岩体渗透性进行综合分带。根据采空区冒裂带岩体变形破坏特征及孔隙率、渗透系数纵向分布特征，并结合采动覆岩渗透性现场测试数据[100-116]，将冒裂带岩体由底界至顶界依次划分为极强渗透带、强渗透带、中等渗透带和弱渗透带四带，如表8-2所示。

表8-2 采空区上覆岩层渗透性垂直分带评价分类

评价类型	孔隙率	渗透系数/($m\cdot s^{-1}$)	覆岩破坏特征
极强渗透带	>0.2	>1	冒落性破坏
强渗透带	0.15~0.2	10^{-1}~1	严重开裂
中等渗透带	0.1~0.15	10^{-4}~10^{-1}	一般开裂
弱渗透带	0.05~0.1	10^{-7}~10^{-4}	微小开裂

(1)极强渗透带：一般为采空区冒落带，冒落岩块间空隙较大，连通性极

好，渗透性极好，孔隙率大于0.2，渗透系数值在1m/s以上，不但透水而且流砂也极易从中穿过，是储存矿井水的主要空间。

(2)强渗透带：上覆岩层大部分断开，但仍保持原有层位，裂隙间连通性好，透水性好，孔隙率一般为0.15~0.2，渗透系数值为10^{-1}~1m/s，既透水又透砂，该带一旦波及含水层将发生突水溃砂的重大灾害。

(3)中等渗透带：上覆岩层未全部断开且层次完整，裂隙间连通性较好，渗透性较好，孔隙率为0.1~0.15，渗透系数值为10^{-4}~10^{-1}m/s，透水性一般，基本不透砂，该带波及含水层将发生突水灾害。

(4)弱渗透带：上覆岩层有微小裂缝，连通性不好，渗透性弱，孔隙率为0.05~0.1，渗透系数值一般为10^{-7}~10^{-4}m/s，透水性弱、不透砂，该带波及含水层将会造成矿井涌水量增加。

根据采空区覆岩渗透性“四带”的划分，覆岩采动使基岩裂隙水在冒裂带的流动状态不同：在极强渗透带和强渗透带呈“泄漏”状态，在中等渗透带和弱渗透带呈“渗流”状态。由于采动覆岩裂隙在压实、充填等作用下不能完全闭合，采动稳定区基岩裂隙水在开采后期仍以渗流形式稳定流入采空区，补充矿井水。需要指出的是，由于西部浅埋煤层上覆基岩薄，煤层开采上覆岩层渗透性不一定会存在完整的“四带”。

8.2.3.2 采空区冒落岩体孔隙渗流特性沿横向分区

由采空区冒裂带岩体渗透性沿纵向分带划分可知，采空区冒落带岩体孔渗性极好，是矿井水渗流与赋存的主要空间。根据采空区冒落岩石孔隙率、渗透系数横向分布和采空区冒落岩体堆积特征，结合现场实测采空区岩体孔隙率分布[123-124]，对采空区冒落带岩体孔隙渗流特性进行评价分区，将采空区冒落带沿走向划分为孔隙渗流特性极好区、孔隙渗流特性较好区和孔隙渗流特性中等区3个区域，如表8-3所示。

表8-3 采空区冒落岩体孔隙渗流特性横向分区评价分类

评价类型	与煤壁距离/m	冒落岩体特征	孔隙率	渗透系数/($m\cdot s^{-1}$)
孔隙渗流特性极好区	0~40	自然堆积	≥0.35	≥24
孔隙渗流特性较好区	40~100	载荷影响	0.25~0.35	4~24
孔隙渗流特性中等区	>100	压实稳定	0.2~0.25	<4

(1)孔隙渗流特性极好区：在距离采空区煤壁约两个周期来压步距(0~40m)范围内，采空区冒落岩体未承受支承压力而成自然堆积状态，冒落岩体孔隙率 $n_m \geqslant 0.35$，渗透系数 $K_m \geqslant 24$m/s，孔隙渗流特性极好，但区域面积和渗流空间较小。

(2)孔隙渗流特性较好区：距离采空区煤壁 40~100m 范围内，在上覆岩层的“砌体梁”结构作用下冒落岩体处于承压状态，冒落岩体随老顶下沉量增加逐渐压实，冒落岩体孔隙率的范围为 $0.25 \leqslant n_m < 0.35$，渗透系数 $4 \leqslant K_m < 24$m/s，孔隙渗流特性较好，区域面积和渗流空间较小。

(3)孔隙渗流特性中等区：距离采空区煤壁 100m 以远，该区内各处支承压力值比较接近，冒落岩体得到充分压实达到稳定状态，冒落岩体孔隙率的范围为 $0.2 \leqslant n_m < 0.25$，渗透系数 $K_m < 4$m/s，孔隙渗流特性中等，但区域面积和渗流空间很大，是矿井水渗流与赋存的主要空间。

8.3 煤炭开采上覆岩层渗透性控制机理

煤炭开采上覆岩层渗透性变化的本质原因是岩体孔隙率发生改变，这可以从理论公式和岩石全应力应变渗透试验中得到证明。假设岩体中只有一组平行裂隙发育，等效离散介质模型如图 8-3 所示。

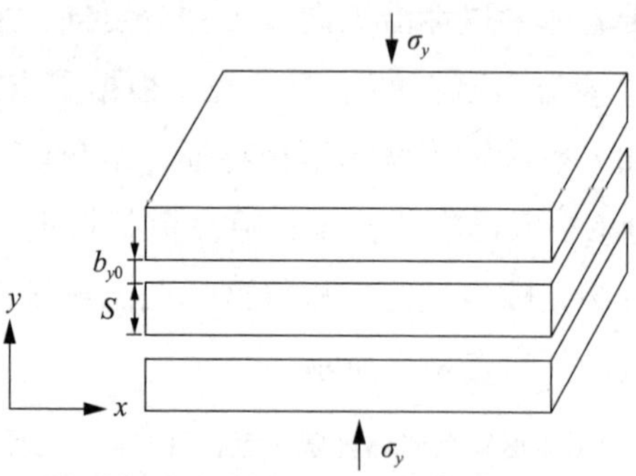

图 8-3　一组平行裂隙水力学模型

假设水在裂隙中的流动服从 Darcy 定律，则裂隙岩体的渗透系数与裂隙间距的关系为：

$$K_{x0}=\frac{gb_{y0}^{3}}{12\mu s} \tag{8-28}$$

式(8-28)中，K_{x0}为沿 x 轴方向的初始渗透系数；b_{y0}为沿 y 轴方向裂隙原始等效隙宽；g 为重力加速度；μ 为水的动力黏滞系数；s 为裂隙间距。

裂隙岩体的原始孔隙率 ϕ_{y0}可以表示为：

$$\phi_{y0}=\frac{b_{y0}}{s} \tag{8-29}$$

当应力发生变化时，裂隙隙宽发生变化，其变化量可以表示为应变的函数[200]：

$$\Delta b=s(1-R_{m})\Delta\varepsilon_{y} \tag{8-30}$$

式(8-30)中，Δb 为裂隙隙宽变化量；R_m 为岩石质量指标；$\Delta\varepsilon$ 为垂直裂缝的应变。

裂隙隙宽变化后的渗透系数 K_x 可以表示为：

$$K_{x}=K_{x0}\left[1+\frac{s(1-R_{m})}{b_{y0}}\Delta\varepsilon_{y}\right]^{3}=K_{x0}(\frac{\phi_{y}}{\phi_{y0}})^{3} \tag{8-31}$$

式(8-31)中，ϕ_y 为裂隙隙宽变化后的孔隙率，$\phi_y=\phi_{y0}+(1-R_m)\Delta\varepsilon_y$。

式(8-31)可进一步写为：

$$\frac{K_{x}}{K_{x0}}=(\frac{\phi_{y}}{\phi_{y0}})^{3} \tag{8-32}$$

从上述公式可以看出，裂隙岩体的渗透系数与其孔隙率密切相关，裂隙隙宽变化后与变化前的渗透系数比值和孔隙率比值呈立方函数关系，揭示了煤炭开采中孔隙率对上覆岩层渗透性的控制机理。

孔隙率对岩石渗透性的影响，也可以直观地从全应力—应变—渗透系数关系曲线中看出(见图 3.3)。岩石的应力应变经历微裂隙孔隙压密—弹性变形—裂隙发生及扩展—裂隙不稳定发展直到破裂—应变软化—残余强度六个阶段时，其孔隙率与渗透系数发生同步变化，依次经历减小—减小—增加—增加—增加—稳定六个阶段。在微裂隙孔隙压密和弹性变形阶段，岩石内孔隙裂隙闭合，孔隙率减小，渗透系数相应降低；进入塑性变形阶段后，岩石中的孔隙裂隙逐渐增大增多，孔隙率变大，渗透系数迅速增加。在应变软化阶段，孔隙率达到最大，渗透系数也达到峰值。岩石变形破坏过程中渗透系数和孔隙率的变化是同步的，渗透系数和孔隙率存在一定关系，如王环玲[201]

等通过岩石渗流和孔隙率试验研究，发现岩石的渗透系数和孔隙率服从幂函数的关系。

由于采动影响使采场周围岩体应力重新分布，引起采场顶底板岩体发生变形破坏，致使岩体孔隙率发生变化。在煤层开采后，采空区上覆岩层自下而上形成“三带”，即冒落带、裂隙带和弯曲下沉带，采空区冒落—裂隙带孔隙—裂隙特征不同，越靠近开采煤层，采动裂隙数量及隙宽越大，在纵向上冒落—裂隙带岩体孔隙率变化规律表现为自下而上逐渐减小。式(8-32)及试验结果表明，孔隙率的增大将导致渗透性呈幂函数关系增加，因而煤炭开采采空区上覆岩层渗透性显著增加，且采空区冒裂带岩体渗透性表现为自下而上逐渐减小。在横向上，采空区及其顶底板可划分为 4 个区：原岩应力区、支承压力区、卸载压力区和应力恢复区。原岩应力区岩体基本不受采动影响，孔隙率和渗透性保持原始状态；支承压力作用区域的岩体产生压缩变形，孔隙、裂隙被压密，导致孔隙率减小，渗透性变小；卸载压力区岩体发生垮落或膨胀性破坏，产生大量采动裂隙，导致孔隙率增加，渗透性呈数量级增大；应力恢复区域的岩体在采空区压力作用下逐渐被压实，导致孔隙率降低，渗透性较采动破坏发生时大幅度降低。

8.4 大柳塔井田煤炭开采上覆岩层渗透性评价

大柳塔矿井地处陕北黄土高原北侧和毛乌素沙漠东南缘，井田地表大部分被风积沙覆盖，植被稀少，地下水资源极为宝贵。井田主采 1^{-2}煤、2^{-2}煤和 5^{-2}煤，煤层埋藏浅，上覆基岩薄，一次采全高开采使导水裂隙带易沟通上覆岩层含水层，导致地下水渗漏或渗流。因此，开展大柳塔矿井煤炭开采上覆岩层渗透性评价对煤矿安全生产和水资源保护具有重要理论与实际意义。

根据煤炭开采上覆岩层渗透性评价理论与方法，以大柳塔井田 20606 工作面为例，开展采空区上覆岩层渗透性评价。20606 工作面长度 240m，推进长度 2038m，煤层开采厚度 M 为 5.0m。根据现场监测数据和室内试验资料得知，冒落带高度 H_m 为 16.5m，导水裂隙带高度为 105m，地表最大下沉值为 2.65m，顶板岩石碎胀系数 $K_p=1.45$，压实稳定后垮落岩体残余碎胀系数 $K'_p=1.19$，煤层上覆岩石原始孔隙率 $S_0=0.05$，老顶弯曲下沉量 W_m 为 3.0m，

顶板极限垮落步距 l 为30m，冒落岩石平均直径 d 为50cm；取地下水动力黏滞系数 μ 为 $10^{-3}N \cdot s/m^2$，水的密度 ρ 为 $10^3 kg/m^3$，重力加速度 g 为10N/kg。

8.4.1 采空区垮落岩体渗透性横向分布

将各参数值代入式(8-14)，绘制出距离工作面煤壁100m处冒落岩石孔隙率随老顶弯曲下沉的变化曲线(见图8-4)。由图可以看出，采空区冒落岩石孔隙率随着老顶弯曲下沉量的增加而减小，这表明采空区内部冒落岩体孔隙率在上覆岩层压缩变形作用下会逐渐变小。

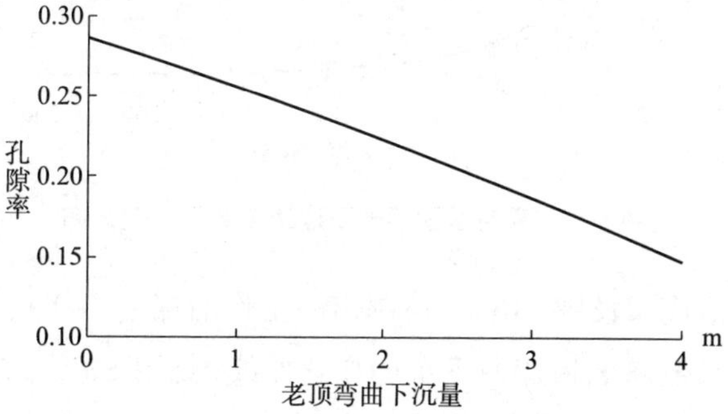

图8-4 采空区冒落岩石压实过程中孔隙率变化

取老顶弯曲下沉值为2m，将各参数值代入式(8-14)，绘制出20606采空区冒落岩石孔隙率沿走向分布曲线(见图8-5)。由图可以看出，采空区冒落岩石孔隙率由其边缘向深部逐渐减小，并最终趋于稳定。

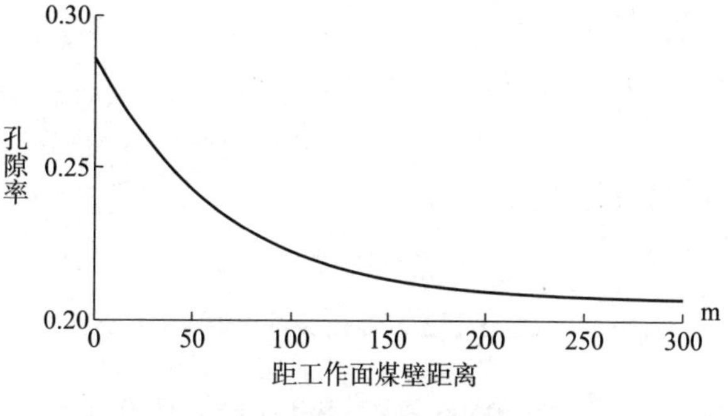

图8-5 采空区冒落岩石孔隙率沿走向分布

取老顶弯曲下沉值为2m，将各参数值代入式(8-15)，绘制出20606采空区冒落岩石渗透系数沿走向分布曲线(见图8-6)。从图中可以看出，采空区冒落岩石渗透系数由其边缘向深部逐渐减小并最终趋于稳定。变化趋势可以划分为三个区域：①距工作面煤壁0~40m范围内，随着距离煤壁距离的增加渗透系数急剧减小；②距工作面煤壁40~100m范围内，渗透系数仍减小，但减小的幅度较小；③距工作面煤壁100m以远，采空区冒落岩石渗透系数渐趋稳定。

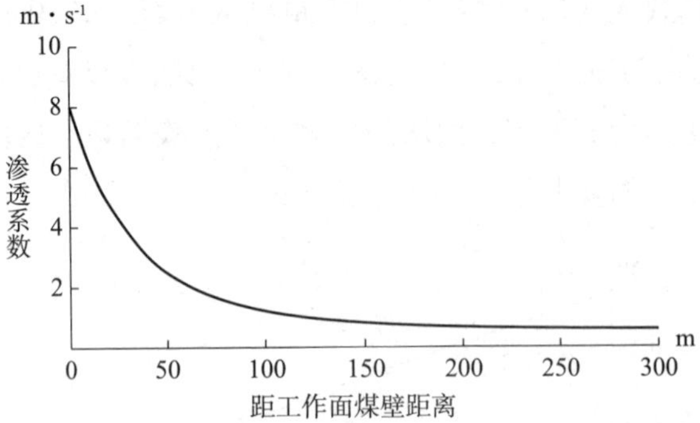

图 8-6　采空区冒落岩石渗透系数沿走向分布

将各参数值代入式(8-15)，绘制出距工作面煤壁100m处20606采空区冒落岩石渗透系数随老顶弯曲下沉的变化曲线(见图8-7)。由图可以看出，随着老顶弯曲下沉量不断增大，采空区冒落岩石渗透系数迅速减小。这表明采空区内部冒落岩体的渗透系数在上覆岩层压缩变形作用下会逐渐变小，即采空区冒落岩体在压实过程中具有渗透恢复性。

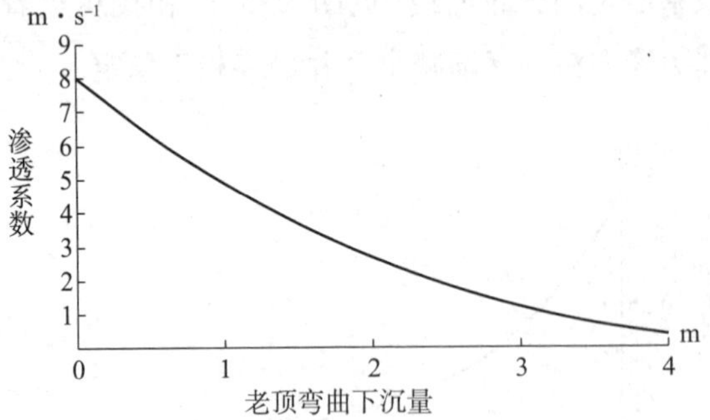

图 8-7　采空区冒落岩石压实过程中渗透系数变化

按照式(8-18)，推演20606采空区冒落带岩体孔隙率的三维分布规律，其分布形式如图8-8所示。从图中可以看出，在回采工作面煤壁及上下巷道附近孔隙率较大，向采空区内部孔隙率逐渐减小。这是由于在工作面回采支架以及老顶岩层悬臂梁共同支撑作用下采空区边界区域冒落岩体呈自然堆积状态，受上覆载荷影响较小，压实程度较小；而采空区内部冒落岩体在采空区压力作用下逐渐被压实，使冒落岩块的碎胀系数变小，孔隙率也随之变小。从三维空间上看，采空区冒落带孔隙率表现为“铲”状分布形式，煤壁及两巷侧空隙率明显大于中部空隙率，形成矿井水主要的渗流通道和贮存空间。

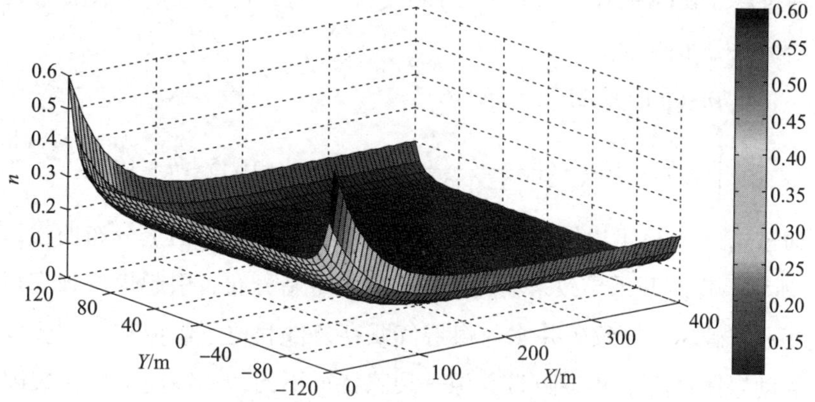

图 8-8　采空区孔隙率三维分布

根据大柳塔煤矿 20606 采空区走向和横向尺寸，假设冒落岩块直径为 0.5m 且均匀排列，则利用 Matlab 计算并绘出采空区冒落岩石渗透系数分布图形(见图 8-9)。从图中可以看出，采空区冒落带渗透系数分布规律与孔隙率相同，渗透系数场在三维空间上呈“铲”状分布形式，由煤壁和两巷侧向采空区内部渗透系数值减小两个数量级，表明采空区内部冒落岩体的压缩变形对其渗透性影响很大。

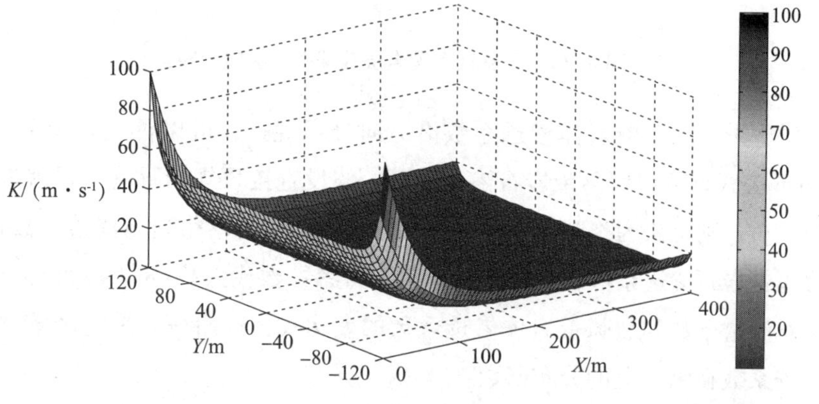

图 8-9　采空区渗透系数三维分布

8.4.2 采空区冒裂带岩体渗透性纵向分布

将相关参数代入式(8-3)，可得采空区充分压实稳定后冒落带岩体孔隙率 $n_m=0.21(0\leqslant h\leqslant 16.5)$。

通过联立式(8-21)、式(8-22)和式(8-23)，可得采空区冒裂带岩体孔隙率沿纵向分布函数：

$$\begin{cases} n_m(h)=0.21(0\leqslant h\leqslant 16.5) \\ n_l(h)=1.05-\dfrac{1}{1.19-0.041\ln(h-15.5)}(16.5\leqslant h\leqslant 102) \end{cases} \tag{8-33}$$

通过式(8-33)可以绘出采空区上覆岩层孔隙率在纵向上分布曲线，如图8-10所示。煤炭开采导致采场周围岩体应力重新分布，引起煤层顶底板岩体发生变形与破坏，导致矿井水与煤层气赋存条件和地下渗流条件同步发生变化，采动岩体冒落带和裂隙带孔隙—裂隙特征不同，在纵向上冒落裂隙带岩体孔隙率变化规律为自下而上逐渐减小。

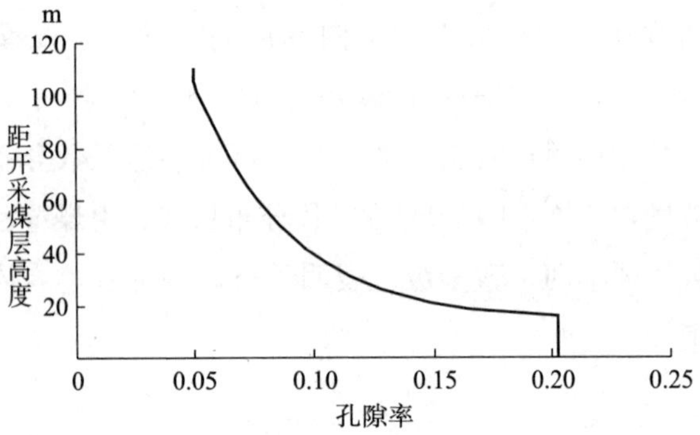

图8-10 采空区上覆岩层孔隙率沿纵向分布

对于采空区上覆岩体渗透系数沿纵向分布规律，可以首先采用 Kozeny-Karman 公式计算出冒落带岩石渗透系数。假设直接顶规则冒落，冒落带岩石均匀分布，则可认为裂隙带底界岩体的渗透系数与冒落带岩石渗透系数相等，即冒落带岩石渗透系数在纵向上为定值。将各参数代入式(8-24)可得出冒落带岩石渗透系数和裂隙带岩体渗透系数的表达式，从而得到采空区冒裂带岩体渗透系数在纵向上的分布函数：

$$\begin{cases} K_m = K_0 = 2.13\text{m/s}(0 \leqslant h \leqslant 16.5) \\ K_l = 143.66\dfrac{\left[1.05 - \dfrac{1}{1.19 - 0.041\ln(h-15.5)}\right]^3}{\left[\dfrac{1}{1.19 - 0.041\ln(h-15.5)}\right]^2}\text{m/s}(16.5 \leqslant h \leqslant 102) \end{cases} \tag{8-34}$$

绘出式(8-34)的分布曲线，如图 8-11 所示。为了方便分析，图中纵坐标设为渗透系数取对数后的结果。从图可以看出，裂隙带内破碎岩体自下而上渗透系数呈数量级倍数的减小，渗透系数由 2.13m/s 降低到 7.82×10^{-8}m/s 以下。

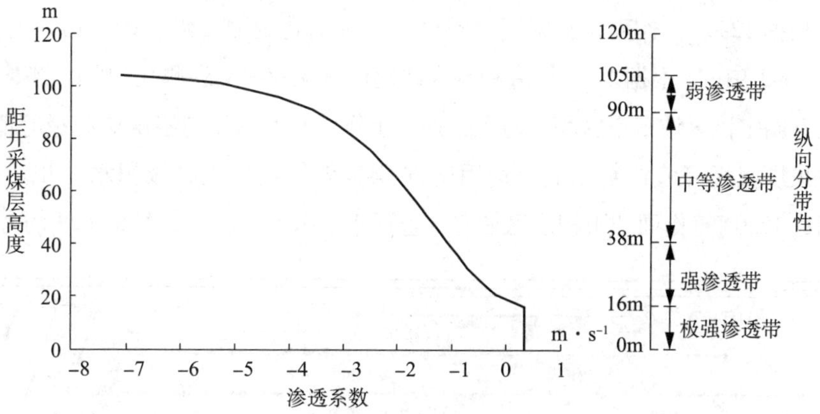

图 8-11　采空区冒裂带岩体渗透系数沿纵向分布

由图 8-11 可知，距开采煤层高度 0~16m 区段岩体的渗透系数为 2.13m/s，属于极强渗透带；距开采煤层高度 16~38m 区段岩体的渗透系数较极强渗透带略有减少，为 10^{-1}~1m/s，属于强渗透带；距开采煤层高度 38~90m 区段岩体的渗透系数明显减少，为 10^{-4}~10^{-1}m/s，为中等渗透带；距开采煤层高度 90~105m 区段岩体的渗透系数为 10^{-7}~10^{-4}m/s，渗透性显著减小，属于弱渗透带。

将大柳塔矿井 20606 工作面开采相关参数代入式(8-26)，可以得出 20606 采空区冒落裂隙带空间范围内岩体的平均孔隙率 $\overline{n}=0.073$。将相关参数代入式(8-27)可以得出采空区冒裂带范围内岩体的平均渗透系数 $\overline{K}=8.76\times10^{-3}$m/s。

8.4.3 采空区孔隙率现场实测验证

大柳塔煤矿活鸡兔井于 2011 年进行了采空区积水的探放水试验。利用现场探放水工程试验数据，获取采空区垮落岩体孔隙率的经验值，为煤矿采空区冒裂带岩体孔隙—渗透性评价提供了现场工程数据支撑。

大柳塔煤矿准备开采活鸡兔井 2^{-2} 煤层三盘区，该区上部 1^{-2} 煤已全部采空，而且采空区低洼处有一定量的积水。为了保证 2^{-2} 煤层三盘区工作面安全掘进、回采，决定提前疏放该区上覆 1^{-2} 煤层采空区积水，1^{-2} 煤层三盘区采空区积水分布在三个区域，分别是：12301~12304 工作面切眼积水区、12304 工作面 16 联巷附近积水区、三盘区北翼大巷积水区。

根据 12301 工作面切眼附近采空区水位观测孔观测资料，计算钻孔水位标高为 1092.91m。根据 1^{-2} 煤层底板等高线起伏情况和水文观测孔“观 1”测得水位标高，圈定该区域采空区积水范围，通过工作面巷底标高勾绘煤层底板等值线，截取煤层底板等值线数据后，运用南方 Cass 软件计算该区域积水体积。其中 12301~12304 工作面切眼积水区域主要包括 4 个积水块段，如图 8-12 所示。

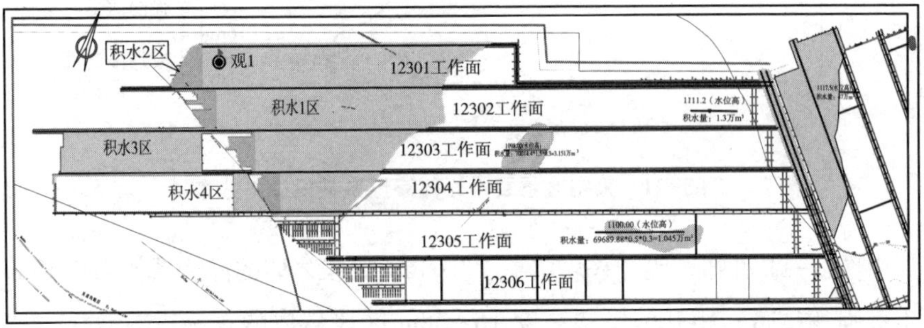

图 8-12 活鸡兔井 1^{-2} 煤三盘区积水区域

(1)积水 1 区：F31 断层下盘综采工作面采空区，包括 12301~12304 工作面，计算该区域充水体积为 6614885m³。

(2)积水 2 区：F31 断层下盘综采工作面切眼外旺采采空区，包括 12301~12304 面部分巷道积水区域，计算该区域充水体积为 830484m³。

(3)积水 3 区：F31 断层上盘综采工作面采空区，主要为 12301^{-1} 面，计算该区域充水体积为 4259218m³。

(4)积水 4 区：F31 断层上盘旺采采空区，主要为 12301^{-2} 面回撤通道区域，计算该区域充水体积为231828m³。

通过施工探放水钻孔，对2^{-2}煤上覆12301~12304切眼、12301回撤通道所圈成的三角区域(积水1区)积水进行探放，如图8-13所示。

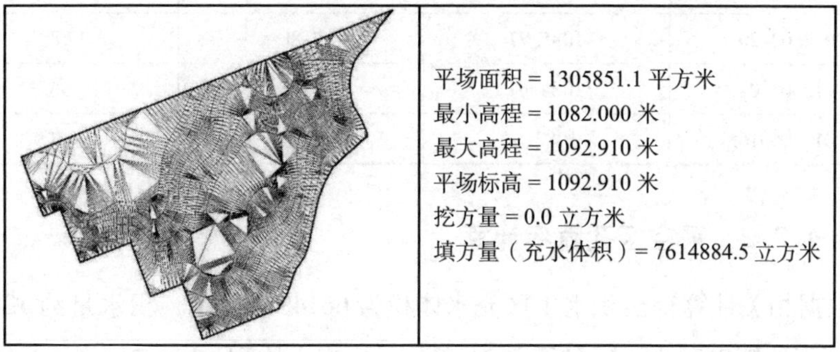

图8-13　积水1区范围及充水体积计算

8.4.3.1　积水1区探放水量

根据大柳塔矿生产办观测数据，探放水孔最大初始涌水量85m³/h，群孔日泄水量最大达到1.4万m³/h，2011年10月10日观察积水观测孔初始水位1093.65m，积水深度约12.4m。截至2012年5月16日，各孔总涌水量为53m³/h，累计泄水量120万m³，地面观测孔(观1)水位伴随着放水过程从2011年10月最高1093.65m降至该孔孔底(标高1082.60m)，参考(观1)孔初始水位上覆采空区最低处标高(22301切眼区)，累计水位降深为12.4m。对1^{-2}煤地面采空区积水观察孔(观1)长期现场观测得到其实时水位和降深，统计出疏放水量，如表8-4所示。现12煤采空区底板等高线最低点[22301、22302切眼，22301回顺(一)9、20联巷，22301运顺30联巷，22302回顺28~29联巷，22302运顺12联巷等区域]探放水钻孔水量均由大到小，现均以淋水为主，说明采空区内绝大部分积水均已得到疏放。

表8-4　观1孔水位降深及疏放水量

观测时间	水位/m	降深/m	疏放水量/万m³
2011.10.20	1093.65	0	0
2011.12.28	1090.99	2.66	34.5
2012.01.19	1089.5	4.15	51.6

续表

观测时间	水位/m	降深/m	疏放水量/万 m^3
2012. 01. 28	1088. 8	4. 85	61. 9
2012. 02. 09	1087. 09	6. 56	80
2012. 02. 20	1085. 77	7. 88	88
2012. 03. 02	1084. 67	8. 98	96. 3
2012. 05. 16	1082. 6	12. 4	120

8. 4. 3. 2 采空区孔隙率计算

根据相关计算得出积水 1 区充水体积为 6614884. 5m^3，积水量约 120. 0 万 m^3，则可计算出积水 1 区的孔隙率=积水量/充水体积=120/761. 5=0. 158。

大柳塔煤矿活鸡兔井探放水试验结果表明，研究区采空区平均孔隙率约为 0. 158，与采空区孔隙—渗透性评价理论方法计算结果基本一致，这可为该理论与方法的进一步推广应用打下坚实基础。

8. 4. 4 煤矿采空区储水量计算

大柳塔井田煤炭开采上覆岩层孔隙—渗透性评价和现场实测结果表明，采空区垮落岩体具有孔隙率大、渗透性好等特点，具有良好的储水特性。针对神东矿区煤炭开采地下水保护实际，利用煤矿采空区存储地下水是煤炭开采与水资源保护利用协调的新途径。例如，神华集团在大柳塔煤矿通过对开采形成的采空区群加以改造，建成煤矿地下水库储存矿井水，实现了矿井水资源保护利用。煤矿采空区储水量是地下水库库容设计的基础，本节基于采空区孔隙—渗透性评价，提出煤矿采空区储水量计算模型，并计算出 2^{-2}煤采空区储水量。

8. 4. 4. 1 大柳塔井田 2^{-2}煤采空区布局

根据大柳塔煤矿开采现状以及开采规划，已开采完成的煤层为 1 号煤和 2^{-2}号煤以及正在开采的 5^{-2}号煤层。目前较为可行的分布式地下水库群的布置是一期，分别位于 2^{-2}煤层主平硐的西侧，紧临主平硐建 4 座水库，以便布置水工建筑物。2^{-2}煤层地下水库平面布置见图 8-14。

(1)1 号水库。1 号水库位于四盘区南面，由四盘区的隔水煤柱和 F2 断层隔水煤柱以及 15 座挡水坝组成。1 号水库由 22400~22405 共计 6 个采空区组成。其北面有 F2 断层与隔水煤柱形成一个集水区，该集水区可以为 1 号水库提供水源补给。

(2)2 号水库。2 号水库位于老六盘区，即 22406、22407、201 水仓和 22601~22607 共 7 个采空区共同组成。由于地形上有一横穿采空区的分水岭，把整个六盘区分隔成南北两块储水区，故南边定义 2 号水库，北边为积水区，为 2 号水库的补水源。

(3)3 号水库。3 号水库位于老六盘区与 F3 断层封闭区，由 22608~226014 共 7 个水仓组成，其北边为积水区。

(4)4 号水库。4 号水库位于 22615 和 22616 采空区，由断层预留隔水煤柱及巷道煤柱安全隔水组成。

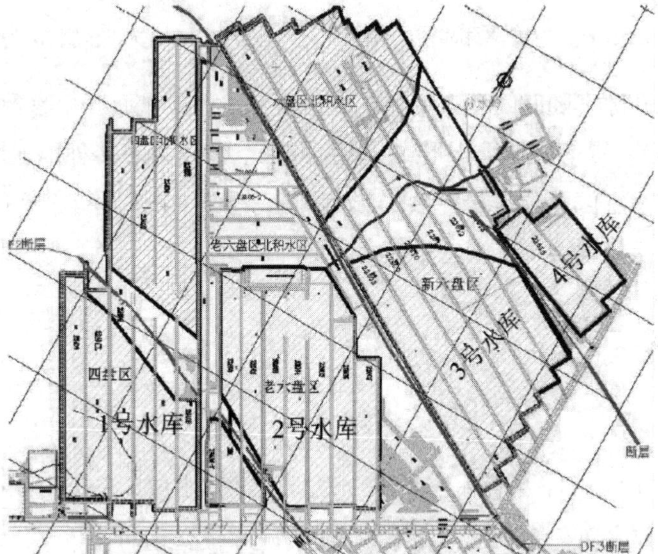

图 8-14　2^{-2}煤层地下水库平面布置

8.4.4.2　煤矿采空区储水量计算模型

在煤炭开采形成的采空区中，储水空间主要为冒落带。现场观测及物理模拟试验结果表明，在煤层回采过程中工作面侧顶板岩层不断以冒落角 φ 向上冒落，整个采空区冒落带空间分布形态近似梯形体。现假定采空区冒落带范围为梯形体分布，简化模型如图 8-15 所示。

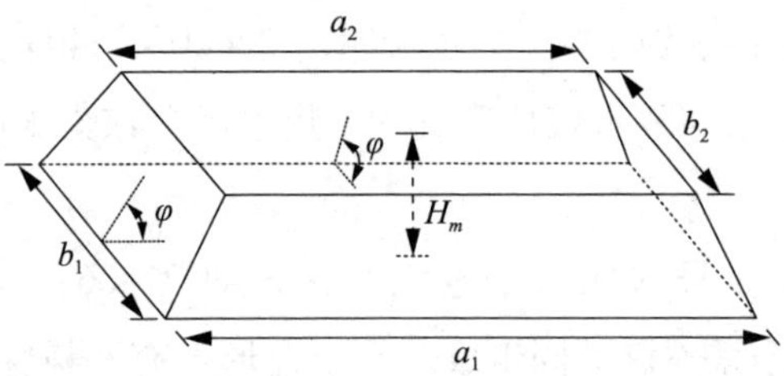

图 8-15　采空区冒落带空间分布简化模型

则冒落带梯形体的体积为：

$$F_m=\frac{H_m[(a_1b_1+a_2b_2+(a_1+a_2)(b_1+b_2)]}{6} \tag{8-35}$$

式(8-35)中，a_1 为工作面走向长度；b_1 为工作面倾向长度；a_2 为冒落带顶面沿走向边长，$a_2=a_1-2H_m\cot\varphi$，φ 为顶板冒落角；b_2 为冒落带顶面沿倾向边长，$b_2=b_1-2H_m\cot\varphi$；H_m 为冒落带高度，$H_m=\frac{M}{(K_p-1)\cos\theta}$，$M$ 为采高，θ 为煤层倾角。

采空区孔隙率随时间动态变化，受顶板岩性、工作面开采参数(采高、工作面尺寸等)、冒落岩体堆积形式及块度和采空区压力等多种因素影响，其中顶板岩性是采空区孔隙率最重要的影响因素。在采空区冒落带空间和孔隙率分析的基础上，提出煤矿采空区储水量计算模型：

$$\begin{aligned} V_w(H) &= \int_0^{\frac{H}{\cos\theta}} S(z)n_m(z)dz \\ &= \int_0^{\frac{H}{\cos\theta}} (a_1-2z\cot\varphi)(a_2-2z\cot\varphi)n_m(z)dz \end{aligned} \tag{8-36}$$

式(8-36)中，V_w 为储水量，单位为 m^3；H 为水位，单位为 m；$S(z)$ 为随水位变化的储水面积，单位为 m^2；$n_m(z)$ 为随水位变化的孔隙率，在冒落带中可近似为常数，不随高度变化。

采空区经历采动影响后已经基本稳定，采空区冒落岩石已充分压实，岩石的碎胀系数由初始碎胀系数减小至残余碎胀系数。因此，确定采空区冒落岩石残余碎胀系数是得出孔隙率的关键。Palchik[202-203] 研究发现采空区冒落岩石的残余碎胀系数主要由岩性决定，二者的关系式为：

$$K'_p=1+a\sqrt{\sigma_c} \tag{8-37}$$

式(8-37)中，σ_c 为直接顶单轴抗压强度；a 为经验系数(如乌克兰顿涅茨煤田取 0. 03)。

将式(8-37)代入式(8-2)得出采空区压实稳定后的孔隙率 n_m 与岩性的关系式:

$$n_m = 1 - \frac{1}{1 + a\sqrt{\sigma_c}} + S_0 \tag{8-38}$$

结合大柳塔煤矿活鸡兔井探放水试验得出的该矿区采空区冒落带孔隙率经验值为 0. 158,活鸡兔井 12301 工作面直接顶为砂质泥岩,单轴抗压强度为 18. 6MPa,岩石原始孔隙度 S_0 为 0. 05,将这些参数代入式(8-36)可反算出神东矿区经验系数 a 为 0. 028。

所以,神东矿区采空区冒落岩石孔隙率与岩性的关系式为:

$$n_m = 1.05 - \frac{1}{1 + 0.028\sqrt{\sigma_c}} \tag{8-39}$$

将式(8-39)代入式(8-36),煤矿采空区储水量计算模型可进一步修正为:

$$V_w(H) = \int_0^{\frac{H}{\cos\theta}} (a_1 - 2z\cot\varphi)(a_2 - 2z\cot\varphi)\left(1.05 - \frac{1}{1 + 0.028\sqrt{\sigma_c}}\right)dz \tag{8-40}$$

8. 4. 4. 3 煤矿采空区储水量计算

煤矿采空区储水量计算方法以大柳塔煤矿 2^{-2}煤 22400 采空区为例加以说明。22400 采空区位于 1 号地下水库西侧,采空区走向长度 $a = 2562$m,倾向长度 $b_1 = 230$m,煤层平均采高 $M = 3.3$m,煤层倾角 $\theta = 3°$。煤层基本顶为粉砂岩,单轴抗压强度为 21. 6MPa。根据现场监测数据和室内实验资料得知,顶板破断角 $\varphi = 70°$,顶板岩层原始孔隙度 $S_0 = 0.05$。

依据冒落带计算式 $H_m = (3 \sim 4)M$,得出冒落带最大高度 $H_m = 13.2$m,则采空区最大水位高度不得超过 13. 2m。

将参数代入式(8-39)得出 22400 采空区压实稳定后的孔隙率 n_m 为 0. 19。

当采空区储水水位为 4m 时,将相关参数代入式(8-40),得到 22406 采空区冒落带岩体储水量:

$$V_w(4) = \int_0^4 (2540 - 0.73z)(240 - 0.73z)\left(1.05 - \frac{1}{1 + 0.035\sqrt{21.6}}\right)dz = 444742\text{m}^3 \tag{8-41}$$

同理，当采空区储水水位为 8m 时，计算出 22406 采空区冒落带岩体储水量为 883300m^3；当采空区储水水位为 12m 时，计算出 22406 采空区冒落带岩体储水量为 1315689m^3。

同样方法，求得大柳塔煤矿 1 号、2 号、3 号和 4 号地下水库不同储水水位时的储水量(库容)，详见表 8-5。

计算结果表明，大柳塔煤矿 2^{-2}煤 1 号地下水库储水面积为 235.48 万 m^2，2 号地下水库储水面积为 312.75 万 m^2，3 号地下水库储水面积为 299.86 万 m^2，4 号地下水库储水面积为 80.56 万 m^2。根据采空区储水量计算结果，获得了大柳塔煤矿 2^{-2}煤层 4 座地下水库的库容—水位曲线，据此可确定各水库的库容，如图 8-16 所示。

表 8-5　2^{-2}煤层采空区储水量计算结果

地下水库编号	采空区编号	储水长度/m	工作面斜长/m	储水面积/m^2	孔隙率	采空区储水量/m^3		
						$H=4$m	$H=8$m	$H=12$m
1 号	22400	2562	230	589260	0.19	444742	883300	1315689
	22401	2225	220	489500	0.19	369309	733205	1091701
	22402	1944	220	427680	0.186	315845	627002	933483
	22403	1629	200	325800	0.186	240411	476860	709362
	22404	1431	200	286200	0.19	215704	427802	636306
	22405	1182	200	236400	0.19	178133	353211	525249
	合计	—	—	2354840	—	1764144	3501382	5211790
2 号	22601	1602	204	326808	0.18	233405	463026	688874
	22602	1824	204	372096	0.19	280545	556602	828185
	22603	1911	210	401310	0.185	294680	584789	870341
	22604	2337	204	476748	0.195	368972	732170	1089607
	22605	2382	215	512130	0.195	396506	787111	1171827
	22606	1992	220	438240	0.19	330610	656324	977155
	22607	1596	223	355908	0.185	261409	518900	772485
	22406	1157	60	69420	0.185	50058	97499	142335
	22407	600	60	36000	0.18	25228	49081	71571
	201 水仓	840	438	138852	0.18	99973	199947	299920
	合计	—	—	3127512	—	2341387	4645449	6912300

续表

地下水库编号	采空区编号	储水长度/m	工作面斜长/m	储水面积/m^2	孔隙率	采空区储水量/m^3		
						$H=4m$	$H=8m$	$H=12m$
3号	22608	2862	225	643950	0.19	485979	965120	1437436
	22609	2664	225	599400	0.195	464244	921922	1373046
	22610	2406	225	541350	0.195	419259	832539	1239853
	22611	2106	234	492804	0.185	362149	719254	1071328
	22612	1779	230	409170	0.185	300617	596906	888879
	22613	1356	230	311880	0.18	222888	442455	658711
	合计	—	—	2998554	—	2255137	4478196	6669253
4号	22615	1452	234	484968	0.182	351160	698537	1042141
	22616	960	234	320640	0.182	232053	461367	687955
	合计	—	—	805608	—	583213	1159904	1730096

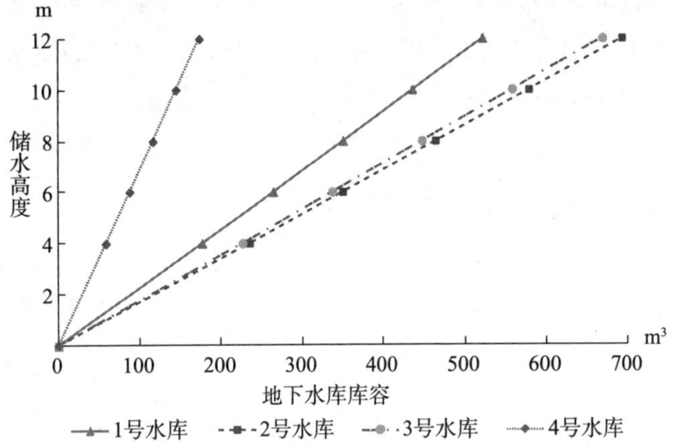

图 8-16　大柳塔矿 2^{-2}煤层地下水库库容—水位曲线

8.5　本章小结

(1)基于孔隙率与碎胀系数的关系和覆岩下沉规律，建立了采空区冒裂带岩体孔隙率和渗透性分布计算模型，评价了采空区冒裂带岩体孔隙率及渗透性分布特征，建立了煤炭开采上覆岩层渗透性评价理论与方法。采空区冒落岩石渗透系数在横向上呈“铲”状分布，由煤壁和两巷侧向采空区内部渗透系数值减小两个数量级，冒裂带岩体渗透系数自开采煤层向上呈负对数函数关系减小。

（2）根据采空区孔隙率及渗透性空间分布特征，揭示了采空区冒裂带岩体渗透性具有水平分区和垂直分带性。采空区冒落岩体沿走向划分为孔隙渗流特性极好区、孔隙渗流特性较好区和孔隙渗流特性中等区。冒裂带岩体由底界至顶界依次划分为极强渗透带、强渗透带、中等渗透带和弱渗透带。基岩裂隙水在极强渗透带和强渗透带呈“泄漏”状态，在中等渗透带和弱渗透带呈“渗流”状态。

（3）基于地层体积平衡原理，提出了采空区平均孔隙率和渗透系数计算方法，发现采空区平均孔隙率随着地表下沉量和导水裂隙带高度的增加逐渐减小。

（4）根据大柳塔煤矿活鸡兔井探放水试验，得知该矿区采空区冒落带孔隙率经验值为0.158，建立了神东矿区采空区冒落岩石孔隙率与岩性的关系式。基于采空区冒裂带岩体孔隙—渗透性评价，提出了煤矿采空区储水量计算模型，并计算出了大柳塔井田 2^{-2}煤层采空区不同储水高度时的储水量，为神东矿区煤矿地下水库保护利用地下水资源提供了理论基础。

9 结论与展望

9.1 结论

本书以神东矿区大柳塔煤矿为依托，运用煤矿工程地质学、岩石(体)力学、岩体水力学和采矿工程等理论，采用实验研究、理论分析、物理模拟试验和数值模拟计算等方法研究了煤层上覆不同岩性岩石全应力—应变过程中渗透性规律，建立了裂隙岩体渗透系数与应力应变之间的三维关系和模型；分析了煤炭开采上覆岩层破断及裂隙演化规律和超大工作面应力—位移变化规律及其控制因素；研究了工作面围岩渗透系数场分布及其控制因素，提出了煤炭开采上覆岩层渗透性评价理论与方法，并对研究区煤炭开采上覆岩层渗透性进行了评价。本书取得的主要研究成果如下：

(1)煤层上覆岩石全应力—应变过程中渗透试验结果表明，不同岩性岩石的渗透性在全应力—应变过程中为应变的函数，在弹性变形阶段岩石渗透系数随着原生微裂隙闭合逐渐减小，在塑性变形阶段岩石渗透系数随着裂隙的扩展、贯穿而迅速增加，渗透系数峰值主要发生在应变软化阶段。不同岩性岩石存在一定差异性，不同岩性岩石的平均最大渗透系数排列顺序是：泥岩<砂质泥岩<粉砂岩<细砂岩<中、粗砂岩。

(2)应用孔隙弹性力学理论，建立了三向应力条件下三维正交裂隙岩体渗透系数与应力—应变之间的三维耦合模型及关系式。研究结果表明，裂隙岩体的渗透系数与其应力应变状态及增量有关，且随着垂直于裂隙的张应力或张应变的增加而增加。

(3)以大柳塔井田主采煤层顶底板沉积岩体为对象，建立了不同沉积岩性组合结构地质模型，采用物理模拟试验方法研究了煤炭开采上覆岩层破断及裂隙演化规律，并分析了沉积岩性组合对煤炭开采过程中覆岩变形破坏、支承压力分布及覆岩裂隙发育的影响。试验结果表明：

①神东矿区煤炭规模开采条件下覆岩破坏形成冒落带和裂隙带的“两带”结构，导水裂隙带发育高度明显偏大，并受煤岩层结构所控制，周期来压步距大，采场矿压不因采深变浅而减小，反而出现异常强烈的矿压显现。

②由于煤层顶板岩体岩性组合结构的不同，顶板岩体变形破坏、支承压力分布和位移变化规律各异，表现为岩性组合结构由砂岩类到砂岩—泥岩互层类时，顶板岩体整体强度由大变小，基本顶初次垮落步距、周期垮落步距及冒裂带高度减小；工作面超前支承压力亦由大到小，支承压力区影响范围减小，且支承压力峰值位置向煤柱深处转移；不同高度顶板岩层下沉曲线协调性变差，层间离层量变大。

③煤炭开采上覆岩层断裂后裂隙率发生变化，水平方向裂隙率呈“马鞍”形分布，采空区边界处覆岩裂隙率较中部大得多，垂直方向裂隙率随着距开采煤层高度的增加呈对数函数关系减小；上覆岩层强度越高，采动裂隙率越大，工作面和开切眼侧破断岩块回转角越大。

(4)在大量现场实测和物理模拟试验数据的基础上，建立了西部煤炭规模开采条件下的导水裂隙带高的计算模型，该预计方法与《规程》中经验公式相比，更好地反映了西部特定的开采地质条件、煤岩层结构和开采工艺，补充和完善了我国《规程》中的顶板导水裂隙带高度确定方法。

(5)在采区倾向方向上，由于工作面间存在20m宽隔离煤柱，各工作面开采形成了彼此独立的垮落带，隔离煤柱有效地分隔了相邻工作面垮落空间的横向贯通，同时也抑制了垮落空间的纵向扩展。由于工作面间留设煤柱的支撑作用，煤柱正上方覆岩沉降量很小，是相邻工作面上覆岩层沉降曲线的拐点。多煤层开采覆岩破坏主要受中间岩层岩性和上下煤层工作面布置方式(隔离煤柱留设位置)控制，中间岩层硬岩的厚度越大，则大采高开采覆岩垮落剧烈程度越高，对上煤层采空区的扰动程度越大。理论计算出了2^{-2}煤和5^{-2}煤合理煤柱宽度分别为18.6m、24.5m，得出了避开煤柱应力集中与控制地表均匀沉降的上下煤层煤柱最佳错距为95.5m。

(6)以大柳塔井田主采煤层顶底板沉积岩体为对象，通过$FLAC^{3D}$数值软件对超大工作面进行了开采模拟计算，揭示了超大工作面开采覆岩应力—位移变化规律：超大工作面与普通工作面相比顶板下沉量明显增加，且增加幅度随着采高的增加而变大，当 L 由 240m 增到 360m 时，采高 5m、6m 和 7m 时的工作面后 33m 煤层上方 26m 处老顶岩层下沉值分别增加 19.5%、29.8%、42.9%；超大工作面与普通工作面相比超前支承压力峰值明显增加，且增加幅度随着采高的增加而变大，当 L 由 240m 增到 360m 时，采高 5m、6m 和 7m 时的工作面超前支承压力峰值分别增加 14.2%、18.5%、27.1%。

(7)采用有限差分方法模拟了开采因素和地质因素对超大工作面开采围岩移动变形与应力的影响，揭示了超大工作面围岩变形破坏控制机理。计算结果表明，采高和工作面长度越大，采场支护系统要求越高，围岩控制难度越大，表现为超前支承压力峰值越大，煤壁破坏率呈非线性急剧增加，支承压力影响区域向煤柱深处转移；加大工作面长度和加快工作面推进速度能增加覆岩运动整体协调性，降低覆岩移动变形量，有效增加了上覆岩层均匀沉降区面积；断层的存在导致初始的应力场扰动，形成断层带低应力区及高应力集中区，在回采过程中引起顶板剧烈运动，煤壁与断层之间的煤柱内形成较高的应力梯度。

(8)采用有限差分方法耦合渗透性与应力应变的三维关系，模拟回采工作面的采动影响特征，得出了工作面围岩渗透性分布规律及其控制因素。研究结果表明，工作面围岩渗透性增加区范围要大于岩体破坏区范围，水平方向渗透性增加幅度和增加区范围较垂直方向渗透性要大得多，水平方向渗透性增加区位于采空区的正上方和正下方，其分布形状近似椭圆形，最大高度出现在采空区中部的正上方；而垂直方向渗透性增加区的范围不仅分布在采空区的正上方及正下方，还延展到开采区边界斜上方、斜下方 30m 以外，其分布形状近似呈“马鞍”形，最大高度一般出现在采空区两侧边界斜上方。工作面围岩渗透性受地质因素和开采因素所控制，随着工作面倾斜长度和采高的增加，垂向渗透性增加区的最大高度呈指数函数关系增大。

(9)煤层顶底板岩体的渗透性随着回采工作面推进而呈规律性变化，在煤炭开采过程中处于原岩应力区和超前压力压缩区煤岩体，在工作面前方超前支承压力的作用下渗透性较小；处于采动矿压直接破坏区的煤岩体，其渗透性相应增大，一般最大渗透性就出现在该区；处于岩体应力恢复区内的煤岩体，其应力逐渐恢复并接近原岩应力状态，其渗透性逐渐减小。采空区垮落岩体渗透性恢复与地表下沉值、采高、采动破碎岩体的碎胀系数、岩性、煤层埋深等有关，渗透恢复系数随着采空区逐渐压实而不断增大，推导出了采空区压实区范围内不同位置渗透恢复系数与地表下沉值之间的关系式。

(10)基于采空区冒裂带岩体孔隙率及渗透性分布特征，建立了煤炭开采上覆岩层渗透性评价理论与方法，揭示了煤炭开采上覆岩层渗透性分区、分带特征，并对研究区煤炭开采上覆岩层渗透性进行了评价。研究表明，采空区冒落岩石渗透系数在横向上呈"铲"状分布，由煤壁和两巷侧向采空区内部渗透系数值减小可达两个数量级，冒裂带岩体渗透系数自开采煤层向上呈对数函数关系减小。采空区冒落带岩体沿走向可以划分为孔隙渗流特性极好区、孔隙渗流特性较好区和孔隙渗流特性中等区；采空区冒裂带岩体由底界至顶界依次可划分为极强渗透带、强渗透带、中等渗透带和弱渗透带。

(11)根据大柳塔煤矿活鸡兔井探放水试验，得出该矿区采空区冒落带孔隙率经验值为0.158，建立了神东矿区采空区冒落岩石孔隙率与岩性的关系式。基于采空区冒裂带岩体孔隙—渗透性评价，提出了煤矿采空区储水量计算模型，并计算出了大柳塔井田2^{-2}煤层采空区不同储水高度时的储水量，为神东矿区煤矿地下水库保护利用地下水资源奠定了理论基础。

9.2 展望

本书针对煤炭开采上覆岩层变形破坏及渗透性评价问题，通过大量系统的研究工作，取得了一定的研究成果，但由于现场资料不足和作者水平所限，仍然存在一些问题和不足之处尚待更深入研究和探讨。

(1)由于矿井地质条件和采动岩体力学行为的复杂性，未能建立煤层采动后上覆岩层破坏的力学模型，因此有必要加强岩体结构和采场上覆岩层破坏规律的深入研究，建立西部煤炭规模开采条件下上覆岩层破坏的力学模型。

(2)本书采用FLAC^{3D}模拟工作面围岩渗透性分布时，未考虑地下水流场和固体骨架变形场的相互影响，未能获得采动引起的含水层孔隙水压力变化及岩层中水头变化规律。模拟采动岩体渗流规律和孔隙水压力变化是下一步研究的重点。

(3)本书虽然取得了一定的研究成果，但由于相关理论方法不够成熟，未能将研究成果应用到实际中，应在理论和应用方面做进一步的深入研究，如采动应力场、裂隙场和渗流场三场之间的耦合关系。将研究成果应用到工程实际中将是今后进一步深入研究的课题。

参考文献

[1]谢克昌．中国煤炭清洁高效可持续开发利用战略研究[M]．北京：科学出版社，2014.

[2]顾大钊．能源“金三角”煤炭开发水资源保护与利用[M]．北京：科学出版社，2012.

[3]顾大钊．煤矿地下水库理论框架和技术体系[J]．煤炭学报，2015，40(2)：239-246.

[4]钱鸣高，石平五，许家林．矿山压力与岩层控制[M]．徐州：中国矿业大学出版社，2010.

[5]Holla L. Ground movement due to longwall mining in high relief areas in New South Wales, Australia [J]. International journal of rock mechanics and mining sciences, 1997, 34(5): 775-787.

[6]Booth C J, Spande E D. Potentiometric and aquifer property changes above subsiding longwall mine panels, Illinois basin coalfield[J]. Ground Water, 1992, 30(3): 362-368.

[7]Richard R, Randolph J, Zipper D. High extraction mining, subsidence, and Virginia's water resources, chapter 4. Subsidence effects on water resources[J]. Virginia center for coal & energy research. Virginia Polytechnic Institute and state University, Virginia, 1990: 17-20.

[8]Peng S S, Ma W M, Zhong W L. Surface subsidence engineering[M]. Society for mining, metallurgy, and exploration, 1992.

[9]Palchik V. Formation of fractured zones in overburden due to longwall mining [J]. Environmental geology, 2003, 44: 28-38.

[10]Majdi A, Hassani F P, Nasiri M Y. Prediction of the height of destressed zone above the mined panel roof in longwall coal mining[J]. International journal of coal geol-

ogy，2012，98：62-72.

[11]煤科院北京开采所．煤矿地表移动与覆岩破坏规律及应用[M]．北京：煤炭工业出版社，1981.

[12]刘天泉．矿山岩体采动影响与控制工程学及其应用[J]．煤炭学报，1995，20(1)：1-5.

[13]钱鸣高，缪协兴，许家林．岩层控制中的关键层理论研究[J]．煤炭学报，1996，21(3)：225-230.

[14]钱鸣高，缪协兴，何富连．采场"砌体梁"结构的关键块分析[J]．煤炭学报，1994，19(6)：557-563.

[15]钱鸣高，许家林. 煤炭开采与岩层运动[J]．煤炭学报，2019，44(4)：973-984.

[16]宋振骐．实用矿山压力控制[M]．徐州：中国矿业大学出版社，1988.

[17]康建荣，王金庄．采动覆岩力学模型及断裂破坏条件分析[J]．煤炭学报，2002，27(1)：16-20.

[18]高延法．岩移"四带"模型与动态位移反分析[J]．煤炭学报，1996，21(1)：51-56.

[19]孟召平．煤层顶板岩体结构及其对顶板稳定性的影响[D]．北京：中国矿业大学，1999.

[20]孟召平，李国富，雷志勇，等．不同岩性顶板回采工作面矿压分布规律[J]．煤田地质与勘探，2006，34(6)：19-21.

[21]孟召平，彭苏萍，冯玉，等．断裂结构面对回采工作面矿压及顶板稳定性的影响[J]．煤田地质与勘探，2006，34(3)：24-27.

[22]钱鸣高，许家林．覆岩采动裂隙分布的"O"形圈特征研究[J]．煤炭学报，1998，23(5)：466-469.

[23]许家林，钱鸣高．关键层运动对覆岩及地表移动影响的研究[J]．煤炭学报，2000，25(2)：122-126.

[24]唐春安，徐曾和，徐小荷．岩石破裂过程分析 RFPA2D 系统在采场上覆岩层移动规律研究中的应用[J]．辽宁工程技术大学学报(自然科学版)，1999，18(5)：456-458.

[25]刘红元，刘建新，唐春安．采动影响下覆岩垮落过程的数值模拟[J]．岩土工程学报，2001，23(2)：201-204.

[26]浦海，缪协兴．综放采场覆岩冒落与围岩支承压力动态分布规律的数值模拟[J]．岩石力学与工程学报，2004，23(7)：1122-1126.

[27]谢和平，于广明．采动岩体分形裂隙网络研究[J]．岩石力学与工程学报，1999，18(2)：147-151.

[28]张玉军，李凤明．高强度综放开采采动覆岩破坏高度及裂隙发育演化监测分析[J]．岩石力学与工程学报，2011(S1)：2994-3001.

[29]林海飞，李树刚，成连华，等．覆岩采动裂隙带动态演化模型的实验分析[J]．采矿与安全工程学报，2011，28(2)：298-303.

[30]许家林，王晓振，刘文涛，等．覆岩主关键层位置对导水裂隙带高度的影响[J]．岩石力学与工程学报，2009，28(2)：380-385.

[31]国家煤炭工业局制定．建筑物、水体、铁路及主要井巷煤柱留设与压煤开采规程[M]．北京：煤炭工业出版社，2000.

[32]侯忠杰，石建新，金立斋．神府浅埋深煤层工作面矿山压力分析[J]．陕西煤炭技术，1992(2)：29-32.

[33]石平五，侯忠杰．神府浅埋煤层顶板破断运动规律[J]．西安矿业学院学报，1996，16(3)：203-207.

[34]黄庆享．浅埋煤层的矿压特征与浅埋煤层定义[J]．岩石力学与工程学报，2002，21(8)：1174-1177.

[35]黄庆享，钱鸣高，石平五．浅埋煤层采场老顶周期来压的结构分析[J]．煤炭学报，1999，24(6)：581-585.

[36]李凤仪．浅埋煤层长壁开采矿压特点及其安全开采界限研究[D]．阜新：辽宁工程技术大学，2007.

[37]侯忠杰．浅埋煤层关键层研究[J]．煤炭学报，1999，24(4)：359-363.

[38]侯忠杰，吕军．浅埋煤层中的关键层组探讨[J]．西安科技大学学报，2000，20(1)：5-8.

[39]侯忠杰．组合关键层理论的应用研究及其参数确定[J]．煤炭学报，2001，26(6)：611-615.

[40]侯忠杰．地表厚松散层浅埋煤层组合关键层的稳定性分析[J]．煤炭学报，2000，25(2)：127-131.

[41]许家林，朱卫兵，王晓振，等．浅埋煤层覆岩关键层结构分类[J]．煤炭学报，2009，34(7)：865-890.

[42]王双明，黄庆享，范立民，等．生态脆弱矿区含(隔)水层特征及保水开采分区研究[J]．煤炭学报，2010，35(1)：7-14.

[43]黄庆享，蔚保宁，张文忠．浅埋煤层黏土隔水层下行裂隙弥合研究[J]．采矿与安全工程学报，2010，27(1)：35-39.

[44]张杰，侯忠杰．浅埋煤层导水裂隙发展规律物理模拟分析[J]．矿山压力与顶板管理，2004，21(4)：43-46.

[45]范钢伟，张东升，马立强．神东矿区浅埋煤层开采覆岩移动与裂隙分布特征[J]．中国矿业大学学报，2011，40(2)：196-201.

[46]缪协兴，王安，孙亚军，等．干旱半干旱矿区水资源保护性采煤基础与应用研究[J]．岩石力学与工程学报，2009，28(2)：217-227.

[47]薛东杰，周宏伟，任伟光，等．浅埋深薄基岩煤层组开采采动裂隙演化及台阶式切落形成机制[J]．煤炭学报，2015，40(8)：1746-1752.

[48]范立民，张晓团，向茂西，等．浅埋煤层高强度开采区地裂缝发育特征：以陕西榆神府矿区为例[J]．煤炭学报，2015，40(6)：1442-1447.

[49]孟召平．现代煤炭开采技术下覆岩采动裂隙的发育规律及分析方法研究[R]．中国矿业大学(北京)和神华集团有限责任公司研究报告(内部)，2012.

[50]程国明，马凤山，王思敬，等．基于几何测量法的裂隙岩体渗透性研究[J]．岩石力学与工程学报，2004，23(21)：3595-3599.

[51]黄震，姜振泉，孙强，等．深部巷道底板岩体渗透性高压压水试验研究[J]．岩土工程学报，2014，36(8)：1535-1543.

[52]宋琨，晏鄂川，陈刚．地下水封洞库岩体渗透系数估算研究[J]．岩石力学与工程学报，2014，33(3)：575-580.

[53]Lee C H，Farmer I W. A simple method of estimating rock mass porosity and permeability[J]. International journal of mining and geological engineering，1990，8(1)：57-65.

[54]Kayabasi A，Yesiloglu-Gultekin N，Gokceoglu C. Use of non-linear prediction tools to assess rock mass permeability using various discontinuity parameters[J]. Engineering Geology，2015，185：1-9.

[55]Terzaghi K，Peck R B，Mesri G. Soil mechanics in engineering practice[M]. John Wiley & Sons，1996.

[56]仵彦卿．岩体水力学基础(四)：岩体渗流场与应力场耦合的等效连续介

质模型[J]. 水文地质工程地质，1997，24(3)：10-14.

[57]祝云华，刘新荣，梁宁慧，等. 裂隙岩体渗流模型研究现状与展望[J]. 工程地质学报，2008，16(2)：178-183.

[58]仵彦卿. 岩体水力学基础(六)：岩体渗流场与应力场耦合的双重介质模型[J]. 水文地质工程地质，1998，25(1)：43-46.

[59]张光斗. 法国马尔帕塞拱坝失事的启示[J]. 水力发电学报，1998，17(4)：96-98.

[60]Kelsall P C，Case J B，Caabannes C R. Evaluation of excavation-induced changes in rock permeability[J]. International journal of rock mechanics and mining sciences and geomechanics abstracts，1984，21(3)：123-135.

[61]Snow D T. Rock fracture spacings，openings，and porosities[J]. Journal of Soil Mechanics & Foundations Div，1968.

[62]Jones F O. A laboratory of the effects of confining pressure on fracture flow and storage capacity in carbonate rocks[J]. Journal of Petroleum Technology，1975，27(1)：21-27.

[63]Louis C. Rock Hydraulics[M]. Springer Vienna，1972.

[64]Gale J E. The effects of fracture type (induced versus natural) on the stress-fracture closure-fracture permeability relationships[C]//The 23rd US Symposium on Rock Mechanics (USRMS). American Rock Mechanics Association，1982.

[65]Widad A，Zimmerman R W. Effective stress law for the permeability of clay-rich sandstones[J]. Journal of Geophysical Research Solid Earth，2004，109：1029-1039.

[66]Ghabezloo S，Sulem J，Guédon S，et al. Effective stress law for the permeability of a limestone[J]. International Journal of Rock Mechanics and Mining Sciences，2009，46(2)：297-306.

[67]Kranzz R L，Frankel A D，Engelder T，et al. The permeability of whole and jointed Barre granite[C]//International Journal of Rock Mechanics and Mining Sciences & Geomechanics Abstracts. Pergamon，1979，16(4)：225-234.

[68]Elsworth D，Xiang J. A reduced degree of freedom model for thermal permeability enhancement in blocky rock[J]. Geothermics，1989，18(5)：691-709.

[69]Elsworth D. Thermal permeability enhancement of blocky rocks：one-dimen-

sional flows[C]//International Journal of Rock Mechanics and Mining Sciences & Geomechanics Abstracts. Pergamon, 1989, 26(3): 329-339.

[70]Bai M, Meng F, Elsworth D, et al. Analysis of stress-dependent permeability in nonorthogonal flow and deformation fields[J]. Rock Mechanics and Rock Engineering, 1999, 32(3): 195-219.

[71]Iwai K. Fundamental studies of fluid flow through a single fracture[D]. University of California, Berkeley, 1976.

[72]Bawden W F, Curran J H, Roegiers J C. Influence of fracture deformation on secondary permeability: A numerical approach[C]//International Journal of Rock Mechanics and Mining Sciences & Geomechanics Abstracts. Pergamon, 1980, 17(5): 265-279.

[73]Witherspoon P A, Wang J S Y, Iwai K, et al. Validity of cubic law for fluid flow in a deformable rock fracture [J]. Water Resources Research, 1980, 16(6): 1016-1024.

[74]Barton N, Bandis S, Bakhtar K. Strength, deformation and conductivity coupling of rock joints[C]//International Journal of Rock Mechanics and Mining Sciences & Geomechanics Abstracts. Pergamon, 1985, 22(3): 121-140.

[75]Min K B, Rutqvist J, Tsang C F, et al. Stress-dependent permeability of fractured rock masses: a numerical study[J]. International Journal of Rock Mechanics and Mining Sciences, 2004, 41(7): 1191-1210.

[76]盛金昌，速宝玉．裂隙岩体渗流应力与耦合研究综述[J]．岩土力学，1998，19(2)：92-98.

[77]陶振宇，沈小莹．库区应力场的耦合分析[J]．武汉水利电力学院学报，1998(1)：8-14.

[78]张有天．裂隙岩体渗流与拱坝坝肩稳定[J]．西北水电，1992(3)：47-52.

[79]仵彦卿．岩体水力学基础(二)：岩体水力学的基础理论[J]．水文地质工程地质，1997，24(1)：24-28.

[80]段康廉，张文，胡耀青．应力与孔隙水压对煤体渗透性的影响[J]．煤炭学报，1993，18(4)：43-50.

[81]赵阳升，胡耀青．孔隙瓦斯作用下煤体有效应力规律的实验研究[J]．岩

土工程学报，1995，17(3)：26-31.

[82]周创兵，熊文林．地应力对裂隙岩体渗透特性的影响[J]．地震学报，1997，19(2)：154-163.

[83]殷黎明，杨春和，王贵宾，等．地应力对裂隙岩体渗流特性影响的研究[J]．岩石力学与工程学报，2005，24(17)：3071-3075.

[84]张玉卓，张金才．裂隙岩体渗流与应力耦合的试验研究[J]．岩土力学，1997，18(4)：59-62.

[85]伊尚先，王尚旭．不同尺度下岩层渗透性与地应力的关系及机理[J]．中国科学．D辑：地球科学，2006，36(5)：472-480.

[86]常宗旭，赵阳升，胡耀青，等．裂隙岩体渗流与三维应力耦合的理论与实验研究[J]．岩石力学与工程学报，2004，23(S2)：4907-4911.

[87]陶煜，刘卫群．裂隙岩体渗流—应力耦合等效流阻模型[J]．岩土力学，2010，33(7)：2041-2047.

[88] Liu J, Elsworth D. Three-dimensional effects of hydraulic conductivity enhancement and desaturation around mined panels[J]. International Journal of Rock Mechanics and Mining Sciences, 1997, 34(8): 1139-1152.

[89] Bai M, Elsworth D. Modeling of subsidence and stress-dependent hydraulic conductivity for intact and fractured porous media[J]. Rock mechanics and rock engineering, 1994, 27(4): 209-234.

[90] Kim J M, Parizek R R, Elsworth D. Evaluation of fully-coupled strata deformation and groundwater flow in response to longwall mining[J]. International Journal of Rock Mechanics and Mining Sciences, 1997, 34(8): 1187-1199.

[91] Walker J S. Case study of the effects of long-wall mining induced subsidence on shallow ground water sources in the Northern Appalachian coalfield [R]. United States, Bureau of Mines, 1988.

[92] Forster I, Enever J. Hydrogeological response of overburden strata to underground mining[J]. Office of Energy Report, 1992, 1: 104.

[93] Zhang J, Standifird W B, Roegiers J C, et al. Stress-dependent fluid flow and permeability in fractured media: from lab experiments to engineering applications [J]. Rock Mechanics and Rock Engineering, 2007, 40(1): 3-21.

[94] Esterhuizen G S, Karacan C O. Development of Numerical Models to

Investigate Permeability Changes and Gas Emission around Longwall Mining Panel[C]//Alaska Rocks 2005, The 40th US Symposium on Rock Mechanics (USRMS). American Rock Mechanics Association, 2005.

[95]Gale W J. Review and estimation of the hydraulic conductivity of the overburden above longwall panels. Experience from Australia[C]//Proceedings of the 19th International Conference on Ground Control in Mining, 2010: 1-8.

[96]Guo H, Adhikary D P, Craig M S. Simulation of mine water inflow and gas emission during longwall mining[J]. Rock Mechanics and Rock Engineering, 2009, 42(1): 25-51.

[97]Neate C J, Whittaker B N. Influence of proximity of longwall mining on strata permeability and ground water [C]//The 20th US Symposium on Rock Mechanics (USRMS). American Rock Mechanics Association, 1979.

[98] Karacan C Ö, Goodman G V R. Monte Carlo simulation and well testing applied in evaluating reservoir properties in a deforming longwall overburden [J]. Transport in porous media, 2011, 86(2): 415-434.

[99]Schatzel S J, Karacan C Ö, Dougherty H, et al. An analysis of reservoir conditions and responses in longwall panel overburden during mining and its effect on gob gas well performance[J]. Engineering Geology, 2012, 127: 65-74.

[100]Adhikary D P, Guo H. Modelling of longwall mining-induced strata permeability change[J]. Rock Mechanics and Rock Engineering, 2015, 48(1): 345-359.

[101]姚多喜，鲁海峰．煤层底板岩体采动渗流场—应变场耦合分析[J]．岩石力学与工程学报，2012，31(S1)：2738-2744.

[102]马立强，张东升，缪协兴，等．FLAC3D 模拟采动岩体渗流规律[J]．湖南科技大学学报(自然科学版)，2006，21(3)：1-5.

[103]朱斌，高峰，杨建文，等．深部薄层煤岩体裂隙—孔隙双渗流模拟研究[J]．中国矿业大学学报，2014(6)：987-994.

[104]张杰，侯忠杰，石平五．地下工程渗流场与应力场耦合的相似材料模拟[J]．辽宁工程技术大学学报，2005，24(5)：639-642.

[105]杨天鸿，赵兴东，冷雪峰，等．地下开挖引起围岩破坏及其渗透性演化过程仿真[J]．岩石力学与工程学报，2003，22(S1)：2386-2389.

[106]李世平，李玉涛，吴振业．岩石全应力应变过程对应的渗透率—应变

方程[J]. 岩土工程学报，1995，17(2)：13-19.

[107]彭苏萍，屈洪亮，罗立平，等. 沉积岩石全应力应变过程的渗透性试验研究[J]. 煤炭学报，2000，25(2)：113-116.

[108]王金安，彭苏萍. 岩石三轴全应力应变过程中的渗透规律[J]. 北京科技大学学报，2001，23(6)：489-491.

[109]姜振泉，季梁军. 岩石全应力—应变过程渗透性试验研究[J]. 岩土工程学报，2001，23(2)：153-156.

[110]缪协兴，刘卫群，陈占清. 采动岩体渗流与煤矿灾害防治[J]. 西安石油大学学报(自然科学版)，2007，22(2)：74-77.

[111]王文学，隋旺华，董青红. 应力恢复对采动裂隙岩体渗透性演化的影响[J]. 2014，39(6)：1031-1038.

[112]卜万奎. 断层内破碎岩石渗透性的实验研究[J]. 实验力学，2012，27(4)：469-473.

[113]张金才，王建学. 岩体应力与渗流的耦合及其工程应用[J]. 岩石力学与工程学报，2006，25(10)：1981-1989.

[114]张金才，刘天泉，张玉卓. 裂隙岩体渗透特征的研究[J]. 煤炭学报，1997(5)：481-485.

[115]肖洪天，张文泉，温兴林，等. 分层开采底板岩体渗透性变化的试验研究[J]. 煤炭学报，2000，25(2)：132-136.

[116]王皓，乔伟，柴蕊. 采动影响下煤层覆岩渗透性变化规律及垂向分带特征[J]. 煤田地质与勘探，2015，43(3)：51-55.

[117]Palchik V. Bulking factors and extents of caved zones in weathered overburden of shallow abandoned underground workings[J]. International Journal of Rock Mechanics and Mining Sciences，2015，79：227-240.

[118]邓喀中，周鸣. 采动岩体破裂规律的试验研究[J]. 中国矿业大学学报，1998，27(3)：261-264.

[119]缪协兴，茅献彪，胡光伟，等. 岩石(煤)的碎胀与压实特性研究[J]. 实验力学，1997，12(3)：394-400.

[120]马占国，兰天，潘银光，等. 饱和破碎泥岩蠕变过程中孔隙变化规律的试验研究[J]. 岩石力学与工程学报，2009，28(7)：1447-1454.

[121]马占国，缪协兴，陈占清，等. 破碎煤体渗透特性的试验研究[J]. 岩

土力学，2009，30(4)：985-988.

[122]苏承东，顾明，唐旭，等．煤层顶板破碎岩石压实特征的试验研究[J]．岩石力学与工程学报，2012，31(1)：18-26.

[123]李树刚，钱鸣高，石平五．综放开采覆岩离层裂隙变化及空隙渗流特性研究[J]．岩石力学与工程学报，2000，19(5)：604-607.

[124]李树刚．综放面采空区岩体碎胀特性分析[J]．陕西煤炭技术，1996(4)：19-22.

[125]Wolf K H，Bruining H. Modelling the interaction between underground coal fires and their roof rocks[J]. Fuel，2007，86(17)：2761-2777.

[126]梁运涛，张腾飞，王树刚，等．采空区孔隙率非均质模型及其流场分布模拟[J]．煤炭学报，2009，34(9)：1203-1207.

[127]夏小刚，黄庆享．基于空隙率的冒落带动态高度研究[J]．采矿与安全工程学报，2014，31(1)：102-107.

[128]汪北方，梁冰，姜利国，等．采空区垮落岩体空隙储水分形计算及应用研究[J]．岩石力学与工程学报，2015，34(7)：1444-1451.

[129]王少锋，王德明，曹凯，等．采空区及上覆岩层空隙率三维分布规律[J]．中南大学学报(自然科学版)，2014，45(2)：633-639.

[130]宋颜金，程国强，郭惟嘉．采动覆岩裂隙分布及其空隙率特征[J]．岩土力学，2011，32(2)：533-536.

[131]李文平，叶贵钧，张莱，等．陕北榆神府矿区保水采煤工程地质条件研究[J]．煤炭学报，2000，25(5)：449-454.

[132]王双明，黄庆享，范立民，等．生态脆弱区煤炭开发与生态水位保护[M]．北京：科学出版社，2010.

[133]王伟，郑志，王如宾，等．不同应力路径下花岗片麻岩渗透特性的试验研究[J]．岩石力学与工程学报，2016，35(2)：260-267.

[134]Li S P，Wu D X，Xie W H，et al. Effect of confining presurre，pore pressure and specimen dimension on permeability of Yinzhuang Sandstone[J]. International Journal of Rock Mechanics & Mining Science & Geomechanics Abstracts，1997，34(3-4)：432-432.

[135]Heiland J. Laboratory testing of coupled hydro-mechanical processes during rock deformation[J]. Hydrogeology Journal，2003，11(1)：122-141.

[136]王环玲，徐卫亚，杨圣奇．岩石变形破坏过程中渗透率演化规律的试验研究[J]．岩土力学，2006，27(10)：1703-1708.

[137]彭苏萍，孟召平，王虎，等．不同围压下砂岩孔渗规律试验研究[J]．岩石力学与工程学报，2003，22(5)：742-746.

[138]孟召平，王保玉，徐良伟，等．煤炭开采对煤层底板变形破坏及渗透性的影响[J]．煤田地质与勘探，2012，40(2)：39-43.

[139]王伟，徐卫亚，王如宾，等．低渗透岩石三轴压缩过程中的渗透性研究[J]．岩石力学与工程学报，2015，34(1)：40-47.

[140]Hubbert M K. The theory of ground-water motion[J]. The Journal of Geology，1940，48(8，part1)：785-944.

[141]Gangi A F. Variation of whole and fractured porous rock permeability with confining pressure[J]. International Journal of Rock Mechanics & Mining Science & Geomechanics Abstracts，1978，15(5)：249-257.

[142]Gale J E. The effects of fracture type (induced versus natural) on the stress-fracture closure-fracture permeability relationships[C]//The 23rd US Symposium on Rock Mechanics (USRMS). American Rock Mechanics Association，1982.

[143]Barton N，Bandis S，Bakhtar K. Strength，deformation and conductivity coupling of rock joints[C]//International Journal of Rock Mechanics and Mining Sciences & Geomechanics Abstracts. Pergamon，1985，22(3)：121-140.

[144]Zhang J，Bai M，Roegiers J C. Dual-porosity poroelastic analyses of wellbore stability[J]. International journal of rock mechanics and mining sciences，2003，40(4)：473-483.

[145]仵彦卿．岩体水力学基础(二)：岩体水力学的基础理论[J]．水文地质工程地质，1997，24(1)：24-28.

[146]Shahbazi A，Saeidi A，Chesnaux R. A review of existing methods used to evaluate the hydraulic conductivity of a fractured rock mass[J]. Engineering Geology，2020，265：105438.

[147]Ge S. A governing equation for fluid flow in rough fractures[J]. Water Resources Research，1997，33(1)：53-61.

[148]Waite M E，Ge S，Spetzler H. A new conceptual model for fluid flow in discrete fractures：an experimental and numerical study[J]. Journal of Geophysical Re-

search：Solid Earth，1999，104(B6)：13049-13059.

[149]Walsh J B，Brace W F. The effect of pressure on porosity and the transport properties of rock[J]. Journal of Geophysical Research：Solid Earth，1984，89(B11)：9425-9431.

[150]Louis C. A study of groundwater flow in jointed rock and its influence on the stability of rock masses[M]. Imperial College of Science and Technology，1969.

[151]Meng Z，Shi X，Li G. Deformation，failure and permeability of coal-bearing strata during longwall mining[J]. Engineering Geology，2016，208：69-80.

[152]郑少河，赵阳升．三维应力作用下天然裂隙渗流规律的实验研究[J]. 岩石力学与工程学报，1999，18(2)：133-136.

[153]Zhang L，Einstein H H. Using RQD to estimate the deformation modulus of rock masses[J]. International Journal of Rock Mechanics and Mining Sciences，2004，41(2)：337-341.

[154]郭强，葛修润，车爱兰．岩体完整性指数与弹性模量之间的关系研究[J]. 岩石力学与工程学报，2011，30(S2)：3914-3919.

[155]孟召平，苏永华．沉积岩体力学理论与方法[M]. 北京：科学出版社，2006.

[156]Vermeer P A，De Borst R. Non-associated plasticity for soils，concrete and rock[J]. HERON，1984，29 (3)：1-64.

[157]黄汉富，闫志刚，姚邦华，等．万利矿区煤层群开采覆岩裂隙发育规律研究[J]. 采矿与安全工程学报，2012，29(5)：619-624.

[158]李友伟，张玉军，肖杰．多煤层重复采动覆岩破坏高度发育规律研究[J]. 煤炭工程，2022，54(7)：97-103.

[159]李杨，王建鹏，陈一鼎，等．多煤层开采中间岩层对覆岩移动的影响研究[J]. 煤炭科学技术，2020，48(4)：246-255.

[160]黄庆享，杜君武．浅埋煤层群开采的区段煤柱应力与地表裂缝耦合控制研究[J]. 煤炭学报，2018，43(3)：591-598.

[161]于斌．多煤层上覆破断顶板群结构演化及其对下煤层开采的影响[J]. 煤炭学报，2015，40(2)：261-266.

[162]Ghabraie B，Ren G，Barbato J，et al. A predictive methodology for multi-seam mining induced subsidence [J]. International Journal of Rock Mechanics and

Mining Sciences，2017，93：280-294.

[163]师修昌，孟召平，杨圣，等．大柳塔煤矿多煤层开采覆岩变形破坏模拟研究[J]．金属矿山，2015，3：53-57.

[164]孟召平，高延法，卢爱红，等．第四系松散含水层下煤层开采突水危险性及防水煤柱确定方法[J]．采矿与安全工程学报，2013，30(1)：23-29.

[165]伊茂森，朱卫兵，李林，等．补连塔煤矿四盘区顶板突水机理及防治[J]．煤炭学报，2008，33(3)：241-245.

[166]杨荣明，陈长华，宋佳林，等．神东矿区覆岩破坏类型的探测研究[J]．煤矿安全，2013，44(1)：25-27.

[167]吕文宏．覆岩顶板导水裂隙带发育高度模拟与实测[J]．西安科技大学学报，2014，34(3)：309-313.

[168]魏久传，吴复柱，谢道雷，等．半胶结中低强度围岩导水裂缝带发育特征[J]．煤炭学报，2016，41(4)：974-983.

[169]彭苏萍，毕银丽．黄河流域煤矿区生态环境修复关键技术与战略思考[J]．煤炭学报，2020，45(4)：1211-1221.

[170]范立民，马雄德，蒋泽泉，等．保水采煤研究30年回顾与展望[J]．煤炭科学技术，2019，47(7)：1-30.

[171]侯恩科，张萌，孙学阳，等．浅埋近距离煤层群开采覆岩与地表移动破坏规律研究[J]．中国煤炭地质，2022，34(5)：31-36，71.

[172]王双明，魏江波，宋世杰，等．黄河流域陕北煤炭开采区厚砂岩对覆岩采动裂隙发育的影响及采煤保水建议[J]．煤田地质与勘探，2022，50(12)：1-11.

[173]贾后省，马念杰，赵希栋．浅埋薄基岩采煤工作面上覆岩层纵向贯通裂隙“张开—闭合”规律[J]．煤炭学报，2015，40(12)：2787-2793.

[174]潘瑞凯，曹树刚，李勇，等．浅埋近距离双厚煤层开采覆岩裂隙发育规律[J]．煤炭学报，2018，43(8)：2261-2268.

[175]尹光志，李星，韩佩博，等．三维采动应力条件下覆岩裂隙演化规律试验研究[J]．煤炭学报，2016，41(2)：406-413.

[176]黄庆享，杜君武，侯恩科，等．浅埋煤层群覆岩与地表裂隙发育规律和形成机理研究[J]．采矿与安全工程学报，2019，36(1)：7-15.

[177]朱建明，马中文．区段煤柱弹塑性宽度计算及其应用[J]．金属矿山，

2011，422(8)：29-32，36.

[178]贾光胜，康立军．综放开采采准巷道护巷煤柱稳定性研究[J]．煤炭学报，2002，27(1)：6-10.

[179]宋选民，窦江海．浅埋煤层回采巷道合理煤柱宽度的实测研究[J]．矿山压力与顶板管理，2003，20(1)：31-35.

[180]黄庆享，曹健，高彬，等．基于三场演化规律的浅埋近距煤层减损开采研究[J]．采矿与安全工程学报，2020，37(6)：1171-1179.

[181]陈育民，徐鼎平．FLAC/FLAC^{3D}基础与工程实例[M]．北京：中国水利水电出版社，2009.

[182]李全生，贺安民，曹志国．神东矿区现代煤炭开采技术下地表生态自修复规律研究[J]．煤炭工程，2012，1(12)：120-122.

[183]Itasca F. Fast Lagrangian analysis of continua in 3-Dimensions，version 3.0，manual[M]．Itasca：Minnesota，2000.

[184]王金安，焦申华，谢广祥．综放工作面开采速率对围岩应力环境影响的研究[J]．岩石力学与工程学报，2006，25(6)：1118-1124.

[185]田开铭，万力．各向异性裂隙介质渗透性的研究与评价[M]．北京：学苑出版社，1989.

[186]张蕊．带压开采底板构造裂隙带活化导渗机制[D]．徐州：中国矿业大学，2014.

[187]Yavuz H. An estimation method for cover pressure re-establishment distance and pressure distribution in the goaf of longwall coal mines[J]．International Journal of Rock Mechanics and Mining Sciences，2004，41(2)：193-205.

[188]孟召平，易武，兰华，等．开滦范各庄井田突水特征及煤层底板突水地质条件分析[J]．岩石力学与工程学报，2009，28(2)：228-237.

[189]王睿．煤层顶底板突水地质力学条件及其危险性研究[D]．北京：中国矿业大学，2011.

[190]孟召平，张贝贝，谢晓彤，等．基于岩性—结构的煤层底板突水危险性评价[J]．煤田地质与勘探，2011，39(5)：35-40.

[191]钱鸣高，石平五，许家林．矿山压力与岩层控制[M]．徐州：中国矿业大学出版社，2010.

[192]何国清，杨伦，凌赓娣，等．矿山开采沉陷学[M]．徐州：中国矿业大

学出版社，1991.

[193]Ghia U，Ghia K N，Shin C T. High-Re solutions for incompressible flow using the Navier-Stokes equations and a multigrid method[J]. Journal of computational physics，1982，48(3)：387-411.

[194]Mriziq K S，Abia J A，Lee Y，et al. Structural radial heterogeneity of a silica-based wide-bore monolithic column[J]. Journal of Chromatography A，2008，1193(1)：97-103.

[195]宋宜猛．采空区分区渗流与煤自燃耦合规律研究[D]. 北京：中国矿业大学，2012.

[196]邓喀中，周鸣，谭志祥．采动岩体破裂规律的试验研究[J]. 中国矿业大学学报，1998，27(3)：261-264.

[197]孟召平，师修昌，刘珊珊，等．废弃煤矿采空区煤层气资源评价模型及应用[J]. 煤炭学报，2016，41(3)：537-544.

[198]Hao S，Shuguang J，Lanyun W，et al. Bulking factor of the strata overlying the gob and a three-dimensional numerical simulation of the air leakage flow field[J]. Mining Science and Technology (China)，2011，21(2)：261-266.

[199]时国庆，胡方坤，王德明，等．采空区自燃“三带”分布规律的四维动态模拟[J]. 中国矿业大学学报，2015，43(2)：189-194.

[200]Liu J，Elsworth D，Brady B H，et al. Strain-dependent fluid flow defined through rock mass classification schemes[J]. Rock Mechanics and Rock Engineering，2000，33(2)：75-92.

[201]王环玲，徐卫亚，左婧，等．低渗透岩石渗透率与孔隙率演化规律的气渗试验研究[J]. 水利学报，2015，46(2)：208-216.

[202]Palchik V. Influence of physical characteristics of weak rock mass on height of caved zone over abandoned subsurface coal mines[J]. Environmental Geology，2002，42(1)：92-101.

[203]Palchik V. Influence of porosity and elastic modulus on uniaxial compressive strength in soft brittle porous sandstones[J]. Rock Mechanics and Rock Engineering，1999，32(4)：303-309.

重要术语索引表

A

安全煤岩柱 ………………………… 197

C

超大工作面 ………………………… 002
采动裂隙 …………………………… 002
沉积地层 …………………………… 020
采动应力 …………………………… 012
长壁开采 …………………………… 004
重复采动 …………………………… 063
采动岩体 …………………………… 005
采空区储水量 ……………………… 016

D

导水裂隙带 ………………………… 004
地下水渗漏 ………………………… 002
地下水资源保护 …………………… 002
第四系孔隙水 ……………………… 036
多煤层开采 ………………………… 063
底鼓 ………………………………… 162
断层活化 …………………………… 186

F

覆岩变形破坏 ……………………… 002
覆岩结构 …………………………… 002
覆岩裂隙演化 ……………………… 006
覆岩垮落 …………………………… 006
覆岩破断 …………………………… 014
覆岩与地表沉陷 …………………… 157

G

高强度开采 ………………………… 003
隔离煤柱 …………………………… 015
工作面涌水 ………………………… 088

J

基岩裂隙水 ………………………… 036
近水体采煤 ………………………… 203
均匀沉降区 ………………………… 157

K

开采沉陷 …………………………… 064
孔隙弹性力学 ……………………… 015
垮落空间 …………………………… 108
孔隙率 ……………………………… 008

L

裂隙岩体 …………………………… 007
裂隙开度 …………………………… 008
裂隙率 ……………………………… 060

M

冒裂带 ………………………………… 002
煤矿地下水库 ………………………… 002
煤炭现代开采 ………………………… 019
煤柱错距 ……………………………… 015

P

破断角 ………………………………… 072

Q

砌体梁 ………………………………… 004
屈服准则 ……………………………… 161
全厚切落 ……………………………… 002
全应力应变 …………………………… 040

S

生态脆弱矿区 ………………………… 001
水资源运移 …………………………… 037
渗透性 ………………………………… 003
渗透压差 ……………………………… 042
渗透—应力耦合模型 ………………… 040
水力学特性 …………………………… 191
渗透系数比 …………………………… 013
渗透系数 ……………………………… 007
碎胀系数 ……………………………… 013

T

体积应变 ……………………………… 045
突水溃砂 ……………………………… 002
突水危险性 …………………………… 007

W

围压 …………………………………… 010
围岩应力场 …………………………… 016
围岩破坏区 …………………………… 194
围岩应变场 …………………………… 197
物理模拟 ……………………………… 004

Y

岩石力学性质 ………………………… 031
岩体类型 ……………………………… 031
应变软化 ……………………………… 043
移动变形 ……………………………… 003
应力集中 ……………………………… 082
移动盆地 ……………………………… 076

Z

支承压力 ……………………………… 081
中硬岩层 ……………………………… 034
钻孔冲洗液漏失量 …………………… 094
最大主应力 …………………………… 171
最小主应力 …………………………… 171